富士山世界遺産登録へのみちのり

明日の保全管理を考える

田畑 貞壽
監修・編著
清雲 俊元
監修著

刊行にあたって

2013年、富士山がユネスコの世界文化遺産に登録された。日本の象徴ともいえる富士山が登録されたことに対して、日本中から今までにない喜びの声が沸き上がった。しかしその過程では、多くの課題が重層的に交差して立ち塞がっており、これらを解決し登録に漕ぎつけるまでには、30年余りの歳月を要している。

世界全体での世界遺産の登録数は、これまでに1,121件（2019年7月時点）になるが、富士山ほど特異なプロセスを経た世界遺産登録は世界でも例がない。

当時は様々な課題を認識し対応してきた。世界遺産登録を契機に改善されたことも多いが、観光が優先的で保全という認識が薄らいでいるのではないか、世界遺産というブランドを得るための軽薄な活動に加担したのではないかという危惧が寄せられていた。例えば、いまの小学生が50年後に60歳くらいとなったときに、どんな富士山を眺めるのであろうか、富士山はどのような環境の中に聳え立っているのだろうか。また、登録作業に携わった者で50年後に富士山に向き合えるものはわずかであろう。

そこで、登録作業の苦労話もさることながら、実務担当者が具体的にどのように関わり合ったのかをまとめておくべきだということになり、本書の出版企画の話し合いが始まった。

こうした経緯を書き残すことは、今後の富士山文化遺産の保全管理に関わる人々への警鐘にもなるだろう。

そして、登録作業に携わった国、県、市町村の担当者が集い意見交換しつつ、当時の経緯を把握している担当者が執筆を分担し編集作業を経て、このたびの発刊となった。

すでに世界遺産登録されてから6年が経つが、「世界遺産富士山ヴィジョン」の基本構想、「その包括的保存管理手法」について、世界遺産に登録されている多くの国々や地域の人々から、登録地域を含む関係地域の環境・文化的景観の保全手法などの具体的な説明を求められることが多い。

本書は、これまであまり伝えられてこなかった行政関係の実務担当者たちの立場からの視点で、富士山の世界遺産登録の実践活動が述べられている。今後、世界遺産登録を目指している自治体関係者の方々などの参考となれば幸いである。

さらに、本書の出版が、富士山地域の住民の方々はじめ、各地域コミュニティー活動に携わっている人々にとっても役立つものとなり、遺産の保護や周辺環境の保全が図られ、今後の地域発展にもつながることを願っている。

監修・編著者　田畑　貞壽

目　次

第3章　富士山ヴィジョンの展開

序 章

この出版に携わった関係者は、登録前後さらに今日まで様々な問題の調査研究を進めてきた者である。山梨県と静岡県の、①登録以前の富士山地域の遺産登録への動向、②文化遺産登録「富士山—信仰の対象と芸術の源泉の保全」の管理の進め方、③登録後の環境・文化的景観・生態系保全などについて、具体的な現地調査や関係資料の収集整理、関係団体や地域住民の皆さんとの会議資料作りに寝食を忘れ準備し参加した担当者である。

そこで、第１章「世界遺産登録前の富士山」、第２章「富士山世界遺産登録実現へのみちのり」、第３章「富士山ヴィジョンの展開」として、3章構成でまとめた。最後に全体の内容に触れ、さらなる多くの課題について討論した内容を、終章で示した。また、エッセンスを凝縮した14本のコラムも加えた。

以下に、各章の内容を紹介しておきたい。

第１章　世界遺産登録前の富士山

第１章は、富士山の世界遺産へのみちのりの前史とし、登録前の既定の事実を取り上げた。まず富士山の保護の歴史を概観し、次に世界遺産登録の基礎となる自然構造について富士火山の特性や、地形・地質・水系・土壌、植生、動物などの生き物の生態、気象の変化等による様々な自然文化的景観に立脚する山麓の土地の保全管理を踏まえ登録への前提条件を述べている。

1　世界遺産とは

富士山の世界遺産へのみちのりの前史として、世界遺産の必要性が国際的に理解されていった過程を述べた。1950年代の初頭においてアブシンベル神殿からフィラエ神殿までのヌビア遺跡群が、アスワンハイダム建設による遺跡の水没の危機にさらされることが世界的に大きな問題となり遺跡群の調査復原が行われた。その後イタリアのヴェニスをはじめ多くの国で遺跡群の保全運動がおき、普遍的価値を持つ文化遺産の保全についてユネスコが遺跡に対する条約案を提示した。またこうした動きとは別に、1965年にアメリカ合衆国におけるイエローストーン国立公園などについて、国際協力に関するホワイトハウス会議・自然資源委員会が、自然資源の保護に加えて歴史的価値を含め、保護管理を実施する方向が進められた。このような経過を経て世界遺産条約が成立することなどにふれ、国内の自然文化遺産の登録や富士山登録への道筋を論じた。

2　富士山の自然構成と文化的景観

富士山の自然保護や文化的景観の保全について歴史的に整理した。世界遺産登録の前提要因となっているのは自然公物である。富士火山の特性や、地形・地質・水系・土壌、植生、動物などの生き物の生態、気象の変化等にふれ、また文化的遺産公物である自然・文化的遺産の分布や文化財、登山路、社寺などを取り上げ、自然文化的景観や、山麓の土地の保全管理に係る歴史性を踏まえて登録への前提条件を論述した。

3　登録へのきっかけを富士北麓開発と保護の歴史に探る

明治時代から、交通機関の発達等により、富士講信者以外登山者（主にスポーツ）が急増した。その経過及び対策について、山梨県が計上した「富士登山者保護費」の変遷とその後富士北麓開発を通して述べた。山梨県は、明治末に富士山麓の山梨県側の山林はすべて県有林（恩賜林）となると、恩賜県有林経営と観光開発の両立を目指す富士北麓開発を立案した。このような130年前から今日にいたるまでの富士山北麓開発から見た世界遺産区域の保全運営管理の基礎について述べている。

第2章　世界遺産登録実現のみちのり

第2章は、登録の取り組みと民間団体の動向、世界文化遺産富士山登録と課題、国際専門家の意見、推薦書作成から世界遺産登録まで、構成資産の選定、史跡富士山、名勝富士五湖、総合学術調査と学術委員会の役割などについて直接担当した関係者の記述を中心に構成されている。

1　富士山のごみ対策と美化活動の動向

早くも国立公園区域の登山者の増加に伴うゴミ問題に対処するために1979年ごろから清掃活動が開始された。そして世界遺産登録前後から関連する国、県、市町村をはじめとして富士山クラブなど多くの民間団体がゴミ問題に対処した具体的な内容にふれている。

2　世界文化遺産登録の経緯と課題

富士山が何故自然遺産でなく文化遺産か？　富士山は単体の成層火山であり、火山の多様性や火山活動という活発な自然現象の観点からすると世界の成層火山群に及ばないともいえる富士山だが、富士山の自然価値がないということではない。火山活動と山麓を覆う豊かな自然林は、地下水や湧水などとともに人との関係は、様々な付加価値を生み出してきた。自然遺産から文化遺産へとトータルで高い価値を有することから、シリアルプロパティとしての推薦プロセスを経て、登録後に目指すこととなった文化的景観としての保存管理の方向性について取りまとめた。

3　構成資産の選定〈山梨県〉

静岡・山梨両県教育委員会が、平成 18（2006）年 3 月に刊行した『富士をめぐる』に掲載された文化財 51 件を最初に、次に同年 5 ～ 10 月に検討された暫定リスト素案に掲載された文化財 42 件を、そして平成 18 年 11 月に山梨県各市町村から洗い出された価値を表わす文化財 121 件をそれぞれ紹介した。

構成資産となる文化財選定作業は、限られた地域と時間という見えない制約があるなかで進められた。その際に検討された問題点と残された課題、またこれに関わる組織の編成などについて言及している。まとめに替えて、登録までに解決できなかった課題についても触れている。

4　構成資産の選定〈静岡県〉

静岡県側では 7 市 5 町から「富士山の価値を示す文化財」として、自然系 27 件、人文系 42 件、その他 130 件の合計 198 件が挙げられた。

独特の土地利用形態を表す土地としては、富士市から「今宮から望む茶畑と富士山」、富士宮市から「朝霧高原」と「田貫湖」の 3 件が挙げられた。審議を重ねた結果、「駒門風穴、印野の熔岩隧道、白糸ノ滝、湧玉池、楽寿園（小浜池）、柿田川、山宮浅間神社、富士山本宮浅間大社、冨士浅間神社（須走浅間神社）、須山浅間神社、須走口登山道、村山浅間神社、人穴浅間神社、人穴富士講遺跡、三保松原、日本平」の 15 件となった。

5　富士山の世界遺産登録に向けた動き

そもそも富士山の自然遺産登録の運動から始まって（富士箱根伊豆国立公園富士山地域環境保全対策協議会）複合遺産の検討や、新たな文化的景観についての考え方も検討された。この流れの中で政府としては、世界遺産登録とする旨を閣議決定し、4 か月後 1995 年に富士山国際フォーラムが開催された。主催者は、富士山を考える会、富士箱根伊豆国立公園富士山地域環境保全対策協議会、日本イコモス国内委員会、国立公園協会と地元報道機関で構成する実行委員会などであった。

行政・民間を問わず、富士山に関する積極的な活動が国際フォーラム後2000年の文化財保護審議会世界遺産特別委員会において「富士山も候補として検討すべき」との意見が出された。このような経緯について自然遺産としての登録の難しさを浮き彫りにした環境省の検討会の後、2004年に民間企業を中心とした推進組織「Mission Mount Fuji」が活動をスタート翌2005年には山梨・静岡両県知事も加わり、中曽根康弘・元総理大臣を会長とする「富士山を世界遺産にする国民会議」が設立された。2008年国際シンポジウムが開催され、多くのイコモス会員はじめ国内外の関係専門家、国、関係自治体、民間有識者から世界遺産登録後の遺産管理運営まで含めて、多くの意見提言があった。富士山世界遺産の流れを2つの国際会議の詳細を記述し登録前後が理解できる内容となっている。

また世界遺産登録の推薦書作成提出などの詳細について紹介されている。

6　史跡富士山の取り組み

富士山の世界遺産登録に関わる作業を進める中で、史跡を中心に文化庁、山梨県、地元の関係市町村の教育委員会をはじめ関係者からの資料提供を受け、世界遺産暫定リストの作成を進める。2007年ユネスコの暫定リストに登録、その後一つ一つの文化遺産の学術的価値や保全管理について、直接関連内容を、まとめていくこの時の担当者の想いを含め、世界遺産富士山の根幹をなす文化財の価値について詳細に記述した。

7　構成資産　史跡富士山〈静岡県〉

富士山の世界文化遺産登録を目指す過程において、富士山麓に広がる文化財群を「史跡」として国の指定文化財とする考え方が生まれ、平成23年2月に「史跡富士山」が指定された。静岡県側の構成資産について、過去の調査成果に基づき個別、単独で国指定することに課題が少なくないことから、「浅間信仰」「修験道」「富士講」の信仰形態ごとに資産群を整理して国指定を目指し調査がすすめられた内容を紹介している。

8　構成資産　名勝富士五湖を中心に

富士山の世界文化遺産登録に際して、名勝富士五湖の指定は最難関の課題であったといえる。水面利用に関する権利関係者が多く、指定にあたっての同意の取得は困難を極めた。世界文化遺産登録が実現するか否かは名勝富士五湖の指定が大きな鍵を握っていたと言っても過言ではないだろう。ここでは、名勝富士五湖の指定に伴う動向について記述する。

世界遺産登録が始まった2005年時点では、富士五湖を区域に含めるなど誰しも考えていなかった。ところが有識者による学術委員会において「山麓の湖沼・湧水、芸術・文学作品を生む源泉となった周辺の展望地などの取り込みが必要」との意見が出された。しかし、それには、多くの関係団体や関係者の協力がなければ指定困難であった。関係者の努力によって、関係者からの合意を取り付け、富士五湖の全ての湖が構成資産候補となった。すなわち以上の手続きの経緯について触れた内容であるが、名勝富士五湖の指定は、県とともに市町村の枠を超えて取り組んだ一大プロジェクトであった。「できない理由を探すのではなく、どうすればできるのかを考える」。県職員が頻繁に使った言葉が印象に残っていると結んでいる。

9　世界文化遺産登録に向けた「白糸ノ滝」の課題と整備

第二次保存管理計画における保存管理の基本方針である。「次世代への継承」の動機づけを誰にどのようにするかが明確になれば、橋の架け替えに向けての糸口が掴めるのではないかと考えた。そこで、「文化的・歴史的背景」、「景観性」、「安全性」について整理し、我が国において、名勝及び天然記念物であり、世界遺産の構成資産でもある文化財について、これほど大がかりな改修・整備を行った例はなく、こういった整備を進める上で代表的な事例として経緯や考え方を記したものである。

10　富士山総合学術調査と学術委員会の役割

世界遺産登録への準備～専門委員会のスタート、両県（静岡、山梨）の学術委員会が設置、現地調査と地域市民団体との意見交換、山梨県富士山総合学術調査研究会の設置などにふれ、各専門家など学識経験者の参加によって進められた内容が紹介されている。

第３章　富士山ヴィジョンの展開

第３章は、世界遺産登録の新時代の課題と展望とし、富士山登山の歴史と富士山のまちづくり、あらたな富士山ヴィジョン、登山道路と生態系保全、自然・文化の野外環境教育の実践、世界遺産のコアとバファーの区域の見直し、新たな富士山の地理的景観、生態系サービス、防災的観点から、世界遺産富士山の運営管理計画の計画策定などが記述されている。

1　世界文化遺産富士山ヴィジョン

平成25年（2013）７月にカンボジアのプノンペンで開催された第37回世界遺産委員会において、「富士山－信仰の対象と芸術の源泉」が世界文化遺産に登録された際の決議 (37COM 8B.29) には、富士山がもつ「顕著な普遍的価値の言明」(Statement of Outstanding Universal Value) に続いて、今後の課題として a) から f) までの６つの勧告が示された。同時に、平成28年（2016）の第40回世界遺産委員会における審議のために、同年２月１日までに勧告の実施に関して進捗状況をまとめた保全状況報告書 (State of Conservation Report) を提出するよう日本政府に要請が行われた。

それから足掛け３年をかけて、日本政府が山梨県・静岡県、関係市町村との連携のもとに作成した保全状況報告書は、トルコのイスタンブールで開催された第40回世界遺産委員会において多くの委員国から賞賛の声を集めた。特に、今後、文化的景観の類似分野に属する資産の保全管理を進めるうえで手本となるとの決議案に賛同する旨の発言が相次いだ。ここでは勧告内容を中心として、「世界文化遺産富士山ヴィジョン」の意義についてふり返り、まさしく登録時に確定した「顕著な普遍的価値の言明」のフレームを踏まえた将来への活かし方等について記している。

２　富士山の世界遺産登録後の行政の動向

地域社会の多様な主体による富士山のあるべき姿についての合意形成の過程を通じ、山麓における土地利用形態の歴史的経緯を踏まえつつ、将来における望ましい土地利用のあり方を展望する。さらに、富士山がもつ顕著な普遍的価値の継承を前提として、人々と富士山との持続可能で良好な関係を構築し、富士山の良好な展望景観を保全するため、適切な規制の下に保全と開発の調和を図るなどを目的に構成資産、緩衝地帯、個別事項について国、山梨、静岡、市町村で意見交換が行われた内容を紹介する。

３　富士山包括的保全管理計画の改定と景観計画

富士山信仰の対象となった富士山域、山麓に所在する浅間神社の境内・社殿群、御師住宅、霊地・巡礼地である風穴・溶岩樹型・湖沼・湧水地・滝・海浜、顕著な普遍的意義を持つ芸術作品の源泉となった展望地点及びそこからの展望景観の範囲により構成される。これらの範囲を含む富士山の山麓の区域は、永らく人々の暮らしや生業（なりわい）の場となり、日本の代表的な観光・レクリエーションの地として利用されてきた歴史を持つ。富士山世界遺産に関わる国・県・市町村等では、このような性質をもつ資産の顕著な普遍的価値を次世代へと継承するためには、複数の部分から成る資産を「ひとつの存在（an entity)」として一体的に管理するとともに、観光・レクリエーションに対する社会的要請と顕著な普遍的価値の側面を成す「神聖さ」・「美しさ」の維持との融合を図る「ひとつの文化的景観(a cultural landscape)」としての管理手法を反映した保存・活用の基本方針・方法等を定めることが必要である。そのため、資産のみならず、その周辺環境を対象として、既存の包括的保存管理計画を改定し、新たに基本計画を策定した（2016年1月)。また関連市町村もそれぞれ景観条例や基本計画などが策定され世界遺産登録後の保全管理が進められている。

4　モニタリングの経緯と今後の展開

富士山地域は文化遺産とはいえ地質・地形・水系・生物相などとの関わりあった文化的景観の生態系保全が重要視されている。

富士山においては「ヴィジョン・各種戦略」を前提に次のような内容について調査やその対処方法が実施されている。

①基本情報②保護指定の状況③資産および周辺環境の保護④「顕著な普遍的価値の伝達」⑤についてはは特に関係なし⑥資産および周辺環境に関する現状の変更

など詳細なモニタリングについて紹介する。

5　富士山の生態系サービスと里地里山の「裾野文化」の保全

各章で富士山の世界遺産登録以前から登録手続論について触れてきたが、大きな忘れ物をしているのではないかと気付いたことは、現在の世界遺産富士山の登録された地域を支えているのは、裾野の古い村、集落であることである。古くから股下から見る逆さ富士や車窓から見る富士山など様々な見方があり、富士山は里地、里山に暮らす人々によって、自然と文化景観が今日まで維持されてきているのである。ここでは、さらに生態系サービスの観点から「裾野文化地域」を設定し富士山保全地帯（バッファーゾーン）に組み込み、富士山世界遺産としての保全管理を行うことが必要であることを論述している。

6　富士山の生態系保全を次世代につなぐ

NPO 法人富士山クラブの「わたくしたちは富士山が育んできた水と緑と命を守り、心の故郷としての富士山を子どもたちに残していくために活動を続けます。」と宣言するのは 2005 年につくられた富士山クラブ宣言である。この宣言に則り「富士山クラブエコツアー」と名付け実施した青木ケ原樹海を舞台にしたガイドツアーの記録である。

第 **1** 章
世界遺産登録前の富士山

1　世界遺産とは

石原　盛次

アブシンベルからフィラエまでのヌビア遺跡群

1950年代初頭にエジプトでアスワンハイダムの建設計画が浮上し、アブシンベル宮殿などのヌビア遺跡が水没の危機にさらされることとなった。エジプト政府は1954年にダム建設を正式決定するが、その一方でエジプトとスーダンがユネスコに対して古代エジプトと古代ヌビアの宝を保存・救済するよう要請する。これを受け、1960年に国際救済キャンペーンがスタートし、考古学調査が加速度的に進展するとともに、より安全な地へ遺跡を分解・移設することとなった。移設に必要な経費は8000万ドルだったが、1964年に始まった大々的な募金活動により、その半分は50ヵ国から寄せられた寄付で賄なうことができた。日本からも、政府が1万ドルを拠出し、朝日新聞が「ツタンカーメン展」の収益から27万ドルを寄付した。1965年に東京・上野の国立博物館などでツタンカーメン展を観た方は、世界遺産誕生の胎動の当事者と言っても過言ではないだろう。いずれにしても、国際的な連携の重要性を示すエポックメーキングな出来事であった。

その他にも、水没の危機にあったイタリア・ヴェニス（1966年）、風化の危機にあったインドネシア・ボルブドゥール（1968年）など、同様の国際的保全運動が断続的に発生している。そのような状況下、普遍的な価値を持つ文化遺産を体系的に保全する仕組みを整備すべきだという声が高まりを見せ、1971年にはユネスコが「普遍的価値がある記念工作物、建造物群及び遺跡の保護に関する条約案」（以下、「ユネスコ案」という）

を発表した。

イエローストーン国立公園

1965年、アメリカ合衆国の国際協力に関するホワイトハウス会議・自然資源委員会において、世界遺産トラスト構想が提案された。この構想は、自然の素晴らしさだけでなく歴史的価値を有した米国の国立公園のような制度を国際レベルに広めていこうとするものだった。アメリカにおいては、国立公園内の管理については自然も遺跡も国立公園局が所管しているため、自然と文化の保護を関連付けやすかったのかもしれない。なお、この会議には将来IUCN（国際自然保護連合）の会長となる人物も出席していた。

1966年にはIUCNの総会で自然の保護と文化の保護を同じレベルで展開しようという提案がなされた。同年、世界遺産トラスト構想が提案された会議に出席していた人物がIUCNの会長に就任する。

1971年2月の連邦議会において、当時のニクソン大統領が「環境政策に関するスピーチ」を行った。その中で、翌年がイエローストーン国立公園100周年であることに触れ、独特の普遍的価値を有する自然的、歴史的又は文化的な区域を「世界遺産トラスト」として顕彰すべきであると、正式に提案した。この動きは、1972年の「普遍的価値がある自然地域及び文化遺跡の保存と保護に関する世界遺産トラスト条約案（以下、「アメリカ案」という)」として結実する。ちなみに、イエローストーン国立公園は、1872年にアメリカ合衆国が指定した世界初の国立公園である。

なお、上記のアメリカの動きよりも前に、自然と文化の両方を対象とするルール作りの構想の萌芽があった。1962年にユネスコ自身も「景観及び遺跡の審美性及び特性の保全に関する勧告」を出し、自然か人工かを問わず景観や遺跡の保全を進めようとしていたのだ。

世界遺産条約成立

条約案作成のための特別委員会が1972年4月4日から22日まで開催された。2週間強という急ピッチの作業で進められたわけである。検討のメンバーとして日本からも伊藤延男氏（文化庁職員・当時）が参加していた。世界遺産条約に規定されている遺産リストには「世界遺産一覧表」と「危機にさらされている世界遺産（危機遺産）一覧表」の2種類があるが、前者はアメリカ案、後者はユネスコ案の考え方を基に定められたものである。アメリカ案では、人類にとって顕著な意義のある特定の場所を登録していこうとしたのに対し、ユネスコ案は国際的な協力により保護すべき普遍的価値を有した記念物・建造物群・場所の一覧表を作成しようというものだった。その他にもいくつか違いはあったが、ユネスコ案をベースにアメリカ案を統合する形で条約案が作成されたそうだ。

条約の採択は総会で行われる。1972年に行われたユネスコ総会はパリのユネスコ本部で開催され、11月16日に条約案の検討が行われた。この時の総会の議長は日本政府ユネスコ代表の萩原徹氏が務めている。22ヵ国が意見を述べるという熱い議論を経て、「世界の文化遺産及び自然遺産の保護に関する条約」が採択された。賛成は75ヵ国、反対は1ヵ国、17ヵ国が棄権という採決結果だった。

この条約は20ヵ国が批准・受諾・加入したら発効することにしていたので、実際に効力が発生したのは採択から3年後の1975年12月17日だった。最初の世界遺産誕生はそれから3年後の1978年。イエローストーン国立公園（米）やアーヘン大聖堂（独）など12件が世界遺産一覧表に記載された。

日本においては、条約採択から20年後の1992年6月19日に国会で承認され、9月30日に正式に受諾した。その年の12月には早速、山梨・静岡の自然保護団体などで構成する「富士山を世界遺産とする連絡協議会」が発足している。

世界遺産登録の要件と意義

世界遺産一覧表に記載されるためには、主に次の3つの条件を満たす必要がある。

①顕著な普遍的価値を有していること
②完全性・真実性を保持していること
③適切な保護・管理措置が講じられていること

①の顕著な普遍的価値とは、ずば抜けた価値、しかも世界中誰もが認める価値のことである。その価値をはかる尺度として、10の基準が設けられ、いずれかの基準に適合していることが求められる。10の基準を一言で表現すると、(i) 傑作、(ii) 影響、(iii) 証拠、(iv) 類型、(v) 土地利用、(vi) 関連性、(vii) 自然景観、(viii) 地形・地質、(ix) 生態系、(x) 生物多様性となる。例えば富士山の登録基準は (iii) と (vi) だったが、(iii) 日本における山に対する固有の文化的伝統を顕著に表わす「物証」であり、(vi) 顕著な普遍的意義を持つ芸術作品との直接的・実質的「関連」を有することが認められた。また、顕著な普遍的価値を有していることを示すために、国内外にある類似資産との比較分析を行う必要もある。比較分析の対象は世界遺産か否かは関係ない。

②の完全性・真実性についてだが、それぞれ英語のintegrityとauthenticityの訳語である。integrity（完全性）は完全無欠、つまり世界遺産の顕著な普遍的価値を表す全ての要素・区域を余すところなく包含していることをいう。また、価値を表現するのに必要な要素が現存し、開発や管理放棄などの負の影響にさらされていないことも求められる。山梨県に世界遺産推進課が設けられて私が富士山の世界遺産登録に携わるよう

になり、最初にやった仕事が、関連する資産を洗い出すということだった。その後、富士山の世界遺産的な価値を整理しながらその価値を直接的に表現している資産に絞り込んだ。文化遺産を評価するイコモスからは三保松原を構成資産から除外すべきという勧告が出たが、私達は様々な専門家の意見を聞きながら構成資産を選んできたので完全性には自信があった。結局、三保松原の重要性を丁寧に説明することで、イコモス勧告を覆す決定が世界遺産委員会においてなされた。三保松原を含めた登録が決定した瞬間、震えながら感動している人も周りにはいたが、正直言って私には「当然」という感じで、まったく感情が動かなかった。

一方、authenticity（真実性）は真正性とも訳されるが、権威ある所がお墨付きを出せるぐらいの本物だということである。真実性は、文化遺産のみに求められる条件で、形態や材料だけでなく、機能や技術、精神性など、対象によって様々な観点から検証することになっている。石の文化においては、材料に耐性があるので古い物が残りやすく、世界遺産一覧表に記載されている文化遺産が多く存在している。一方、石に比べて格段に朽ちやすい木や土の文化にも古い物は残っているわけだが、建設当初から部材が変わっている場合は、それが本物なのかという疑義が生じてしまう。こうして世界文化遺産に地域的・文化的な偏りが生じてしまったのである。また、1992年に「文化的景観」という概念が導入されたが、景観の真実性はどうやってはかればよいのかという課題もある。そこで、1994年、真実性の考え方に関する国際会議が奈良で開催され、議論の成果が「奈良文書」としてまとめられた。ちなみに、富士山の場合様々な種類の構成資産から成り立っているので、登山道を含む富士山域、神社などの建造物、湖や溶岩樹型などの霊地・巡礼地に分類して真実性を証明した。

③の保存管理は、法的かつ／又は伝統的に保護され、適切に管理していく必要があるということである。資産の範囲を適切に設定し、価値を損ねる脅威から資産を守るために緩衝地帯も設ける。また、世界遺産条約の締

約国として自国の世界遺産を守る義務があるので、中央政府が法律に基づいた保護措置を講じる必要がある。したがって、富士山の場合、富士山の顕著な普遍的価値を表すためにどうしても必要な要素であった富士五湖を国指定の名勝にしなければならなかったし、同様に山頂の遺跡群や登山道などを史跡富士山として国指定の文化財にしなければならなかったのである。更に、価値が損なわれていないか、何らかの脅威が生じていないか、定期的にモニタリング（経過観察）を行わなければならない。富士山においても、開発の影響、自然災害、環境変化、観光による影響などを指標としてモニタリングを実施している。世界遺産とは顕著な普遍的価値を持つものなのだから、制度的にも組織的にもきちんと保全し、その価値を将来世代に継承していかなければならないのである。

私が携わった富士山世界遺産登録という事業は、上記の要件をクリアしているかどうか検証し、充分でない場合は要件を満たすための取り組みを進めるということだった。その過程で得られたものは少なくない。地元の行政組織の中から見て、登録の過程で次の３点の変化が生じたように私は思う。１点目は価値の再認識と周知、２点目が保存管理の進展による将来世代への価値の継承、最後に住民の誇りと地域づくりである。

まず、地域の宝であった富士山の価値を新たな文脈で再認識できたとともに、広く世界に伝えられるようになった。私の家の窓から富士山が見える。世界遺産推進課に配属される前は、富士山は私にとって、遠くから見てきれいな山でしかなかった。しかし、取り組みを進めていく過程で富士山の奥深さを知り、一般に知られていない富士山の横顔を発見した。それは私だけではなかったようで、富士山に関する講習をする機会を何度かいただいたが、受講者の方には「富士山は近い存在だったけど、知らないことだらけだった」という感想を持っていただいた。

次に、資産の保護や周辺環境の保全が進められ、価値を後世に伝えられるようになった点が挙げられる。中には「規制が増えた」と文句を言う人もいる。しかし、規制は、価値あるものを価値ある状態で後世に伝えていくために必要なことである。国立公園関係の有識者がこんなことを言っていた。「日本中の観光地は、行き過ぎた開発のために観光地としてダメになった時期を経験している。低迷期を経験していないのは富士山だけではないか」。観光地としての魅力を失った地域は、衰退の途をたどるか、みんなの努力で再生するかのどちらかしかない。常に多くの観光客を迎える富士山では、その魅力をどうやって維持していくか考える必要もなかっただろうし、「このままではいけない」といった意識を持つ人も少なかったであろう。そのような中、世界遺産登録の動きは大きなターニングポイントだったと言える。「こんな状態で富士山を世界遺産にしたのは間違えている」という意見を聞いたことがあるのだが、逆説的に言うと、そういった議論が展開されること自体が世界遺産登録の意義だったと思う。

知床にある斜里町の村田町長（当時）からは「世界遺産になった一番のメリットは、地元の人が自然を大切にするようになったということと、子どもたちがふるさとにプライドを持つようになったことである」というお話を伺った。合掌造りで有名な白川村の谷口村長（当時）は「子どもが地元に誇りを持ち、若者が戻ってくるようになった。建物が世界遺産に登録されたのではなく、『結』という助け合いの組織・精神が世界的に認められた」とおっしゃっていた。翻って富士山はどうだろうか。世界遺産として認められたことで、多くの住民が地域を誇りに思い、「これでいいのか？」という議論が活発になり、地域が活性化する。少しずつだが、富士山でもそういったことが確実に起こっている。そして世界遺産登録の意義は、富士山地域だけが享受すべきものではない。世界遺産というモデルを考えることによって、自分たちの周りの自然や文化財との付き合いに思いをめぐらせ、どういう風により良くしていくかを考える良いきっかけになってほしいと思う。

2　富士山の自然構成と文化的景観

田畑　貞壽

筆者は、富士箱根伊豆地域の自然公園としての国立公園関連の調査や、これを中心とした関連自治体の自然環境調査などのお手伝いにかかわりあったことで、富士山に関係する「富士山圏域（山梨県・静岡県・神奈川県)」と、東京首都圏の自然環境をベースに、人口、土地利用の変遷を追跡してきた経緯がある。その中でも、1940 年代にみられる食糧難から食糧増産時代を脱して、所得倍増計画の成果をふまえ豊かな消費生活に入っていった頃からの変化をみてきた。特に首都圏地域の急激な人口増加と都市化は、人口の都市集中による都市化とあわせて環境悪化が進み大気汚染、騒音、水質汚濁、自然災害などの公害が至るところで発生した。富士山の土地利用も山梨県側の剣丸尾一帯の工業団地造成や、交通量の増大に伴う集落間や登山道路の車線の拡幅整備などで、樹林帯は多くのダメージをうけた。また、1960 年代には、別荘地、遊園地、新社寺、墓地、ゴルフ場などの施設が次々に開発され、また富士山への登山や観光客も増加の一途をたどってきた。そして 1980 年代では富士山に関連する静岡・山梨・神奈川県の奥山・里山・里地・里海に目を向けると自然環境保全や復元のまちづくりの方向が問われ、今日に至っている。

2000 年ごろから関連する国の機関や県市町村などで富士山世界遺産登録が叫ばれてから、20 年の時間が流れた。

本節では、富士山の人の暮らしの基礎となっている「自然・文化的景観」の構成についてまとめ、世界遺産登録の前提となった、自然景観と人の関係、文化的景観の地域構造の基本となっている「自然の構成」について整理しておきたい。このことは、どこの地域でも世界遺産の登録の前提が、ともすると地域発展につなげていく発想はよいとしても、またこのことが先行している場合が見られるが、それぞれ自然構成のうち、「自然公物①」：地形地質・水系など地形景観、「自然公物②」：植物植生・動物相など、「文化的遺産などの公物」：自然・文化的遺産（資産）の分布、文化財、登山路、社寺、祠、サインなどを前提に、人・自然・文化的遺産の構成と保全管理計画について、世界遺産登録前、文化遺産登録後で行政（国・県・市町村）、市民団体、関係地域の住民団体の諸活動からさらに将来にわたって計画的に進めるべき課題を整理しておきたい。

ここで富士山世界遺産の自然・文化的景観保全管理計画をまとめている段階で、同時期にユネスコ関係の調査に参加したが、その主たる内容は登録後の地域の経済的発展を望む一方で、自然と暮らしの文化環境を守り育てることが前提条件になることを、世界遺産登録地域で繰り返し討論されていた。筆者がかかわりあった、ユネスコの関係で喩えれば、1. インダス川流域に分布する古代都市、集落、自然景観、2. 中国のウルムチからカラコラムにいたる地域の歴史景観と自然環境の保全、3. トルコのイズミール地域の歴史環境の保全回復などと類似の議論と、それを踏まえて地域の自然文化的景観の保全管理の具体化計画が立案された経緯がある。

自然公物①　富士山と周辺の地形地質・水系・富士五湖と地形景観

富士山は、標高3776 mで国内では最も高い山である。気象条件も山頂と標高1600 m以下では気温の差が大きいし生物相も異なる。気圧も日本一低い場所とされている。雲の変化と形は、人々の五感でとらえられる景観であり、多くの芸術作品として見ることができる。（詳細にわたっては、『フォーラム「富士山：世界遺産と環境保全」第6回』報告書　田畑貞壽：山梨県環境科学研究所　2007年5月　資料参考）

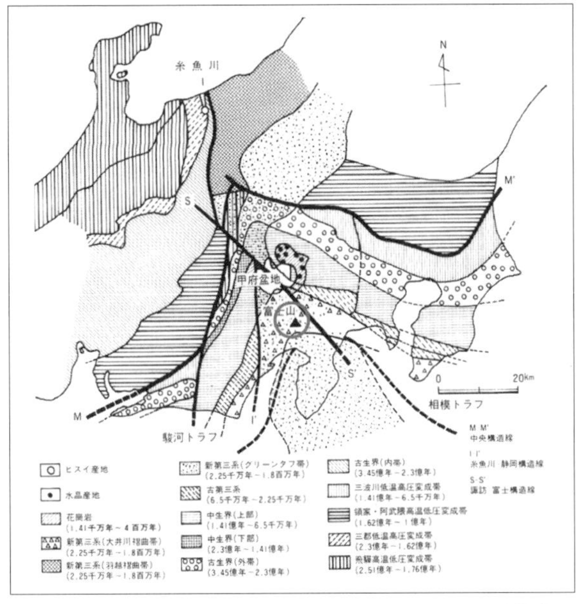

富士山周辺の地質構造

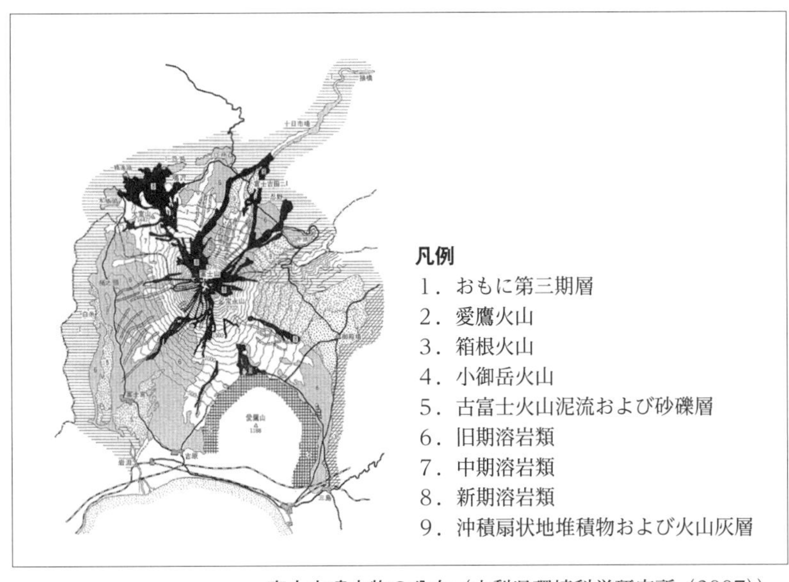

富士山噴火物の分布（山梨県環境科学研究所（2007））

富士山の地形地質は、フィリピン海プレート、ユーラシアプレート、北アメリカプレートと複雑な構造となっていて、日本ではもっとも広範囲の会合部をつくっている。噴火によって流出した玄武岩が裾野まで広がって溶岩樹形や溶岩洞穴が作り出された。その中には広大な青木ヶ原樹海がみられるなど、何回も噴火を続けてきた富士活火山は、地形地質に変化をもたらした。今日では、それぞれ名勝地や自然景勝地に登録され保全対策が取られている。火山については、『富士火山』（山梨県環境科学研究所 日本火山学会編 2007）に詳しいが、地形地質・水系景観として五大湖を含む地域が挙げられる。あるいは伊豆半島から、三峰山からの俯瞰景観などが挙げられる。視点場としての峠も多くを数え上げることができる。また噴火活動によって成立している船津胎内樹型や、風穴、忍野八海、富士五湖、白糸ノ滝、柿田川、溶岩、天然樹林（恩賜林）など、公の地域に分布し人間との深い関わりのある空間を作り出している。

これらを自然公物①として取り上げる。溶岩流によって溶岩樹型や溶岩洞穴がつくられ、一部に青木ヶ原樹海は1200年前の噴火の溶岩流が固まってできたと紹介されている。常緑樹（ヒノキ・ツガが中心となりゴヨウマツ・トウヒ・ハリモミなど）、落葉樹（ミズナラ・シラカバ・カエデ類など）の樹林構成となっていて今では見学者も多く訪れている。

また噴火で流出した溶岩が樹林の中を通過する際にできた空洞の溶岩樹型は、富士山麓の多くの場所に見られ世界遺産登録のコアにもなっている。また溶岩洞穴は、富士山麓には70基ほどみられ、有名となっている西湖コウモリ穴、富岳風穴、鳴沢氷穴などそれぞれ特徴を持って存在している。

富士山の水系、富士山に降った雨や雪は地下にしみ込み時間をかけて湧水となって流れ出し、山梨県の富士五湖はその代表的な存在となっていて、有名な湧水となっている忍野八海、十日市場・夏狩湧水群や静岡県側には、白糸ノ滝、田子の浦など多くの里山、里海があり富士山と関係ある柿田川や人造湖の田貫湖をはじめたくさんのため池が築造されている。ま

富士山の地形景観　富士山を取り巻く水系（Google Earth に加筆）

た、三島の庭園をはじめ多くの池や流れを中心に築造された庭園も見られる。富士山の自然公物①で世界遺産登録にあたって特記しておきたい内容で、富士山の湧水や湖の利用とは別に古くから集落や、村の成立が見られ、人々の暮らしと農作業の基礎となった雨水、湧水、川などの水と土壌、水質は、人々の暮らす集落、富士山独自農法であり、富士山の裾野の樹林地、草地、農地の風景を作り出している。この裾野や市街地の水循環と環境機能を保持しているのが土壌である。富士山のみどりと水系を中心に生態系保全の観点から「グリーン・ソイル・ウォータ（GSW）」の地域を土地利用の上で検討すべきであろう。

自然公物②　植物・植生、動物相

自然公物①ですでに述べたみどり・水・土が基本となり、人を含む生き物が中心に生態系が構成されている。文化遺産として登録された富士山の中腹地域から農林業地域や市街地は、富士山の全体を支える文化的景観といえよう。葛飾北斎の冨嶽三十六景「凱風快晴」にみられる富士山の中腹

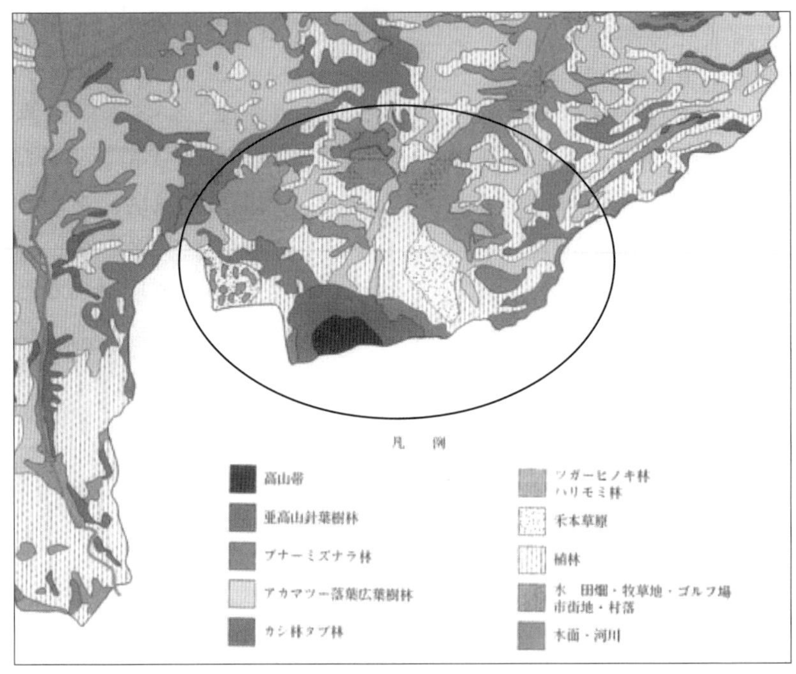

自然公物　植生図（山梨県　富士山周辺植生図）

から裾野部分にあたる風景がまさしく住民の生活空間、奥山・里山・街並みとして見ることができよう。自然公物②では、生き物を中心にして、富士山の植物・植生について、植物帯とフロラは渡邉定元「富士山の自然」(『富士山　信仰と芸術の源』小学館 2009年）に詳細が記述されている。ここでは、植生区分図と標高別に見た植物の垂直分布の概略についてとりあげた。1600 m以下の植林地帯、1600 ~ 2500 mにみられるコメツガ、シラベ、オオシラビソの森林帯、2500 m以上に森林は形成されていないが、矮小のカラマツ、ミヤマハンノキ、フジアザミなどが目につくこの地帯を自然公物②として取り上げ、人との関わり合いを中心に優れた自然景観や環境についてのコアやバッファの区域を摘出するための参考とする。またこの地域は、国立公園の区域に指定された区域に入っている場所もある。

動物相のなかで、平地付近にホンドタヌキ、平地付近から標高 1800 m

までに生息するホンドキツネ、平地付近から五合目付近に生息するツキノワグマ、標高500 mから亜高山帯に生息するヤマネなどがあげられ、また多くの洞窟や溶岩樹型に生息するキクガシラコウモリ、ウサギコウモリ、ニホンテングコウモリなどが、増加している報告もみられる。鳥類は、森林地帯から湖沼域を含めて春夏秋冬多く60余の種数があげられている（高橋節 2002）。昆虫類の中では、フジミドリシジミをはじめ草原、樹林などにみられるチヨウ類が、118種紹介されている（高橋真 2002）。植生帯とあわせ動物相、鳥類、昆虫類などを含めて自然公物②に含める。

以上生き物の生息分布などにふれたが、富士山の自然遺産としては、原生自然ではなく、人為的改変により多くのダメージを受けていることなどが挙げられ今日に至っている。しかし富士山のもろもろの価値ある文化遺産を生み出しているのも自然公物①、②が基盤となっているからである。この件については、岩槻邦男氏談「富士山の文化的景観とその背景としての自然（文化遺産と自然遺産の重なり）」（『信仰の対象と芸術の源泉世界遺産富士山の魅力を生かす』ブックエンド 2018年）に詳しい。

文化的遺産公物など

自然・文化的遺産（資産）の分布、文化財、登山路、社寺、祠、サイン

大正14年に出版された『富士山の自然界』で取り上げられている当時の開発計画を見ると、地域で生活する人たちのための計画で、自然を前提にした生活空間の風景づくりであった。また湖との関係を見ると集落の人たちの生活の場となっている。しかし、この50年間での定住人口の増加に加えて観光客の増大、諸施設の整備など、街の構造や風景が一変した。そして富士山地域の各自治体では総合計画・都市のマスタープラン・景観計画などの策定とともに県、国関係でも富士山地域の総合保全計画が進められていた。当然、国立公園としての運営管理も進められていた。中でも

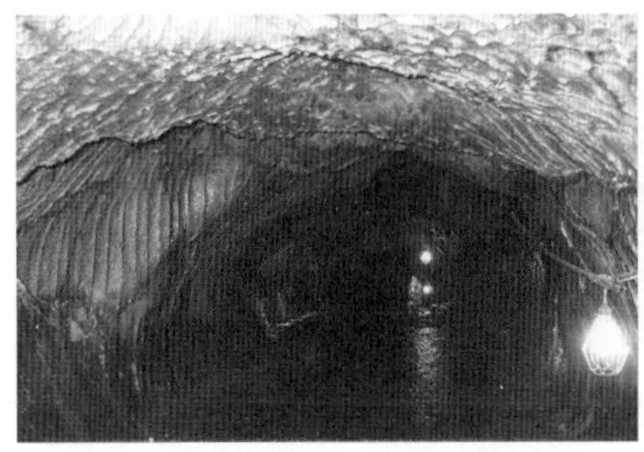

船津胎内樹型

風穴

忍野八海

富士山原始林

自然公物（代表するランドスケープ）

2004年前頃から世界遺産登録の必要性が囁かれたころ、「富士山：世界遺産と環境保全」などについて関係団体や調査研究グループに話題提供をしたときの内容で、富士山地域の地域の自然の成り立ちや自然公物についての保全管理や人々の暮らしと歴史・文化についても既に自然遺産、文化遺産、複合遺産に登録されているものを参考に、富士山地域の自然・文化的景観について摘出を試みた経緯もある。その後摘出された「資産の価値基準（文化遺産）ｉ－vii－ｘ（自然遺産）」の評価区分から富士山の魅力を最も投影できるものを探し求めてゆくことが必要となった。世界遺産を構成する点・線・面が表現されたり、資産リストが挙げられ、文化としての富士山の登録手続きが始まった。しかし当初からバラバラな資産ではなく、自然文化的景観のビジョンのもとに今後の保全管理計画立案を推進することであった。

自然・文化的遺産の構成

はじめにも触れてきた、富士山の自然構成を地形地質・水系景観や、自然公物①、自然公物②、文化的資産公物などを摘出し、そのうえで人との関係を生態系サービスも含めて、景相生態系の保全管理を行うための富士山ビジョン「自然文化的景観づくり」が、国内外からの専門家に注目されている。

当初70件以上の関係資産が選定されていた。その後、平成25年(2013)の登録時のユネスコ世界遺産委員会では25の構成資産から成る資産の全体を「ひとつの存在（an entity)」として、さらには緩衝地帯を含めた「ひとつ（一体）の文化的景観（a cultural landscape)」として、管理するための方法・体系（システム）を運営可能な状態にするよう勧告が行われている。登録に先立ってイコモスが作成した評価書の指摘は、山麓における建築物等の規模・位置・配置に係るさらに厳しい制御（以下、「開発の制御」という）の必要性に関するものであった。また、登録時の委員会決議に付された勧告は、a）全体構想（Vision）の策定、b）下方斜面における巡礼路３の特定、c）上方の登山道の収容力の調査研究に基づく来訪者管理戦略の策定、d）上方の登山道等の総合的な保全手法の策定、e）来訪者に対する顕著な普遍的価値の伝達・共有のための情報提供戦略（以下、「情報提供戦略」という）の策定、f）経過観察指標の拡充・強化の６点が挙げられている。

これらをうけて「世界文化遺産富士山包括的保存管理計画」の策定後新たな改訂（2016年１月）が行われ、関係省庁；山梨静岡両県、恩賜林財産保護組合16市町村の活発な行政・住民・関係団体専門家による景観保全の構想、基本計画立案そして実施事業が進められている。特に関連市町村には、富士山が世界遺産文化遺産に登録されたのを機会に自然景観や文化的景観の保全を重要視した景観条例が設置さている。富士宮市をはじめ富士吉田市、小山町とつづき関連自治体は、それぞれの持つ関係公物について明確にとらえた景観計画が立案され、保全管理が市民、住民団体の手で行われている（第３章３参照）。具体な計画事例として例えば、富士市が挙げられる。田子の浦から眺望できる富士山独特の裾野の景観を具体的にどのように保全してゆくかを、また富士川の河口域からの富士の眺望空間を地域のコミュニティの人びとの手でどのように具体的に景観・環境の整備保全してゆくのかなど地区別にそれぞれ進められている。このような例は、各関連市町村の景観条例を、富士山の世界文化遺産登録と同時に改訂ないしは新しく設置し、各自治体の人々が世界遺産富士山と過去を知り、現在抱えている様々な問題の処理と解決に向けて頑張り、富士山ヴィジョンを地域の力で守り育てていくことが確認されるなど、世界遺産登録されたことの意味は大きいといえる。

五合目

六合目附近

富士登山競争

五合目奥庭入口から見た富士山

富士山の地形地質と火山学から災害対策

田畑　貞壽

荒巻重雄山梨環境科学研究所所長・東京大学名誉教授　談（2013）

『自然科学系統で、だいたい文化遺産にものを申すというのは気後れがするのですが、それにしても、富士山の場合は、文化遺産といっても自然景観というものが、そのもとになっているということはユネスコレベルでも、富士レベルでも、みんなそう言っています。申し上げたいのは、地形、地質の整理についてです。実は、先生（田畑貞壽）にもご覧に入れましたが、約500ページの、学術書『富士火山』(2007）という本が山梨県環境科学研究所から出版されました。われわれは非常に誇りに思っていますが、この本は火山学的な研究成果を網羅したものです。富士山の地形地質火山についてはほとんど書いてあります。ですから、もし必要とあれば、われわれ、著者が30人くらいいますから、そこから情報を提供する用意があるということを申し上げます。活火山である富士山については、クリアされると思います。そういう意味では、自然災害対策のうちで噴火はどうだ。これも実は自信があります。これは去年くらいで一通り終わりましたけれども、国の大きなプロジェクトがありまして、富士山は噴火するかもしれない。とにかく低周波地震というものが起きたのです。これは火山学的に言うと、噴火するという意味ではなくて、地下にマグマがまだいるなということの証拠になっている。地下にマグマがいると、いつでも噴く可能性はあるわけですね。その意味では、富士山というのは、もし噴火すると、災害問題が大きいから国がやりましょうというので、5、6年かけて調査をいたしました。その防災計画というのでしょうか、ハザードマップを含めて、これができております。国が頑張ったものですから、すごくいいものができて、外国へ行ってもこれほど立派なものはないです。第1段階としては立派なものです。第2段階はどういうのかというと、国レベルでやったのは大ざっぱなんですね。例えば富士吉田で、何合目あたりで噴火するとどうなるかという細かい地区ごとのいろいろな可能性をそれぞれ考えて、避難計画を出し、どうするという話は、細かいことになるが、災害基本法という法律で決められていて、国がやるのでなくて、18自治体の首長が責任を持ってやる。要するに、この研究所のある富士吉田市の市長さんがつくることになっています。隣の山中湖は山中湖村長さんがつくる。こういう調子で、先ほどご紹介があった18市町村がそれぞれつくらないといけない。そこまではまだできていません。だけど、完備しているところは日本中どこにもありませんから、そういう意味で大ざっぱに言うと、まず国レベルでの大きな話というのは、先にできました。しかも、それが非常に良くできているので、もう一回繰り返しますが、富士山の噴火に関しては誰が見てもほめてくれるようなものがございますと皆さんにご報告できます。

その後の関係市町村の災害対策についても、それぞれの自然構成に対応し、集落、地域レベルから各自治体、県、国のそれぞれに対応した計画と具体的な対策が講じられている。また、2015年にスタートした、「富士山ネットワーク会議」は、世界遺産富士山をまちづくりのシンボルに掲げている静岡県側の4市1町で構成され、環境や観光、防災などのさまざまな分野で広域連携を図り、共通認識のもと課題解決に取り組んでいます。』

以上のように世界遺産登録地域の各市町村をはじめ、富士山圏各自治体環富士山地域として富士宮市、富士市、御殿場市、裾野市、小山町の4市1町で富士山ヴィジョンネットワーク計画を立案、その1つに防災計画と実施計画も作成した。このようにそれぞれ国、県、環東富士地域圏、市町村、地域地区、集落各レベルで対策が立てられ、実行されている。

しかし、行政主導で始まった防災対策については、様々な問題があり、居住者、企業グループなどからの問題提起も見られる。

注

河口湖町、富士宮市、富士吉田市、富士市他関係市町村それぞれ独自の計画と実践を進めている。

富士山ネットワーク会議の活動と検討課題

1 防災研究会・災害時の対応についての情報交換
2 富士山の自然と環境を守る会・富士山の環境美化・環境保全活動・富士市環境フェアへの共同出展・富士山南陵バードウォッチング
3 広報研究会・各市町広報紙に共通の特集を記載（年2回程度）・世界遺産、富士山ほか各種広域イベントの情報発信
4 産業研究会・富士のふもとの大博覧会の開催
5 観光研究会・わがまち富士山写真展の開催・首都圏などでの合同観光キャンペーン・富士山を活かした観光振興・携帯端末（スマートフォン）を活用した観光情報発信
6 スポーツ事業研究会・各市町事業への支援
7 富士山麓鳥獣被害対策会議・鳥獣被害対策についての情報交換・富士地域ニホンジカ保護管理検討部会の活動への参加協力
8 国道469号（富士南麓道路）建設促進
9 期成同盟・国道469号の整備促進に向け、静岡県、山梨県や関係機関に対する要望活動の実施
10 企画研究会・静岡県側図柄入り富士山ナンバープレート導入・移住定住の広域連携事業・ふるさと回帰フェアへの共同出展及び移住定住共同パンフレット「富士山ふもと暮らしのススメ」の作成

移動していた湖沼
―忍野八海・お釜池の場合―

出月　洋文

富士山世界文化遺産を構成する資産の中で、1 件の天然記念物であった忍野八海は、歴史的な富士登山と結び付いた信仰上の特別な場として、出口池・お釜池・底抜池・銚子池・湧池・濁池・鏡池・菖蒲池と呼ばれる 8 件の資産として整理された。それは個々の湖沼それぞれが信仰のための登山の入口において重要な位置を占めるものとの考えからであった。

構成資産の選択の過程以前の忍野八海は、富士の山体にあった降雪が季節の巡りにより融解し伏流して忍野の地に湧出する小さな湖沼群で、火山に伴う天然のなせる営みという側面を主として貴重な文化財とされて取り扱われてきた。その文化財指定は、1934 年のことであった。

時は経て、世界遺産登録に向けた国内手続きの最終段階に至った 2012 年 9 月の官報に、天然記念物・忍野八海をめぐり追加指定一部解除という項目が掲載された。具体的には「お釜池」のそれまでの指定地番が誤っていて正しい地番を告示するという趣旨であった。

これには少々込み入った事情があった。1920 年代に進められた富士山周辺の調査研究の一環として忍野八海も調査対象となり、自然科学の見地からの意義づけがまとまり、それが忍野八海の文化財指定の端緒となった。それから天然記念物指定の告示までの間に、関東大地震が 1924 年に発生、富士山周辺にも少なからぬ影響を及ぼした。忍野八海の一つ「お釜池」は、忽然と清らかな水の湧出が止まり、代わりにというか、少し離れた場所に新たな湧出が起こり、「お釜池」に相当する池沼が出現するに至った。どうやらこの新たな池沼がそのまま「お釜池」として扱われてきたらしい。1934 年の文化財指定は、この移動が反映されないまま告示に至ったようである。

構成資産の確認作業の中で、突如としてこの問題が浮上した。様々な資料・記録に当たり、以上のような経過を把握したが、“実は違っていました”とい

「忍野八海」のうち　お釜池

うことで、現在の「お釜池」の地番を追加指定し、池沼が存在しなくなっていた地番を指定解除することになった訳であるが、構成資産の検討整理の経過の中に、大自然のなせる業は記されていない。

ここで見たような資産の価値の確からしさの証明は、忍野八海「お釜池」の場合に止まらず、多くの関係者の水面下の尽力に拠っている。

3 登録へのきっかけを富士北麓開発と保護の歴史に探る

八巻　與志夫

戦前の富士山北麓開発と保護をめぐって

明治27年（1894）に精進湖を訪れたイギリス人ホイットウォーズは、富士山を望むことができる湖畔に、翌年に洋風ホテルを建設した。これが国際観光地のはじまりであったと言われている。彼は富士山の美しさに魅せられて、富士山が最も美しく眺められるところを求めて、1年程かけて富士山の廻りを巡り、納得した場所が精進湖畔であったと言われている。ここに洋風の精進湖ホテルを建設して日本に帰化するとともに、欧米の新

昭和９年　精進湖ホテル客室（絵葉書）

聞等へ富士北麓の優れた景色を紹介する原稿を盛んに寄稿する等富士北麓の知名度向上に取り組んだ結果、大正から昭和にかけて精進湖畔を中心に外国人観光客が多数訪れるようになったと、富士北麓観光開発の萌芽として評価されている。

明治後半には富士講信者の登山者数も増加したが、同時にスポーツ登山も次第に増加してきた。この時期の読売新聞社は富士登山を奨励して、青年学生の剛健なる肉体の養成運動を展開したが、迫り来る対露戦争に備える意味をあったとも言われる。この動きは中央線鉄道（現在の中央本線）の大月手前までの開通と連動して、富士登山者数の著しい増加を招いていた。

昭和９年　精進湖ホテル 湖畔のホテル
（絵葉書）

明治35年（1902）7月25日付けの山梨日日新聞の「富士登山と吉田口」と題された記事は「読売新聞社の発企せる富士登山会の登山口については、同社において種々調査するところあり。名誉会員諸家の意見をも印ぎて、結局吉田口を以て、最上と決定するにいたる」と「吉田口登山道が登山者にとって頗る便利である」と総合的に判断されたことを伝えた。その主な理由は、鉄道の中央線が大月まで開通したことによる便利さ以外に

名勝猿橋（写真上部）
『富士山麓と御嶽』（山梨県 大正13年）

も、学術研究上の便宜等からも、優れているとした。また、前日24日の同新聞には「去る22日より登山区割引券所有者の為、飯田町八王子間汽車賃二割引を以て取扱う」の記事があり、鉄道会社は富士登山者の取り込みに期待したこの企画が、中央線経由での吉田口からの登山者数の増加に拍車をかけた。

同年8月16日からは、富士登山会講話が、富士山の地質・動植物・体育・衛生等学際的なテーマで22回開かれ、翌36年には富士登山案内と題する講演会が6月から山開き前まで5回開催された。そして37年には登山案内に関する記事が同新聞に散見されるようになった。さらに39年至ると登山者への注意喚起の記事が掲載されるほど、急増する登山者に関する課題が表面化してきていた[1]。

富士登山者保護費の計上（知事：武田千代三郎）

山梨県は、「本年度から新設の費目。近年とみに増大した富士登山者保護のため、山小屋、宿泊所その他関係業者に補助を与え、施設設備などを

---

1 「山梨日日新聞記事」『富士吉田市史資料叢書』9（1991）

昭和初年の精進湖と富士（絵葉書）

改善しようとするものである。」として、明治40年の当初予算に「富士登山者保護費」を初めて計上して、急増する富士登山者の安全対策事業に着手することとした。この予算案を議論する明治39年12月3日の県議会で羽塚事務官は、年間2万人を超える富士登山者の状況、山小屋や山麓の宿泊所などの不衛生極まりない等の実情を説明し、当面は1,000円を計上、試験的に衛生環境整備に手を付けたい旨を答弁した。まずは大幅に増えてきた富士登山者が宿泊する施設の衛生面の改善が目的であった。行政が信仰・学術・スポーツ等を目的とする登山者を支援をする初めての予算「富士登山者保護費」は、「新規事業であるから調査委員設置」を提案される等の議論を経て、明治39年12月に初めて成立した。

この登山者保護費という画期的な予算案を編成したのは、「駅伝」の命名者として、日本の近代スポーツ振興に尽力した実績と共に、十和田湖「保勝会」による自然・風景の保護への取り組みも高く評価されている、明治38年9月に山梨県知事として赴任した武田千代三郎である。

武田は、慶応3年（1867）に福岡県柳河村（柳川市）の柳川藩士の家に生まれ、明治22年に帝国大学法科大学を卒業して内務省に入り、兵庫県書記官を経て明治32年に秋田県知事、明治35年4月から山口県知事、そして一時休職後に山梨県知事を拝命したのであった。

明治41年（1908）6月までの2年10ヶ月余りの知事在任中に、明治39年（1906）に甲府の舞鶴公園（甲府城跡）で一府九県連合共進会（博覧会）を開催するとともに、県下の名勝を描いた『甲山峡水』を出版するなど、山梨県の産業・観光振興を図った。特に富士北麓の観光振興を推し進めるために、自ら富士登山を実施するなど、信仰の登山とスポーツ登山の両面の発展を目指す新規事業を推し進めた。

この「富士登山者保護費」は、成立直後から地元の関心は高く明治40年5月12日付けの山梨日日新聞に「南都留郡勝山村村社富士山北口二合目御室浅間神社氏子総代大石静雄外2名より、同神社境内へ休憩所及び便所を建設し同時に茶水の無代供給を為して富士登山者の便宜を謀りたきに付富士登山者保護費中より金80円補助せられたしとの出願したるが、右は昨日却下さらる。」と地元からもその活用が期待された補助金であった。武田知事が山梨県を去った後も、明治41年～大正7年まで各200円が計上され続けて、登山者への便宜を図るために活用された。

大正7年の山梨県議会では、富士北麓の観光開発が盛んに議論された。田辺保議員は謝恩碑建設[2]及び富士山麓の開発に関して、森嶋春太郎議員は精進・本栖湖付近に御用邸を建設するという案の進捗状況に関して、相沢大久議員は富士山麓開発とともに八ヶ岳山麓の農業地発展について、それぞれ県の具体案を質した。また保坂健司議員の高等学校誘致状況の質問に対して、富永内務部長から富士山麓御用邸誘致問題と共に知事が内談する発言があった。このように、大正7年は富士岳麓開発が注目された年となった。

2　明治40年代に発生した甲府盆地を中心とした大水害の復興のため、30万町歩（帳簿面積）の皇室林を山梨県の下賜されたことに感謝する記念碑建設事業である。大正11年に甲府城跡の本丸南西隅に完成した謝恩碑の石材は、甲州市塩山の恩賜林から採取された花崗岩である。

その後の「富士登山者保護費」は、大正8年255円、大正9年425円、大正10年からは倍額の955円、大正12年からは1240円に増額され大正15年まで計上された。特に大正15年11月18日に召集された11月通常県会での三辺知事の提出議案に対する説明演説の中に「警察費に於きましては（中略）自動車の激増に伴いまして、交通取締に関する事務の異常なる増加、鉄道工事の進捗、岳麓開発の進捗に伴う警察事務の増加（以下略）」と交通機関の発展と富士北麓（岳麓）開発の進展を一つの理由に挙げた。大正年間には登山者数の増加はもとより岳麓開発の進展が無視できない大きな流れとなっていたと考えられる。このように山梨県側の富士北麓（岳麓）開発が進んできたのには、山梨県側が「恩賜県有林」であったことと無縁ではない。

恩賜県有林の誕生の背景

明治40年8月23日河口湖で開催される水泳大会に参加するために、甲府から石和を経て鎌倉往還を徒歩で河口湖に息子達と向かっていた武田知事は、御坂峠の直前で突然豪雨に遭遇した。この豪雨に道路が寸断されて、二日間山中に留まらざるを得なくなったが、この豪雨は、甲府盆地を大水害に陥れていた。武田は大正12年8月の「明治四十年石和町水害記」にこの時の様子を詳細に記しているが、以下に要約する。

「御坂（みさか）峠の手前にある藤野木（とうのき）を過ぎる辺りから、黒雲垂れこめ、突然豪雨となり、行く手を阻み、道は滝のようになり戻ることもできずに二日間山中にとどまらざるを得なかった。ようやく石和まで戻ると、鵜飼川（笛吹川の支流であったが、この洪水で川筋が変わって現在の笛吹川）にかかる橋は濁流によって流出していたため、鵜飼川を徒歩で漸く石和役場側にわたると、石和の町は一面湖となり、下流の村落では家屋の流失ばかりが多くの人命が失われていた。この水害は、山林原野の荒廃が大きな原因であった。その後支援の食料を甲府より運び、障子[3]に「米キタアスヤル」等を大きく書いて、被災民に知らせて元気づけた。この障子は今も甲運亭の家宝である。」

このように甲府に到着すると被災者の救護と災害復旧に全力を尽くした武田知事は、翌明治 41 年６月に青森県知事を拝命して離県していった。

未曾有の大水害の復興もようやく始まった明治 43 年に、甲府盆地は再び大水害に襲われた。二度に及ぶ大水害は、多くの農民から耕地を奪い、再興の希望さえ失わせ、被災家族数百は新天地を北海道にもとめて離県していった。明治 40・43 年の大規模災害（水害）以前にも頻発していた水害の原因が、山梨県内森林面積の６割に及ぶ御料林の荒廃にあると指摘され、災害復興の議論の中で御料林（皇室林）の御下賜運動が県民や県議会で盛んに叫ばれていた。この御料林荒廃の原因は、明治 14 年の山梨県令藤村紫朗による入会地の官有地編入にあるとの指摘が当時からあった。藤村は「官民有区分未定の入会地を全て官有地とすべし」という意見を具し、地租改正事務局総裁の裁可を経て、山梨県内の入会地の殆どを官有地とした。これに反発した地元民は、入会権を主張して山林に立ち入って濫伐を行うとともに、水害のたびにその原因を林地管理不行き届きであると指摘して、払い下げを要望していた。県議会でも当然その運動を支持して払下げ要望を度々議決していたが、一部を除いて進展は見られなかった。このような皇室林払い下げを求める県民世論の中で、未曾有の大災害が発生したのである。明治 40 年代に起こった二度の大水害は、山梨県ばかりでなく広く関東各県でも甚大な被害を及ぼしており、日露戦争を終えて間もない政府にとっては、その復興予算の確保が大きな課題であった。

歴史的・経済的な様々な背景がある中で、明治 44 年３月 11 日に「御料林を下賜する」旨の御沙汰書が、明治 44 年３月 11 日に山梨県知事に

3　この障子は、甲運亭より旧石和町に寄贈され、現在は笛吹市教育委員会が所蔵している。

伝達された[4]。これにより帳簿上は山梨県の三分の一が県有地となり、同時に富士山体の北半分は山梨県有林となった。

山梨県の恩賜県林経営計画と富士北麓開発の立案

御料林30万余町歩（実面積16万余町歩）が下賜された直後の同年6月1日に農商務省山林局長の上山満之進は、林務技師及び属官1名とともに山梨に向かい、7月6日帰京するまで約1月間県内の山林原野の実地調査を慣行した。これの調査は山梨県知事からの依頼であったことを後に上山が語っている。

上山はこの調査で「山梨県恩賜林付視察復命書」（山梨県史資料編）を作成した。その中で水害の原因を「地質傾斜度其他幾多の事情の如何に拘わらず傾斜地にして樹木の存するものは立木を欠くものに比すれば豪雨に対する抵抗力の著しく強大なることは争うべからざる事実なるが如し」と述べて、皆伐によるはげ山が最も大きいと指摘した。次に、山梨県の入会地問題を山林荒廃の原因の一つととらえ、「山梨県、静岡県両県に跨れる富士山麓の森林の如き旧幕時代に於ける地元との関係は両県ともに同一なりしに、今や其山梨県に属するものは入会地となり之に接続せる静岡県分は現に純然たる御料林として経営せらる。」として、山梨県側の入会権のあり方に課題があることを指摘している。最後に5項目の経営方針を提案している。

（1）恩賜林は原則として県有として持続すること。

（2）入会の慣行を制限し、（中略）特に入会に対する権利思想の除去に努めるべきこと。

4　渋谷俊著『甲府城物語』には、偶然甲府に宿泊した桂太郎総理大が帰京する中央線の車窓から、熊谷喜一郎山梨県知事が大水害の惨状を直訴したことが記されている。甲府から笛吹川右岸を進み、笹子トンネルを超えて、桂川流域を経て東京に中央線は、まさに被災地を縦貫していたので、極めて有効な手段であったと思われる。

(3) 地元民の生業及び生活に必須なる林産物は努めて之を供給すること。
(4) 荒廃地恢復するには施業の巧拙を論ぜずして其速成を眼目とすべきこと。
(5) 入会団体に与うるには、将来の利益を以てし自ら進んで経営の実行に協力せしむること。

そして、将来的な課題として、(甲) 入会慣行の整理、(乙) 産物処分、(丙) 土地の処分、(丁) 造林、それぞれ詳しく指摘した。

この報告書がその後の恩賜林経営の基本方針であることは、今日も変わりないと言えよう。

富士北麓（岳麓）の観光開発

富士山の山梨県側（北麓）に広がる山林のほとんどが恩賜県有財産（山梨県有林）となったため、山梨県は独自に開発（森林資源と観光）を進めることが出来た。国有林である静岡県側とは大きな違いである。

大正５年山梨県知事に着任した山脇春樹は、在京の県出身財界有力者に富士北麓観光開発の必要性と有効性を力説した。

大正６年（1917）に農科大学（東京帝国大学農学部の前身）教授右田半四郎とともに現地調査をした後述の田村剛らは９月に「富士北麓林野に関する調書」を山梨県知事に提出した。そこには「美観と実用との調和」に重点を置く「森林経理学」を基本とした視点があった。そして、資源の保全と活用を前提として多くの提言を行っている。以下にその内容の主なものは次のとおりである。

最初に世界の公園概念の趨勢を「世界造園界の趨勢が市内公園より市街公園に、市街公園より天然公園に推移しつつある今日に於いて、ことに戦後世界交通の関係愈々密接となり、外人の我が国に来遊するもの益々増加するの予想に難からざる今日に於いて、本県が率先して世界的公園たる富士山の経営に着手せられたるは、誠に時期の宜しくを得たるものと謂うべし。」と述べて、第1次世界大戦が終わり世界の交通機関が発達して、外国人観光客の増加することが予想されるこの時期に、山梨県が東京にほど近い富士山の観光開発に着手したことは時機を得ていると、田村は評価している。

次に登山者について「一種の信仰を以て登山するもの其大半を占め、次に山頂に万年雪を踏み其の壮言雄大にして変幻極りなき風景と霊気とに接せんとするもの近年漸く多きを加えたるものの如し。（中略）機械力をかりて登山を容易にならしむるが如きは、富士の霊境を汚す行為にして、将来自動車・電車・其の他の文明的交通機関の応用を企てるものありとも可成は富士山麓以上に引き込むことを許すべからず。如何なる方法に依るも富士山5合目以上の所謂天地の境以上に人工の痕を印すが如きは吾人の容易に賛同し難きところなりとす。」と述べて、富士登山には信仰と観光の二つの目的があるが、文明的交通機関（電車・自動車）を用いて登山することは、富士登山を汚すことであり、5合目以上に人工物を構築することは避けなければならない。ときわめて重要な指摘を行った。また、科学的目的での登山者がいることも指摘し、更には体育保養のための登山者もあるとも述べ、「要するに富士経営に当たりては以上の各種の目的を達せしむる様施設して富士の真価を愈高からしむるを根本理想とせざるべからず。」と、富士山の自然景観を損なわないような施設整備と活用を提案したのである。

三点目として、風景修飾上の原則を「要するに風致修飾上の要訣は変化の裡に統一を有せしむるにあるなり。」と述べ、富士北麓経営に関する前提では「要するに将来四季を通して富士風景を利用するを以て富士経営の一方針となすを要す。」と述べて、四季を通じた景観形成を計るように進言した。

四点目は、道路に関して、登山道、回遊道路、連絡道路を整備する必要性を述べるとともに、その留意点として風致と学術との目的のためには、登山道の両側20間乃至は50間の間に適宜選定して施業外地に編入すべきであると述べている。これは、登山道の両側の天然林は、景観維持と植生保護のために、保護保存すべきだという、極めて先進的な指摘であった。40年余りたった昭和27年に「特別名勝富士山」として文化財指定された範囲にある御中道下500m以上山頂までと吉田口登山道と船津口登山道、そして山麓からの富士山体を望むことが出来た梨ケ原の国道は、両側100m（50間）を含む範囲が指定され保護されている。両側50間を施業地外として林相を保護する考え方が、このように後の特別名勝地の指定範囲を決定する根拠となったと推測でき、この提案が今日の景観形成の原点であると言えよう[5]。

そして各種遊覧施設整備については、旅館・別荘・運動場と水泳場・牧場と養魚場を挙げて、その整備を促している。この7年余り後には、「裾野の特色　春　遅咲桜・躑躅・五湖の舟遊。夏　富士登山・避暑・天幕生活・魚狩。秋　登山道付近及び五湖の紅葉。冬　裾野の狩猟及び山中本栖

5　特別名勝富士山の登山道以外にもこの基準によって文化財指定されており、富士山原始林精進口登山道は両側100間が指定地である。

『**富士登山と富士一周　五湖めぐり**』（富士山麓電気鉄道株式会社 昭和 7 年）

湖等の鴨狩、スケート・スキー。」と山梨県が刊行した『富士山麓と御嶽』でその魅力を紹介するまでになっていった。

さらに県有林の施業方針について、富士風景の保護の観点から作業方法、樹種、伐採方法、輪伐及び回帰年について、森林保護について、詳しく述べている。この方針は後の国立公園指定に大きな影響となったと思われる。この調書を記した一人に、後に国立公園の父と言われる「田村剛」がいた。

田村は、大正 14 年 3 月 20 日に日本工業倶楽部で開催された「岳麓開発委員会」で講演を行った。その内容は、山梨日日新聞の 4 月 15 日～28 日までの間に「国立公園としての富士山麓の施設」と題されて 12 回連載された。その概要は、欧米の国立公園の成り立ちと諸施設の状況を自らの現地調査を踏まえて紹介するとともに、カナダとアメリカの公園利用実態を様々な角度から解説した。都市部からの道路網及び公共交通機関整備が不可欠であると指摘するとともに、宿泊施設整備としてホテル整備や鉄道整備事業への民間資本の導入・鉄道利用者と自家用車活用者との所得の違いなども指摘した上での別荘地の規模等まで、極めて幅広く論じている。この講演は、登山道整備・富士五湖周遊道路建設・登山バス等その後の富士岳麓開発に大きな影響を及ぼしているといえよう。山梨県はこの提案を踏まえて県有林への別荘地開発を次の規程によって進めた。

富士岳麓開発地貸付規程

第１条　富士岳麓開発施設の為にする恩賜県有林財産の貸し付けは、山梨県恩賜県有財産管理規定によるの外、本規定に定る所に依る。
前項の開発施設とは、交通の設備住宅その他の各種工作物の建設をいう。

第２条　貸付面積は、一口四百五十坪を標準とする。
開発に関し、特別なる施設経営を為さむとするものに対しては、その施設に対して特に大面積を貸付す。
第１項の貸付地は、別に之を告示す。

第３条　貸付料は、十ヵ年を一期とし、其の使用目的及び位置の便否に依り之を定む。

第４条　第２条第１項の土地を借り受けんとする者は、左記書式による願書に位置図を添付し、直接当庁へ提出すべし。
同条第２項による出願者は、前項書類の外事業計画書並びにその順序方法及び経営の資産並びに既往の業績を証するに足るべき書類を添付しべし。

第５条　貸付の許可ありたるときは、貸し受け人、指揮に従い請書を差し出すべし。

第６条　土地の貸し付けを受けたる者は、６か月以内に設計書を提出し、許可を受くべし。設計書には道路、橋梁、水路、建物等の位置、構造に関する図面、経費及び説明書並びに工事執行に関する年度区分予定書を添付すべし。建物の外観（周囲壁、屋根等の構造、形状、色彩）は景勝地の風光に調和すべき様式を採択すべし。

第７条　第２条第１項の貸し受け人は、貸付許可後二年以内に同条第２項の借り受け人は５か年以内に設計書記載の施設を完成すべし。天災その他止むを得ザル事由により、前項の期間内に施設工事を完了すること能はざる場合においては、その事由を具し、期間の延長の許可を受けべし。

第８条　土地借り受け人若しくは占有者にして土地使用上立木の除却又は伐採を要するときは、願出の上式を受くべし。

第９条　左の場合には、許可を受けべし。
１　建築物を変更又は増設せんとするとき。
２　貸付地を他の用途に使用し又は転貸しせんとするとき。

3　貸付権又は建設物を譲渡若しくは担保に供せんとするとき

前項第２号の転貸及び第３号の場合は、当事者双方連署の上願書を提出すべし。

第10条　左の場合には、借地契約を解除することあるべし。

1　願書事項に違反したるとき

2　第７条の期間内に所定の施設工事を完了せざる時、又は完了の見込みなしと認定したるとき

前項の場合には、履行の催告なきも通告により、直ちに契約解除の効力を生じするものとする。

附　則

本規定は公布の日より施行す。

書　　式

富士山岳麓開発貸付願

　　郡　　町・村　　大字　　　字　　　番地　恩賜県有財産内

1　実測面積

　　用途　　期間　　料金

前記の通り明治45年山梨県令第22号山梨県恩賜県有財産管理規定及び大正14年山梨県告示第99号富士山岳麓開発地貸付規程により御貸付相成度其段相願候也

住　所

年月日

氏　名　　　　　　　　印

山梨県知事宛

国立公園の指定

国立公園の指定が叫ばれて、その中心は箱根の地元である神奈川県の運動であり、富士山が聳える山梨県と静岡県は決して積極的ではなかった。特に山梨県は富士北麓開発を叫びながらも、大正初年までは水害の復旧と県の財政難から大きな進展は見られなかったが、大正 13 年２月 24 日の山梨日日新聞には「富士岳麓開発前　名勝地指定と禁猟」の見出しで「開発に先だち名勝地として保存すべき箇所に対して自然の景勝を破壊しないように努めるの要ありとて、内務省とも打合せの上近く県において名勝地として指定することとなり尚鳥獣の繁殖保護を図り自然の風趣を添え観光客に満足を与えるには、名勝地区に属する箇所に対して禁猟区を設定すべくこの程県より農商務省に該願書を進達したので、近く主務省から禁猟区設定の告示をも発するに至るであろう。」と掲載された[6]。

同年３月５日には「史跡名勝保存法により富士山麓仮指定」との記事が掲載された。その範囲は、「南都留郡中の・忍野・福地・瑞穂・船津・河口・大石・小立・勝山・大嵐・長濱・鳴沢・西湖、西八代郡の上九一色（阿難坂東西に連亘する分水嶺の地域を除く）・古関（国境両嶽頂上より冨里村界を北進し本栖湖四方佛峠を連亘する分水嶺を北進し左折して同湖北西方高地（陸軍三等点の位置）を経て下九一色上九一色、三村村界の地域

6　右に就き梅谷知事は語る「富士岳麓の開発については、今回上京した際各方面とも打合せ協議をしたが、差当り岳麓の山脈を分水嶺とした五湖を包含せる静岡県に跨る一帯を名勝地して指定することに内務省とも打ち合わせてきたので、近く県知事の名をもって指定の告示をなす方針である。されは富士岳麓の開発を期するにもみだりに自然を破壊されてはならぬから、先ずもって名勝地として保存すべき箇所は保存し、その上富士岳麓はナショナルパークとするよう道路を造るとか植林をなすとか別荘地を定めるとかして順次開発されてゆくようにしたいと思う。名勝地指定に関しては東京において史跡名勝天然記念物保存調査委員とともに大いに説明に努めた所、各委員も賛同していくれたような次第である。なお、名勝地区と略同一地帯を新たに禁猟区として害鳥獣以外の鳥獣を保護し珍しい獣や鳥は繁殖して観光客の目を喜はしめる様にしたいと思う。」

を除く）但し右区域中から御料地を除かる」とある。つまり御坂山系分水嶺以南の富士北麓地域が史跡名勝天然記念物保存法第1条第2項により仮指定されたのである。そして、翌々日の7日には「富士山麓の仮指定について」と題した記事には、富士山麓地帯が名称として仮指定されたことに関する知事の考えが述べられた。知事は「富士山麓が近時著しく世に宣伝せらるるに至りしことは、各種の原始的現象の完全に存することと、偉大なる富士の霊峰を取り巻きたる大風景が人目を驚かす大偉観を持って居ると、にあるのである。然るに最近湖畔などに如何はしき建物を為し、その他風致を損し又は展望を害する等の行為あるは、ただに世人の反感を買い期待に反するのみならず惹いては地方の自滅を招来するものである、と固く信ずるが故に、やむを得ず法律に基づき仮指定をしたのである。けれども保存法の精神に反せざる限り個人または団体の施設も許可する方針であるばかりでなく、寧ろ度合いに依りて地方等にある施設を勧奨することもあろうと思うのである。又許可に関する手続きなども出来れば簡易の方法を講じても好いと考えているのが要するに岳麓の開発は地元の保護観念の向上することが最も肝要である。徒に眼前の小利に走らざる様注意して貰いたいと思うのである。」と述べたとある。つまり富士岳麓の仮指定の主眼は乱開発の抑制であり、国際観光地としての価値を損ねない内容の開発計画の推進を目指していた。

一方6月7日には追加予算で富士救護所復旧工事とある記事には「富士登山期が近づいたので県及び関係村では目下諸般の設備中であるが昨秋の震災で救護所が損壊したので、是が復旧のため来る9日の県参事会では富士山頂における警察電話修繕費と共に追加予算として要求する筈であるが決定の上は急速にその設備を為し、一般登山者の救護上遺憾無きを期する方針だ」とあり、関東大震災による被害は富士山にも及んでいた。

しかし7月27日の新聞は「国立公園の候補地調査　専門技術員来峡」とあり「富士岳麓は将来国立立公園となるべく其前提として県では開発の

計画中であるが、本間知事は着任後初めての岳麓視察として昨日予定のとおり出張したが、尚木島内務部長は今回上京の際、内務当局と打ち合わせを遂げた結果、近く衛生局から国立公園に造詣の深い技術員の派遣を受けて、重ねて実地調査をなさしめる予定である。」と記事は記している。

モグラケーブル計画

３月７日の同紙面には「ケーブルカー百万円で計画」と題した記事には「富士岳麓開発について民間でも観光電車の敷設その他の計画があるが、六甲山や生駒山のケーブルカー経営者が発起の下に百万円の資金をもって富士山五合目から山頂まで約一マイルにケーブルカーを設置して富士登山者のために便宜に供せんと富士登山軌道株式会社の名称で主務省に認可を申請中であるが、暴風雨に備える為には軌道の前面にトンネル式鉄板を設備する設計であるという。」 この計画を再度掲げたのが、30 年後の昭和 26 年に誕生した天野久県政であった。天野県政の「総合開発」には五合目までの登山自動車道及び五合目と山頂を結ぶ隧道（モグラケーブル・エレベーター）鉄道計画を掲げたが、実現したのは、中央自動車道開通を期待した自動車道路（富士スバルライン）であった。

天然記念物の保存

山梨県は大正９年から史跡名勝天然記念物保存費を臨時費に予算計上して調査事業に着手した。その予算は 10 年から 1,000 円に増額され、大正 14 年には 2,055 円、一方史跡名勝管理費は大正 14 年に初めて経常費に 421 円を計上し、翌年には 442 円であった。

このような予算措置によって史跡名勝天然記念物調査が実施され、その成果として特に保存すべき箇所を次のように列挙している。

躑躅ヶ原、御庭、小御岳に通ずる県道の両側、大室山地帯、弓射塚、針樅純林、諏訪ノ森、三つ峠、富士桜地帯、信玄築石、風穴・氷穴・溶岩樹型、青木ヶ原、等多数。

山梨県は大正14年6月に石原初太郎の手による『富士山の自然界』を発行し、富士山の成り立ちと特色及びに富士山麓に点在する天然記念物を紹介し、巻末には「山梨県富士岳麓開発計画書」と「富士岳麓開発地貸付規程」を掲載した。

山梨県による史跡名勝天然記念物調査によって、その価値を明確にした溶岩洞穴・溶岩樹形等は次々に国指定文化財となるものの、富士五湖等私有地が混在する地域の文化財指定は、思うように進まなかった。この中を山梨県は、富士山を仮指定した。これが、後の国立公園を誕生させることとなった。

近代文学の富士から

高室　有子

古代より富士は、他に類を見ない高さと美しさをもち、信仰の対象であり、噴火を繰り返す火山である――こうした要素をはらんで、詩歌や物語、紀行文など日本の文学に多様な表現で登場してきた。

ここでは、近代の日本文学において、富士がどのように表現されるようになったか、いくつかのポイントに注目して見ておきたい。

明治期後半の日本人の自然観に大きな影響を与えた書物に、志賀重昂の『日本風景論』(明治27年) がある。地理学者の重昂がイギリスのジョン・ラスキンの『近代画家論』に影響を受け、日本の風景美を気候や地形上の特性などから科学的に論じた書である。その中でも富士山については、均斉のとれた端麗な円錐形の姿をもつこと、日本の特質である多量の水蒸気から生まれる多様な雲によって独特の美観が生じることなどが“理学上”の見地から説明され、「『名山』中の最『名山』」「全世界『名山』の標準」とまで賞美された。本書はベストセラーとなって版を重ね、日本国土への関心を呼びおこし、日本・日本人を象徴する山としての富士のイメージを、国民に浸透させた。

そのような富士を、日本の近代化に対する批評のよすがとして取り上げたのが、夏目漱石である。明治41年「朝日新聞」連載の小説「三四郎」では、熊本から上京する青年三四郎が東海道線の汽車の車窓から初めて富士を目にした際、乗り合わせた広田先生から「あれが日本一の名物だ。あれより外に自慢するものは何もない。所が其富士山は天然自然に昔からあつたものなんだから仕方がない。我々が拵へたものぢやない」と聞かされる。日本はこれから発展するだろうという三四郎の問いかけにも広田は、「亡びるね」と答える。

漱石は明治44年の講演録「現代日本の開化」でも、近代日本の開化は「内発的でない、外発的である」「皮相上滑りの開化」であり、日清・日露戦に勝ったことで一等国になったという声を「高慢」と評した。まして、自身の手で作り上げたものではない富士を、西洋に誇るべき日本の象徴として掲げることの無意味さを述べた文明批評である。

漱石の「三四郎」から約30年後に発表された太宰治の「富嶽百景」(昭和14年) は、心身ともに疲弊していた太宰が再生を期して山梨県の御坂峠にある天下茶屋に昭和13年初秋、数ヶ月滞在し、富士に向き合った日々が描かれる。

始めの頃は、「沈没しかけていく軍艦」「風呂屋のペンキ画」「どうにも註文どほりの景色」などと、富士は人間の手垢にまみれた俗な存在として描かれていく。やがて、「のつそり黙つて立ってゐた」富士を「よくやつてるなあ」と評し、バスの中から見た月見草の健気さを、「三七七八米の富士の山と、立派に相対峙し、みぢんもゆるがず、なんと言ふのか、金剛力草とでも言ひたいぐらひ、けなげにすつくと立つてゐたあの月見草は、よかつた。富士には、月見草がよく似合ふ」と結ぶ後半へと変化していく。そこには、微動だにせず聳えつづける富士への共感がこめられている。

ところでこの作品の背景には、昭和11年、富士箱根伊豆国立公園が指定され急速に交通整備が進んだ時代背景がある。作品に登場し、実際に太宰が乗車した甲府—吉田間の御坂国道バスは、昭和9年に開通している。

「富嶽百景」で太宰が見合いをし、結婚を決めた石原美知子の父は、敷島村(現山梨県甲斐市) 出身の地理学者の石原初太郎である。地方の中学校校長、高等師範学校講師を経て、大正10年、山梨県に招かれ県の嘱託となって県下の地質及び動植物の調査研究、景勝開発事業に従事、上記の岳麓の観光開発に貢献した人物である。太宰が甲府の水門町の石原家で、美知子と見合いをした時、初太郎はすでに他界していたが、結婚後すぐに発表した「富嶽百景」の冒頭は、初太郎の著書『富士山の自然界』を下敷きにして富士の地勢を述べた記述であることは、よく知られている。「富嶽百景」は、太宰が自らの心境の振幅を富士の多彩な側面に託した文学作品であると同時に、富士の観光開発、周辺の交通整備、近代の地質地理学による把握といった要素が、下地にあることをおさえておきたい。

風光明媚の観光地として注目を集めるようになった岳麓には、避暑地としてこの地を選ぶ文学者たちも現れる。日々、富士を眼前にする生活の中で、作家たちは創作の契機を得、思索を深めている。第二次世界大戦中、山中湖畔へ疎開した詩人金子光晴は、国家権力に抵抗し息子の招集を回避させた。反戦の強い思いは詩「富士」の末尾に「なんだ。糞面白くもない　あらひざらした浴衣のやうな　富士。」という強い言葉にこめられている。

西欧の思想・文明と出会い、都市文明を発達させ、大きな戦争を経た近代日本において、文学における富士は、古典の伝統を継承しつつ、時代の変転を反映して、複雑多彩な近代人の思想・心情を託す対象となって、さらに裾野を広げていると言えよう。

御坂峠の天下茶屋からの富士山と河口湖（杉本悠樹氏撮影）

第2章
富士山世界遺産登録実現へのみちのり

1　富士山のごみ対策と美化活動の動向

村石　眞澄

美化清掃活動から

1992年頃から富士山の世界自然遺産登録をめざす運動が始まるが、2003年には世界自然遺産候補から外れる。その本質的な理由については第2章第2節に譲るが、富士山の開発があまりにも進み、環境が悪化しているという印象が浸透し、その後、富士山は汚れているので世界遺産は到底無理という悲観的な感想、あるいは富士山がこんな状態では恥ずかしいという声を地元で聞いたものである。

世界遺産登録を考えたときには、ごみ問題など環境に関わる課題は避けて通ることができないものであった。そこで、富士山をめぐる美化清掃や環境保全に関わる活動を過去から振り返ってみた。すると観光開発と環境問題は表裏一体の関係であったことが浮かび上がってきた。

富士山では夏期の短期間に登山者・利用者が集中することから、ごみ問題がいち早く顕在化している。高度成長経済の真っ只中の1964年の東京オリンピックを契機としてモータリゼーションが進展し、1964年の富士スバルライン、1969年の中央自動車道の調布～河口湖間開通、1970年富士山スカイラインの全通など交通網が整備される。この影響により富士山への登山者が増え、1970年代にはごみ問題は深刻化している。

これに対しては同じく1964年の東京オリンピックを契機に進められた新生活運動協会の「国土を美しくする運動」を端緒として、ごみ収集活動に参加する団体が急増し、大規模な美化清掃活動が始まっている。山梨県では野口二郎山梨県観光連盟会長が提唱した美化運動が、地元を中心とし

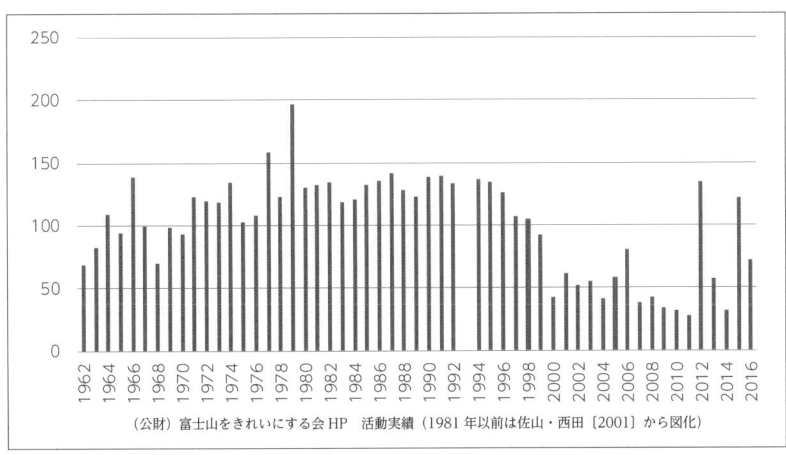

図1　「富士山をきれいにする会」ごみ処理数量（トン）

た美化清掃団体である「富士山をきれいにする会」の1962年の設立に結び付いている。この会の活動は現在も継続し、後述のごみ処理量などの実績を公表している。国、山梨、静岡両県、地元市町村、民間団体及び山小屋等による継続的な美化清掃活動とごみ持ち帰り運動が徐々に浸透していった。全国的な視野からみても、富士山の美化清掃活動は、我が国の国立公園において常に先進的な位置にあったと評価されている[1]。

1992年には世界遺産条約が国会で承認・受諾され、1994年に「富士山の世界遺産リストへの登録に関する請願」が衆参両院で採択され、富士山の世界遺産登録をめざす運動が始まっている[2]。

これを受けて関係行政機関からなる富士山環境保全対策協議会が発足し、1998年の富士山環境保全対策要綱が策定される。山梨・静岡両県は山頂の境界未確定部分があり、互いに政策が取りにくい状況であったが、1996年の富士山の環境美化宣言を契機に両県の「富士山はひとつ」との気運が

1　佐山浩・西田正憲「富士山における戦後の美化清掃活動の変遷」『ランドスケープ研究』64、2001年

2　世界遺産条約は国際的には早くも1972年のユネスコ総会で採択され1975年に発効している。詳細は第1章1「世界遺産とは」

盛り上がり、両県の連携による 1998 年の富士山憲章に結実している。

ごみについては「富士山をきれいにする会」が報告している処理量を目安にすると、1979 年は突出しているものの[3]、1960 年代から 1996 年頃まではほぼ 120 ~ 130 トンであったが 1993 年頃から自然遺産登録をめざす活動がはじまり、その数年後の 1997 年頃から減少し 2000 年以降はほぼ 50 トン前後で推移し、山岳部のごみは減少している傾向がみられる。

環境配慮型トイレの整備

富士山の自然遺産登録をめざす動きは、さらに美化清掃活動を推し進めることとなり、ごみ問題に加えて、し尿処理問題がクローズアップすることになっていった。その後、関係者の努力により 2013 年の世界文化遺産登録の頃までには、し尿処理問題についても民間山小屋や公衆トイレの整備が進み、課題は残されているものの一定の成果を上げている。

標識類の統一化

標識については、各場所で様々な機関が各々に標識を設置していた。登山者の利便性向上や安全性の確保、外国人対応等の整備を進めるため、2008 年に環境省、文化庁、林野庁、国土交通省、防衛省、民間団体等による「富士山標識関係者連絡協議会」を立ち上げ、「富士山における標識類総合ガイドライン」を策定し、ルートごとの色分け・配置、デザインの統一、多言語化等の取組を行っている[4]。

3　1979 年には富士山クリーン作戦が実施され、24,294 人が参加し、ごみ処理量約 197 トンを記録している。

4　「富士山における標識類総合ガイドライン」（2018 年一部改訂）は富士登山オフィシャルサイト HP の情報提供者向けページで公開、ダウンロード可。

適正利用に係る施策の推進

安全かつ快適な利用の推進及び自然環境の保全、良好な風致景観の確保等に寄与するため、「富士山標識関係者連絡協議会」の名称を改め、2011年に「富士山における適正利用推進協議会」を設置している。富士山利用者へ提供する情報の内容や周知方法、標識類の配置やデザイン、関係機関の連携協力や役割分担などについて、協議・情報交換を行い、富士山の適正利用を目指している。

富士山保全協力金

2013年の試行を経て2014年より「富士山保全協力金」制度が実施され、富士山の環境保全や登山者の安全対策等を目的として一人1,000円の協力金の受付を行っている。

民間団体の活動

地方自治体は活動範囲が地元中心となり、広域的な展開は不得手であるが、1998年に設立された認定NPO法人富士山クラブは、山梨県・静岡県の地元団体での活動からさらに広域的な美化運動を展開し、著名な山岳ガイドなどが呼びかけ、首都圏から参加者を募り、参加者は参加費を支払って、美化清掃活動などを行っている。近年は山梨静岡両県で年間80回前後、首都圏を中心に全国から5千人を超えるボランティアが参集する大きな運動へと進展している。

また両県で構成される「ぐるり・富士山風景街道」の清掃部門の「ぐるり富士山風景街道一周清掃実行委員会」は、富士山麓の環境を守り、風景価値を高めるために、富士山を巡る山梨・静岡両県の道の一周清掃活動に

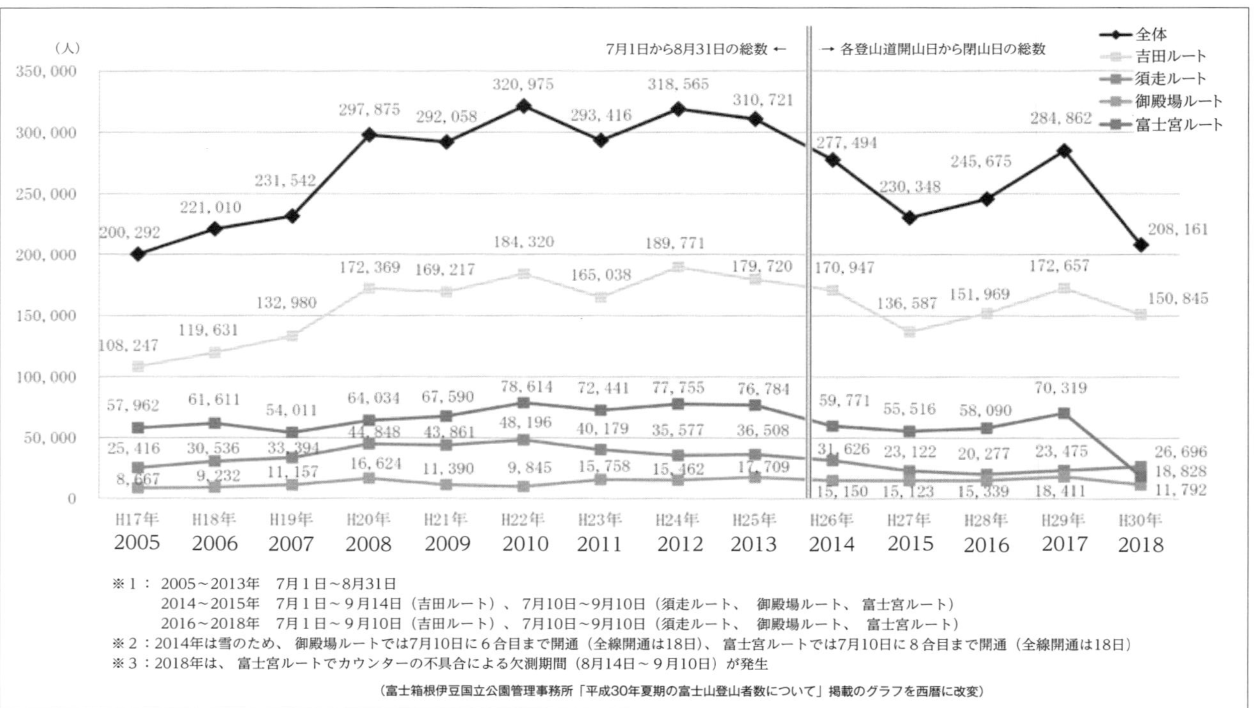

※１： 2005～2013年　7月１日～8月31日
2014～2015年　7月１日～９月14日（吉田ルート）、7月10日～9月10日（須走ルート、 御殿場ルート、 富士宮ルート）
2016～2018年　7月１日～９月10日（吉田ルート）、7月10日～9月10日（須走ルート、 御殿場ルート、 富士宮ルート）
※２：2014年は雪のため、 御殿場ルートでは7月10日に６合目まで開通（全線開通は18日）、 富士宮ルートでは7月10日に８合目まで開通（全線開通は18日）
※３：2018年は、 富士宮ルートでカウンターの不具合による欠測期間（8月14日～９月10日）が発生

（富士箱根伊豆国立公園管理事務所「平成30年夏期の富士山登山者数について」掲載のグラフを西暦に改変）

図２　富士山の全登山者数

取り組んでいる。

保全状況報告書の提出

世界文化遺産に登録の際には、ユネスコの諮問機関「イコモス」から「登山者数の多さが世界文化遺産としての価値を損なう」などと指摘され、改善策をまとめた報告書を3年ごとに提出するようユネスコに求められ、2016年に「保全状況報告書」[5]を提出している。また2018年11月に山梨・静岡両県は、1日の登山者数で「著しい混雑」が起きる目安を、山梨県側の吉田口登山道で4000人、静岡県側の富士宮口登山道で2000人とそれぞれ定めることなどを盛り込んだ「保全状況報告書」を政府を通してユネスコに提出し、2019年アゼルバイジャンで開かれたユネスコの世界遺産委員会で承認されている。

外国人観光客の増加の傾向

最近では2020年の東京オリンピックを控え官公庁や民間では観光による経済活性化に期待感があり、登山鉄道の計画が検討されるなど、これまでにない大きな動きが始まっている。外国人の来訪は世界文化遺産登録後に目にみえて急増し、富士河口湖町の観光案内所への外国人来所人数は、統計を取り始めた2012年には約3.8万人であったのが、2018年には約14.7万人となり、なんと3.8倍となっている。当面、外国人観光客は増加傾向にあるといわれている。

これまでは富士山の地元で多くの人を受け入れる指向が強かったが、夏

5 「保全状況報告書」は、2016年と2018年提出のものが「富士山世界文化遺産協議会」HPで公開されダウンロードが可能となっている。

期の登山シーズンには、登山道沿い等に多くのごみの投棄や屋外排泄の発生といった問題行為が発生している[6]。「信仰の山と芸術の源泉の山」富士山を訪れる人々が、富士山の価値を享受し、環境保全へ寄与する仕組みを新たに構築するための努力が求められているといえよう。富士山の環境を保全するための活動は、新たなステージに入り始めたのである。

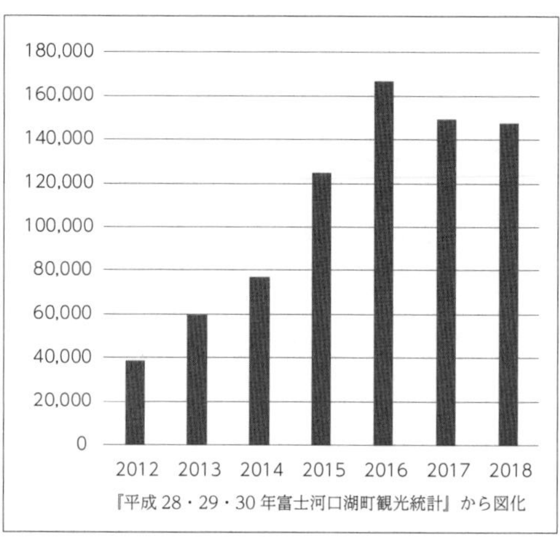

図３　外国人来所者数

美化清掃・環境保全活動の主な動き

1962（昭和37）	新生活運動協会の「国土美運動」が始まり、「富士山をきれいにする会」（山梨県）が発足し、富士山の大規模な美化清掃活動開始
1964（昭和39）	東京オリンピック開催 富士スバルライン供用開始 富士山測候所の気象レーダー設置
1969（昭和48）	中央自動車道（調布～河口湖間開通）
1970（昭和45）	富士山スカイライン供用開始
1978（昭和53）	年富士宮口五合目公衆トイレ整備（環境省）
1980（昭和55）	「富士山及び周辺美化推進協議会」（山梨県）・「富士山をいつまでも美しくする会」（静岡県）発足、富士山一斉清掃の開始

6 「富士山における適正利用推進プログラム」（2019年３月策定）の「富士山における利用の現状と課題」富士登山オフィシャルサイトHPの情報提供者向けページで公開、ダウンロード可。

1992（平成4）	「世界の文化遺産および自然遺産の保護に関する条約（世界遺産条約）」を国会で批准
	山梨、静岡両県の自然保護グループでつくる「富士山を世界遺産とする連絡協議会」が発足
1993（平成5）	富士山を世界遺産とする連絡協議会が旧環境庁に富士山を世界自然遺産候補とするよう要望
1994（平成6）	山梨・静岡両県の文化・自然保護団体、企業などによる「富士山を考える会」が提出した「富士山の世界遺産リストへの登録に関する請願」が衆参両院にて採択
	富士スバルライン及び富士山スカイラインのマイカー規制開始
1996（平成6）	「富士山地域美化推進協議会」の発足、公財、環境庁、山梨、静岡両県、地元市町村が結集し官民一体となる
1995（平成7）	「富士山環境保全対策協議会」の発足
1998（平成10）	「富士山環境保全対策要綱」の策定
	「富士山憲章」の制定
	「富士山トイレ研究会」発足
1999（平成11）	「ふじさんネットワーク」の設立
	し尿処理技術の実証試験の実施（～2001）
2000（平成12）	御殿場口新五合目公衆トイレ整備（御殿場市）須走口五合目公衆トイレ整備（小山町）
2001（平成13）	「不法投棄防止統一パトロール」の開始
2002（平成14）	「富士山吉田口環境保全推進協議会」設立
	山小屋からの全ての排出ごみの持ち降ろしの徹底により適正な処理を実践
	山小屋への環境配慮型トイレの整備に着手
	「富士山エコレンジャー」の活動開始
	富士山憲章山頂キャンペーンの開始
2003（平成15）	国の検討会が最終候補地を選定、富士山が世界自然遺産候補から外れる
2004（平成16）	「富士山麓不法投棄防止ネットワーク推進会議」設立
2005（平成17）	山頂に環境省が環境配慮型の公衆トイレを設置する
2006（平成18）	「富士山ごみ減量大作戦」の開始（山麓周辺道路沿い／登山道沿い清掃活動）

	すべての民間山小屋で環境配慮型トイレの整備が完了（42 箇所）、公衆トイレを含め富士山のすべてのトイレが環境配慮型となる
2007（平成 19）	富士山の世界遺産暫定リストへの登載 5 か国語対応登山マナーガイドブックの作成配布
2008（平成 20）	富士山憲章「ぐるり道の駅」キャンペーンの開始 「富士山標識関係者連絡協議会」発足 「富士山における標識類総合ガイドライン」[7] を策定。ルートごとの色分け・配置、デザインの統一、多言語化等に取り組む。
2010（平成 22）	「富士山標識関係者連絡協議会」の名称を「富士山における適正利用推進協議会」に変更し、適正利用に取り組む 「富士山クリーンアップ登山大作戦」の開始（一般登山者参加型／留学生参加環境学習型の清掃活動） 登山道への多言語による案内標識等の設置
2011（平成 23）	マイカー規制の乗換駐車場有料化（規制期間 26 日間） 登山道への多言語による案内標識等の設置
2013（平成 25）	富士山が世界文化遺産に登録 「富士山保全協力金」受付社会実験を実施
2014（平成 26）	「富士山保全協力金」受付本格実施がはじまる
2016（平成 28）	保全状況報告書をユネスコ世界遺産委員会へ提出 山梨県では富士山環境配慮条例を施行
2018（平成 30）	保全状況報告書をユネスコ世界遺産委員会へ提出
2019（令和 1）	富士山おける適正利用推進プログラムの開始（～ 2025）[8] ユネスコ世界遺産委員会が 2018 年提出の保全状況報告書を承認

7 「富士山における適正利用推進プログラム」（2019 年 3 月策定）の「富士山における利用の現状と課題」富士登山オフィシャルサイト HP の情報提供者向けページで公開、ダウンロード可。

8 脚註 4 参照

2 世界文化遺産登録の経緯と課題

本中　眞

富士山の世界文化遺産登録には、20年以上もの歳月を要した。私が文化庁に異動した平成6年（1994）から、登録が実現した平成25年（2013）までの間には、資産のコンセプト、価値評価の方向性、構成資産の選択、保存管理の方法等について紆余曲折の経緯があった。本節では、特に登録を実現する過程とその後に発生したさまざまな議論と試みについて紹介したい。

富士山は文化遺産、そして文化的景観。しかし……。

自然遺産ではなかった理由

富士山は、なぜ自然遺産としてではなく、文化遺産として世界遺産に登録されたのだろう？　そんな疑問を持つ人は今なお多いのではないかと思う。しかし、そこには2つの明確な理由がある。

第一には、長い歴史の中で、人は富士山とあまりにも近しい関係を築いてきたということだ。世界遺産の自然遺産は、基本的に人間の管理の手から最も遠い位置にある自然の地域を対象としている。いわば「原始的な自然」と呼び変えてもよい。しかし、富士山は古代から荒ぶる火の山として恐れられていたが、「遥拝」という自然信仰にまつわる人間の行為の対象となった山であった。噴火が沈静してからは修験道の道場となり、多くの修験者が山中（さんちゅう）で修行にいそしんだ。さらに近世になると富士講のもとに多くの庶民が頂上を目指して登山するようになった。遠くより崇める山から、多くの人々が登山する山へと変わったのだ。明治以降には、日本を代

図1　カムチャッカの火山群（コリャークスカ火山）
（ロシア／平成８年（1996）登録、平成11年（2011）追加登録）（Wikipediaより）

表する観光地として、特に山麓の土地利用が進んだ。つまり、富士山の歴史は人とのかかわりを抜きにしては語れないということであり、世界遺産の自然遺産の対象とはおよそ考えられなかったということである。最初から世界自然遺産の評価基準には合わなかった、といってよい。

第二には、自然物や自然現象としての火山の顕著な代表例だとは言いにくかったということだ。太平洋をぐるりと取り巻く環太平洋造山帯の中には、今も活発な火山活動を続ける多くの成層火山がある。特にロシアのカムチャッカ半島の一群の成層火山には、さまざまな状態の活発な火山活動が見られることから、世界自然遺産としての価値が十分にあるとされた。これに対して富士山は単体の成層火山であり、火山の多様性や火山活動という活発な自然現象の観点から、日本列島にも近い「カムチャッカの火山群」（図1）には及ばなかったということだ[1]。

1　ロシアの「カムチャッカの火山群」は平成８年（1996）に自然遺産として世界遺産一覧表に登録され、平成13年（2001）には区域の一部が追加登録された。

だが、富士山の自然的価値が低いのかというと、そんなことはない。火山活動の歴史を表す多様な痕跡、山麓を覆う豊かな原始林の樹叢、山体がフィルターとなって生み出す清涼で豊かな地下水・湧水は、すべて富士山の自然が生み出した賜物であり、その価値は高い。ただ、それらはみんな世界自然遺産としての評価基準を満たさなかったというだけのことである。富士山の火山としての特質も、山麓を覆う樹叢や松原も、湧き出す泉が形成した一群の湖沼・池沼・滝も、溶岩流が形成した洞穴群も、すべて神聖な場所として人が崇め、数多の芸術作品に描いてきたからこそ、重要な意義を持つようになった場所ばかりだ。やはり富士山は、物理的にも精神的にも人とのつながりの中で大きな意義を生み出してきた山だったのだ。

日本が世界文化遺産に推薦した平成24年（2012）1月末の段階での資産の名前は「富士山」だったが、国際記念物遺跡会議（イコモス）（以下「イコモス」という。）からの打診に基づき登録時に名前が変わり、「信仰の対象と芸術の源泉」というサブタイトルが付けられた。単に山の名前だけに限定すると、自然物としての山の性質が前面に出てしまい、文化遺産として登録されたことが伝わりにくくなる可能性があったからだ。こうして信仰と芸術という文化的価値を表わす2つの柱を並べてサブタイトルに掲げることにより、資産名に長い歴史の中で山の自然に刻まれてきた人の営みの奥行きと深みを加えることが可能となった。

「文化的景観としての価値評価」から「文化的景観としての保存管理」へ

日本が提出した推薦書を審査して、富士山はやはり「文化的景観」として評価すべきだとイコモスは考えたらしい。世界遺産委員会が定めた『世界遺産条約履行のための作業指針』（以下「作業指針」という。）の第47項によれば、「文化的景観」とは、世界遺産条約第1条にいう「自然と人間との共同作品」に相当し、「人間社会又は人間の居住地が、自然環境による物理的制約のなかで、社会的、経済的、文化的な内外の力に継続的に影響されながら、どのような進化をたどってきたのかを例証するもの」だと定義されている。人間の管理の手から最も遠い位置にある自然遺産とは異なり、人間がいかに固有の手法で自然に働きかけ、調和のある相互の関係を築いてきた場所であるかが価値評価の中心にある遺産の考え方である。文化的景観は、ユネスコ総会において世界遺産条約が採択された昭和47年（1972）から20年を経過した平成4年（1992）になって、やっと導入された後発の遺産の考え方だ。

『作業指針』では、「文化的景観」を3つの分野に分けて定義している。第1分野は、庭園・公園など人間の明確な意図に基づき設計された景観。第2分野は、長い時間の経過の中で人間が土地利用を進めた結果、出来上がった景観[2]。第3分野は、顕著な普遍的意義を持つ出来事・信仰・思想などと直接関連し、芸術活動の対象ともなってきた景観である。富士山は、長らく第3分野の文化的景観の最有力候補として注目されてきた山であった。しかし、山麓の開発は著しく、山体のすべてを推薦資産の範囲に含めることなどほとんど不可能だった。富士山を周りから展望したとき、緩やかに裾野を引く円錐形の山容の全体を範囲におさめることができるのであれば、文化的景観として申し分のない推薦となっただろう。だが、山麓には自動車道路がめぐり、市街地や観光施設などが集中する区域も多かった。特に東の麓には自衛隊演習場が広がり、国防に関わるさまざまな陸上演習の行為が繰り返されていた。これでは、文化的景観としての価値を十分に表す山体の範囲を推薦することなど、ほとんど不可能な状態であった。

2 『作業指針』の付属資料3として示された「特殊な資産に係る世界遺産一覧表への登録に関する指針」では、第2分野の文化的景観として「有機的に進化してきた景観」(organically evolved landscape) を掲げ、進化を停止してしまった化石景観（relict landscape）と進化が継続している景観（continuing landscape）の2種類に区分している。両者はともに人間による土地利用の在り方を表す景観であるが、前者がその痕跡としての景観、後者が一定程度の進化を遂げた景観で今なお継続している景観を指す。

世界遺産の登録審査は、締約国が提出した推薦書の内容に沿って行われる。富士山の場合には、日本が平成24年（2012）1月末提出の推薦書に書いたとおり、「自然と人間との共同作品」である文化的景観の観点からではなく、「信仰の対象」と「芸術の源泉」を表し、25の構成資産から成る文化遺産（シリアル・プロパティ[3]）の観点から審査が行われた。しかし、イコモスは審査の最終過程で日本に質問の手紙を送り、「文化的景観として推薦した場合、推薦範囲を拡大せよとの注文が付く可能性を恐れる気持ちは理解できるが、「馬返」（標高約1,500m）より上方の山域と山麓に点在する神社・霊地から成る全体の資産構成は文化的景観としての価値評価に十分値するものだ」と伝えてきた。そこには、「馬返」より上方の山域は十分に広大であり、文化的景観としての評価に遜色はないとの考え方がうかがえたが（図2）、それ以上に、イコモスには富士山こそ第3分野に属する文化的景観の代表格だとの根強い見方があったのだと思う。

結局、文化的景観としては登録されなかったが、イコモスの勧告に基づき世界遺産委員会が採択した登録の決議には、文化的景観の観点から資産を保存管理することが必要だとのメッセージが書き込まれることとなった。第3章1においても述べるが、①「富士山域」と名付けられた「馬返」より上方の山域を中心として、山麓に分布する多くの神社・霊地などから成る資産の全体が、富士山という「ひとつの存在」を表しているこ

3　『作業指針』第137項には、「シリアル・プロパティ」を「明確に定義された関連性・結合により関連付けられた2つ以上の構成資産を含むものである」と定めている。「明確に定義された関連性・結合」とは、「a）一群の構成資産が時代を超えて文化的・社会的・機能的な関連性・結合を反映し、景観・生態・進化・生息地としての連結性を示していること。b）実質的・学術的に、そして直ちに定義し識別できる方向で、特に無形の属性（attribute）を含み得る個々の構成資産が資産全体の顕著な普遍的価値に貢献しており、その結果として顕著な普遍的価値を簡単に理解かつ伝達しやすいこと。c）構成資産の選択を含め、資産の推薦の過程が首尾一貫し、かつ構成資産の過度な断片化を防止するために、資産の全体的な管理運用性及び一貫性が十分に考慮されていること。」の3点を求めている。さらに、「個々の構成資産に対してではなく、シリーズ全体として顕著な普遍的価値を持つこと」を求めている。

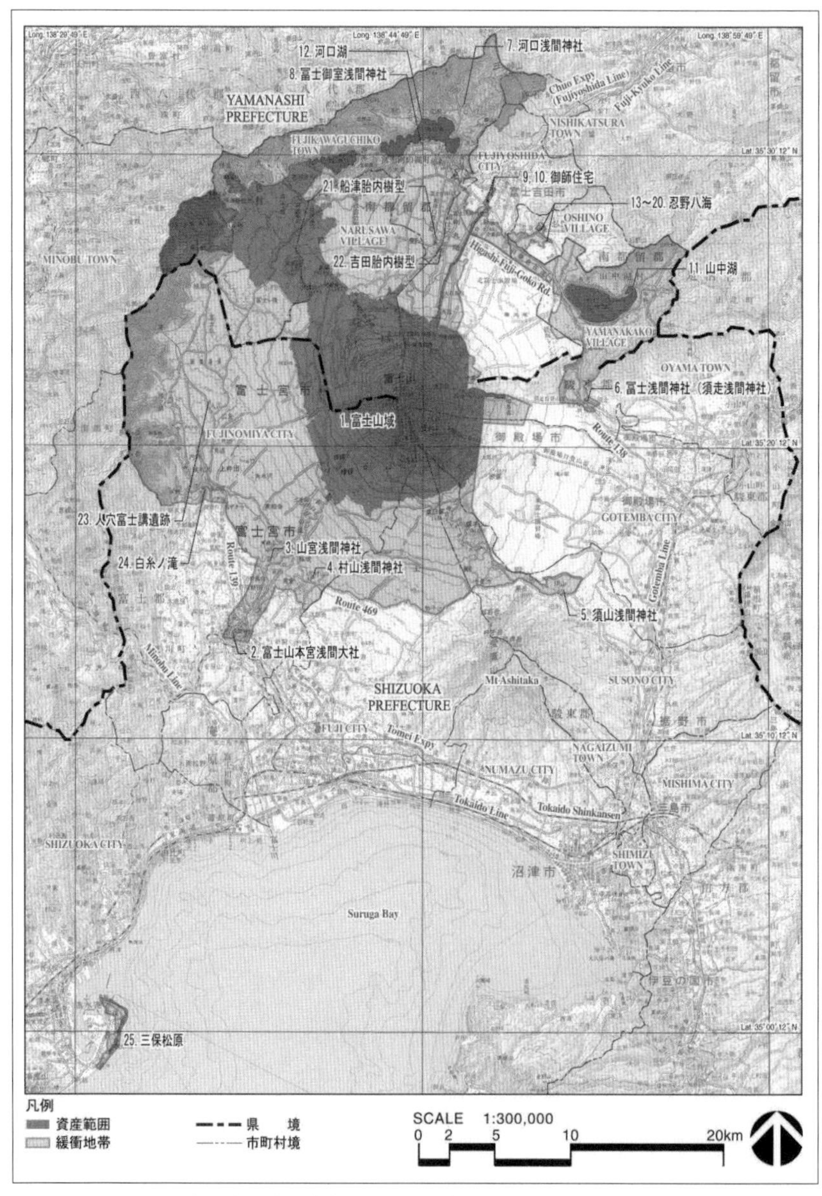

図２　世界文化遺産富士山の資産・緩衝地帯の範囲及び構成資産の位置図
（『富士山世界文化遺産推薦書』（2012 年 1 月提出）に掲載の図表を編集）

No.	構成資産（1 ～ 25） 構成要素（1-1 ～ 1-9）	
1	富士山域	
	1-1	山頂の信仰遺跡群
	1-2	大宮・村山口登山道（現在の富士宮口登山道）
	1-3	須山口登山道（現在の御殿場口登山道）
	1-4	須走口登山道
	1-5	吉田口登山道
	1-6	北口本宮冨士浅間神社
	1-7	西湖
	1-8	精進湖
	1-9	本栖湖
2	富士山本宮浅間大社	
3	山宮浅間神社	
4	村山浅間神社	
5	須山浅間神社	
6	冨士浅間神社（須走浅間神社）	
7	河口浅間神社	
8	冨士御室浅間神社	
9	御師住宅（旧外川家住宅）	
10	御師住宅（小佐野家住宅）	
11	山中湖	
12	河口湖	
13	忍野八海（出口池）	
14	忍野八海（お釜池）	
15	忍野八海（底抜池）	
16	忍野八海（銚子池）	
17	忍野八海（湧池）	
18	忍野八海（濁池）	
19	忍野八海（鏡池）	
20	忍野八海（菖蒲池）	
21	船津胎内樹型	
22	吉田胎内樹型	
23	人穴富士講遺跡	
24	白糸ノ滝	
25	三保松原	

図２　一覧表

と、そして②推薦範囲に含められなかった山麓の緩衝地帯の範囲も含め、「ひとつ（一体）の文化的景観」を形成していること、だからこそ、③双方を見据えて世界文化遺産としての価値を理解し、その確実な保存管理に努めることが必要なのだ、ということが指摘されたわけである（図2)。

推薦範囲の考え方 —構成資産と緩衝地帯の保護措置上の区分—

推薦の範囲は次の２点に基づき確定し、それぞれの土地の成り立ちと性質を考慮して保護措置の方法を定めた。

①富士登山を軸とする「信仰の対象」としての場所・区域

特に富士山本宮浅間大社を中心とする静岡県側では、富士山の八合目が火口の底面とほぼ同じ標高に当たることから、八合目以上の山域が火を噴く富士山の神である浅間大神の居所だと信じられてきた。また、山梨県側の北口本宮冨士浅間神社を中心とする富士講のグループでは、山裾から頂上に至る山域を大きく３つの領域に区分し、それぞれ「草山」、「木山」、「御山（焼山)」と呼び分ける習慣が定着した。「草山」は居住地に隣接し、家屋の屋根の材料であるカヤの調達の場となった。「木山」は森林地帯であり、家屋の建築資材である材木や食料となるキノコなどの調達の場であった。そして五合目以上の「御山（焼山)」は草木が一切生えない砂礫地で、浅間大神の神聖なる領域と見なされた（図3)。

山麓の御師住宅を出発したのち、浅間神社で潔斎を行い、山頂付近でのご来光（御来迎）を目指して、先人たちから伝えられてきた登山道を先達に導かれながらただひたすら登り続ける富士登山は、人間の生活と密接に関係する領域から、火山礫に覆われた八合目以上または五合目以上の浅間大神の領域へと足を踏み入れ、死の世界を体験することとまさに同義であった。それぞれの登山道の標高約1,500 m付近には、乗馬による登山を禁じた「馬返」が存在し、それより上方の登山道が神聖な区域に属す

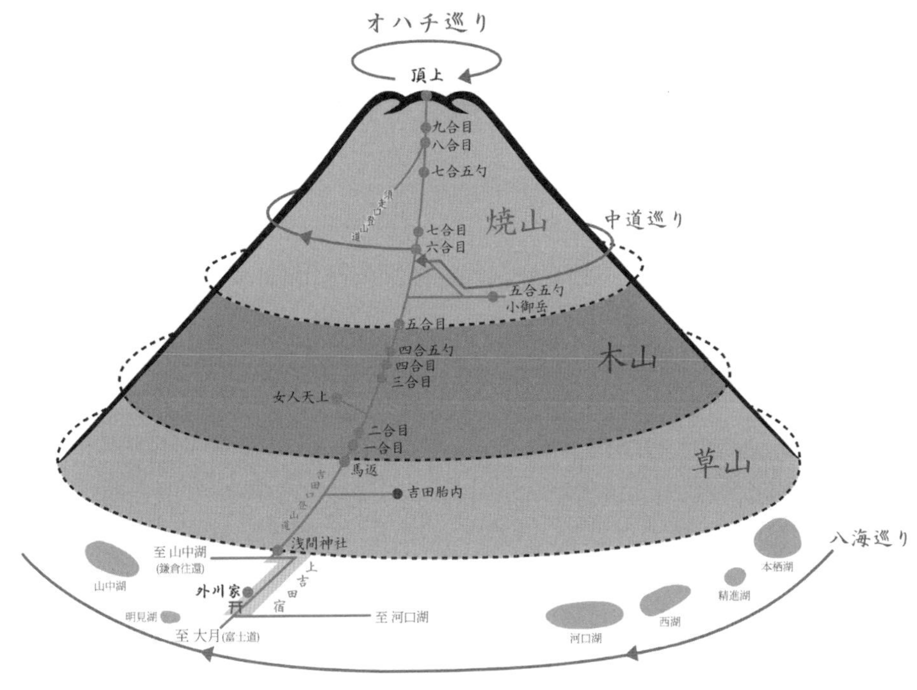

図３　富士山北麓において認識されていた富士山の空間構造
（ふじさんミュージアム（富士吉田市所在）提供）

るものと見なされていたことがわかる。

また、山麓に多く分布する溶岩樹型のいくつかは富士講の道者が即身成仏を遂げた霊場となり、その後の登山者にとって重要な巡礼地となった。豊かな湧水が生んだ一群の湖沼・池沼、滝は登山前の禊の場となり、松原は街道から登山道への導入部の役目を果たした。

上記した場所・区域は、すべて富士登山を軸とする「信仰の対象」としての富士山の性質を明確に示しており、世界文化遺産としての顕著な普遍的価値を語るうえで不可欠の場所ばかりである。推薦に先立っては、これらのすべての場所を特別名勝・史跡・天然記念物・重要文化財など国の文化財として指定し、厳正な保護措置を講ずる必要があった。

②顕著な普遍的意義を持つ芸術作品の展望地点となった場所からの主要な展望区域

展望地点のうち、北麓に位置するのは岡田紅陽（1895～1972）の『湖畔の春』と題する写真の撮影地点となった本栖湖北西岸の中ノ倉峠であり、南麓に位置するのは歌川広重の『富士三十六景』のひとつである「駿河三保之松原」に描かれた三保松原である。これらの２つの展望地点から、富士山の形姿を展望できる主要な区域を推薦範囲に含める必要があった。

これらの区域は、文化財保護法の下に文化財に指定された八合目以上や五合目以上の区域、「馬返」（標高約 1,500 m）より上方の登山道の区域を含め、広く自然公園法の下に国立公園の特別地域に指定された区域に及んでいる。特に富士山の南面の山腹部は、国有林野の管理経営に関する法律の下に国有林として国が管理・運営している区域である。つまり、主要な展望景観の区域を確保するために、文化財保護法以外の自然環境や森林の保護に資する法律の下に確実な保護措置が講じられた範囲を選択したわけである。従来、世界文化遺産への推薦を行う場合には、推薦すべき構成資産の範囲をすべて文化財保護法により国の文化財に指定していることを条件としてきたが、富士山の場合にはそれを富士登山に関する「信仰の対象」としての性質を表す場所・区域に限定し、「芸術の源泉」としての性質を表す富士山の形姿の展望区域については、土地の成り立ちと性質にかんがみ、自然風景地の保護を目的とする自然公園法や森林景観の保護に資する国有林関係の法律のもとでの保護措置が適切だと考えたわけである。

日本とイコモスとの間にあった評価基準に関する理解とずれ

平成 24 年（2012）１月末にユネスコに推薦書を提出するまで、私たちは富士山の世界遺産としての価値をどのように捉えるか、それを世界遺産の評価基準（図４）とどのように結びつけるのかについて、長く議論を続けてきた。そこには、国内外の多くの専門家はもちろんのこと、国、山梨県・静岡県、関係市町村の行政の担当者も広く参加した。

富士山の自然美 —文化遺産の評価基準（vii）を適用できるか？—

議論はさまざまな分野に及んだ。そのひとつが、文化遺産として推薦する富士山に自然遺産の評価基準（vii）を併用してはどうかというものだった。この議論が巻き起こったのは推薦のプロセスの最終段階であり、強く主張したのは特に外国人の専門家たちであった。

評価基準（vii）は、「最上級の自然現象又は、類まれな自然美・美的価値を有する地域」に適用される評価基準であり、もともと自然遺産に用いられるものであった（図 4）。しかし、自然美を認知するのは人間の社会的行動のひとつであり、極めて文化的な性質を帯びているとの考えから、文化遺産としての富士山にも適用できるはずだとの論点が提起されたのだ。背景には、評価基準（vii）が持つ文化的な性質に光を当て、文化遺産の評価の幅を拡大できるチャンスをもたらすのは富士山を置いて他にはないのではないかとの野心的な見方があったようにも見えた。もっとも、国内には自然遺産としての推薦をあきらめた経緯があり、文化遺産としての推薦を受け入れたとしても、豊かな湧水や固有の樹叢など、富士山が持つ比類のない自然美にもっと注目すべきだとの考え方がくすぶり続けていたことも事実である。富士山を対象とする数多の芸術作品は、その完全な円錐形の独立峰が醸し出す類まれなる自然美を源泉としていることに間違いはない。しかし、山頂からすそ野の広い範囲までを含めない限り、富士山の自然美を完全に語り出すことなど不可能であろう。既に述べたように、山麓の開発状況を憂慮する観点から、文化的景観としての推薦すら困難だと見ていた私たちにとって、自然遺産のテリトリーにあった「自然美」を完全に網羅する範囲設定など、夢のまた夢の話でしかなかったのである。今でこそ世界遺産の評価基準は（i）から（x）に至るまで、文化

図４　世界遺産の評価基準

(i)	人間の創造的才能を表す傑作である。
(ii)	建築、科学技術、記念碑、都市計画、景観設計の発展に重要な影響を与えた、ある期間にわたる価値観の交流又はある文化圏内での価値観の交流を示すもの。
(iii)	現存するか消滅しているかにかかわらず、ある文化的伝統又は文明の存在を伝承する証拠として無二の存在（少なくとも希有な存在）である。
(iv)	歴史上の重要な段階を表す建築物、その集合体、科学技術の集合体、又は景観を代表する顕著な見本である。
(v)	あるひとつの文化（または複数の文化）を特徴づけるような伝統的居住形態若しくは陸上・海上の土地利用形態を代表する顕著な見本である。又は、人類と環境とのふれあいを代表する顕著な見本である（特に不可逆的な変化によりその存続が危ぶまれているもの）
(vi)	顕著な普遍的意義を持つ出来事（行事）、生きた伝統、思想、信仰、芸術的作品、あるいは文学的作品と直接的または実質的な関連性を持つ（この評価基準は他の評価基準と併せて用いられることが望ましい）。最上級の自然現象、又は類まれな自然美・美的価値を有する地域を包含する。
(vii)	最上級の自然現象、又は、類まれな自然美・美的価値を有する地域を包含する。
(viii)	生命進化の記録、地形形成における重要な進行中の地質学的過程、または重要な地形学的又は自然地理学的特徴など、地球の歴史の主要な段階を代表する顕著な見本である。
(ix)	陸上・淡水域・沿岸・海洋の生態系や動植物群集の進化、発展において、重要な進行中の生態学的過程又は生物学的過程を代表する顕著な見本である。
(x)	学術上又は保全上顕著な普遍的価値を有する絶滅のおそれのある種の生息地など、生物多様性の生息域内保全にとって最も重要な自然の生息地を包含する。

（基本的に（i）～（vi）は文化遺産、（vii）～（x）は自然遺産の評価に適用される）
（文化庁仮訳／文化庁 HP より）

図5-1　2012年の推薦書に日本が記述した顕著な普遍的価値の証明

総合的所見（摘要）

富士山は、日本の最高峰(標高3,776 m)を誇る独立成層火山であり、神聖で荘厳な形姿を持つことから、日本を代表し象徴する山岳として世界的に著名である。

富士山に対する信仰は、山頂への登拝及び山域・山麓の霊地への巡礼を通じて、富士山を居処とする神仏の霊力を獲得し、自らの擬死再生を求めるという独特の性質を持つ。そのような信仰の思想及び儀礼・宗教活動の進展に伴い、火山である富士山への畏怖の念は自然との共生を重視する伝統を育み、さらにそれは、荘厳な形姿を持つ富士山を敬愛し、山麓の湧水等の恵みに感謝する伝統へと進化を遂げた。その伝統の本質は、時代を超えて今日の富士登山及び巡礼の形式・精神にも確実に継承された。

また、それらの伝統は、富士山の数多の形姿を描いた葛飾北斎及び歌川広重の浮世絵の作品を生み出す母胎となり、顕著な普遍的意義を持つ富士山の図像の源泉となった。こうして、富士山は日本及び日本の文化の象徴として記号化された意味を持つようになった。

このように、富士山は、近代以前の山岳に対する信仰活動及び山岳への展望に基づく芸術活動を通じて、多くの人々に日本の神聖で荘厳な山岳の景観の類型の顕著な事例として認識されるようになり、その 結果、世界的な「名山」としての地位を確立した。したがって、それは顕著な普遍的価値を持っている。

評価基準の適用

評価基準(iii)

富士山を居処とする神仏への信仰を起源として、火山との共生を重視し、山麓の湧水等に感謝する伝統が育まれ、その本質は、時代を越えて今日の富士登山及び山域・山麓の霊地への巡礼の形式・精神にも確実に継承された。富士山とその信仰を契機として生み出された多様な文化的資産は、富士山が今なお生きている山岳に対する文化的伝統の類い希なる証拠であることを示している。

評価基準(iv)

富士山は、近代以前の山岳に対する信仰活動及び山岳に対する展望に基づく芸術活動を通じて、多くの人々に日本の神聖で荘厳な山岳の景観の類型の顕著な事例として認識されるようになり、その結果、「名山」としての世界的な地

図5-1

位を確立した。

評価基準 (vi)

19 世紀前半の浮世絵に描かれた富士山の図像は、近・現代の西洋美術のモチーフとして多用され、西洋における数多の芸術作品に多大なる影響を与えたのみならず、日本及び日本の文化を象徴する記号として広く海外に定着した。富士山は、そのような顕著な普遍的意義を持つ芸術作品と直接的・有形的な関連性を持ち、日本及び日本の文化の象徴としての記号化された意味を持つ類い希なる山岳である。

完全性の言明

資産の全体は、富士山の『信仰の対象』の側面から、顕著な普遍的価値を表すために必要なすべての構成資産・構成要素を含むのみならず、資産の重要性を伝える諸要素 (atributes)・過程 (process) を完全に表す上で適切な範囲を包括している。また、資産の範囲には、①富士山域に対する代表的な展望地点、②それらの展望地点からの富士山域に対する展望景観など、『芸術の源泉』の側面を表すすべての構成資産及び構成要素が含まれている。したがって、資産は高い完全性を保持している。

真実性の言明

個々の構成資産・構成要素・要素の性質により選択した属性に基づき、各々の構成資産・構成要素・要素はそれぞれ高い水準の真実性を維持している。

富士山域は、「精神」、「機能」の属性に基づく高い真実性を保持している。また、神社・御師住宅の建築・敷地は、「形態・意匠」、「材料・材質」、「伝統・技術」、「位置・環境」、「用途・機能」の各属性に基づく高い真実性を保持している。さらに、溶岩樹型・湖沼・湧水地・滝等の富士山信仰に関連する遺跡は、「形態」、「位置・環境」、「感性・精神」、「機能」の各属性に基づく高い真実性を保持している。

保護と管理に必要な措置

資産は、文化財保護法に基づき指定された重要文化財、特別名勝、特別天然記念物、史跡、名勝、天然記念物、自然公園法に基づき指定された国立公園、国有林野の管理経営に関する法律に基づき国が管理経営する国有林野の少なく

図5-1

ともいずれかに該当し、良好に保護されている。2つの展望地点からの展望景観についても、同様に良好な保護状態にある。

また、緩衝地帯においては、上記と同様の保全措置が講じられているほか、景観法をはじめとする様々な法令・制度等により、適切な保全が行われている。特に、本栖湖 (構成要素 1-9) の北西辺及び富士山域 (構成資産 1) の東辺の2箇所については、緩衝地帯を設けていないが、山梨県景観条例による行為規制、開発の困難な地形的制約、隣接地における現状の土地利用形態などにより、いずれも資産内から望まれる景観への負の影響は想定し得ない。

山梨県・静岡県、関係地方市町村は、文化遺産の保護に係る主務官庁である文化庁をはじめ、環境省・林野庁等の国の関係機関との協力関係の下に、資産の包括的な管理体制を整備するために富士山世界文化遺産協議会を設置した。この協議会は、富士山の調査・保存のための学術委員会の専門家による助言を受ける。

2012年1月の包括的保存管理計画には、資産全体及び個々の構成資産の特質に応じた保存管理・整備活用の方法をはじめ、国・地方公共団体・関係機関がそれぞれ果たすべき役割を含む。

図5-1

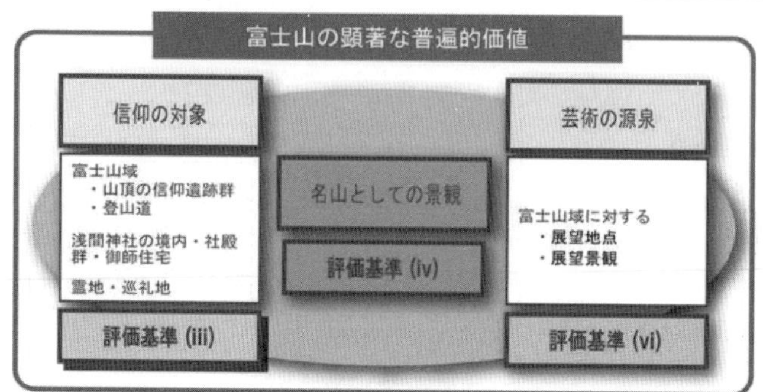

評価基準 (iv)

世界的な「名山」としての景観の類型の顕著な事例

富士山は、近代以前の山岳に対する信仰活動及び山岳に対する展望に基づく芸術活動を通じて、多くの人々に日本の神聖で荘厳な山岳の景観の類型の顕著な事例として認識されるようになり、その結果、「名山」としての世界的な地位を確立した。

「神聖な山岳」としての景観の類型の顕著な事例

「荘厳な山岳」としての景観の類型の顕著な事例

評価基準 (iii)

「富士山信仰」という山岳に対する固有の文化的伝統を表す証拠

富士山を居処とする神仏への信仰を起源として、火山との共生を重視し、山麓の湧水などに感謝する伝統が育まれ、その本質は、時代を超えて今日の富士登山及び巡礼の形式・精神にも確実に継承された。富士山とその信仰を契機として生み出された多様な文化的資産は、富士山が今なお生きている山岳に対する文化的伝統の類い希なる証拠であることを示している。

評価基準 (vi)

顕著な普遍的意義を持つ芸術作品との直接的・有形的な関連性

19世紀前半の浮世絵に描かれた富士山の図像は、近・現代の西洋美術のモチーフとして多用され、欧州における数多の芸術作品に多大なる影響を与えたのみならず、日本及び日本の文化を象徴する記号として広く海外に定着した。富士山は、そのような顕著な普遍的意義を持つ芸術作品と直接的・有形的な関連性を持ち、日本及び日本の文化の象徴としての記号化された意味を持つ類い希なる山岳である。

図 5-2　2015 年登録時の世界遺産決議 (37COM 8B.29) に含まれた「顕著な普遍的価値の言明」

総合的所見（摘要）

独立し、時に雪を頂く富士山は、集落や樹林に縁取られた海、湖沼から立ち上がり、芸術家や詩人に霊感を与えるとともに、何世紀にもわたり巡礼の対象となってきた。富士山は、東京の南西約 100 km に位置する標高 3,776 m の独立成層火山である。南麓は駿河湾の海岸線に及ぶ。

富士山の荘厳な形姿と間欠する火山活動が呼び起こす畏怖の念は、神道と仏教、人間と自然、登山道・神社・御師住宅に様式化された山頂への登頂と下山による象徴化された死と再生を結びつける宗教的実践へと変容した。そして、ほぼ完全で頂上が雪に覆われた富士山の円錐形の形姿が、19 世紀初頭の画家に対して、霊感を与え、絵画を製作させ、それが文化の違いを超え、富士山を世界的に著名にし、さらには西洋芸術に重大な影響をもたらした。

古来、長い杖を持った巡礼者が山麓の浅間神社の境内から出発し、神道の神である浅間大神の居処とされた頂上の噴火口へと達した。頂上では、彼らは「お鉢巡り」（「鉢の周りを巡る」と書く。）と呼ぶ修行を行い、噴火口の壁に沿って巡り歩いた。巡礼者には 2 つの類型、山岳修験者に導かれた人々と、より多かったのが 17 世紀以降、繁栄と安定の時代であった江戸時代に盛んとなった富士講に所属した人々、があった。

18 世紀以降に巡礼がさらに大衆化したことから、巡礼者の支度を支援するための組織が設けられ、登山道が拓かれ、山小屋が準備され、神社や仏教施設が建てられた。噴火の後の溶岩流により形成された山麓の奇妙な自然の火山地形は神聖な場所として崇拝されるようになり、湖沼や湧水地は巡礼者により登山に先だって身を清める冷水潔斎の「水垢離」のために使われた。富士五湖を含む 8 つの湖を巡る修行である「八海廻り」は、多くの富士講信者の間における儀式となった。巡礼者は、3 つの区域として彼らがとらえた場所、すなわち、山麓の草地の区域、その上の森林の区域、そしてさらに上方の頂上の焼け焦げた草木のない区域から成る 3 つの区域を通過して山に登った。

14 世紀以降、芸術家は多くの富士山の絵を製作した。17 世紀から 19 世紀にかけての時代には、富士山の形姿が絵画のみならず文学、庭園、その他の工芸品においても重要なモチーフとなった。特に「冨嶽三十六景」などの葛飾北斎の木版画は 19 世紀の西洋芸術に重大な影響を与え、富士山の形姿を「東

図 5-2

洋」の日本の象徴として広く知らしめた。

連続性を持つ資産（シリアルプロパティ）は、山頂部の区域、それより下の斜面やふもとに広がる神社、御師住宅、湧水地や滝、溶岩樹型、海浜の松原から成る崇拝対象の一群の関連自然事象により構成される。それらはともに富士山に対する宗教的崇拝の類い希なる証拠を形成しており、画家により描かれたその美しさが西洋芸術の発展にもたらした重大な影響の在り方を表す上で、その荘厳な形姿を十分に網羅している。

評価基準 (iii)

独立成層火山としての荘厳な富士山の形姿は、間欠的に繰り返す火山活動により形成されたものであり、古代から今日に至るまで山岳信仰の伝統に息吹を与えてきた。山頂への登拝と山麓の霊地への巡礼を通じて、巡礼者はそこを居処とする神仏の神聖な力が我が身に吹き込まれることを願った。これらの宗教的関連性は、その完全な形姿としての展望を描いた無数の芸術作品を生み出すきっかけとなった富士山への深い憧憬、その恵みへの感謝、自然環境との共生を重視する伝統と結び付いた。一群の構成資産は、富士山とそのほとんど完全な形姿への崇敬を基軸とする生きた文化的伝統の類い希なる証拠である。

評価基準 (vi)

湖や海から立ち上がる独立成層火山としての富士山のイメージは、古来、詩・散文その他の芸術作品にとって、創造的感性の源泉であり続けた。とりわけ19世紀初頭の葛飾北斎や歌川広重による浮世絵に描かれた富士山の絵は、西洋の芸術の発展に顕著な衝撃をもたらし、今なお高く評価されている富士山の荘厳な形姿を世界中に知らしめた。

完全性

資産群は、富士山の荘厳さとその精神的・芸術的な関連性を表す上で必要とされる構成資産・構成要素のすべてを含んでいる。しかしながら、山麓部における開発のために、巡礼者の道と巡礼者を支援する神社・御師住宅を容易には認知できない。連続性のある資産（シリアルプロパティ）は現段階では一体のものとして明確に提示されておらず、個々の構成資産が本質的にどのように資産全体に貢献しているのかを明確に理解させるようにもなっていない。構成資

図 5-2

産間の相互の関係性が強化されるべきであり、全体の集合としての価値や巡礼に関連する種々の部分の機能が、より理解されやすくなるような情報提供を行うことが必要である。

精神性に係る完全性の観点においては、夏季の２ヶ月間におけるかなり多数の巡礼者による圧力と、山小屋や山小屋への供給のためのトラクター道及び落石から道を防護するための巨大な防御壁などの巡礼者を支援するインフラによる圧力が、富士山の神聖な雰囲気を阻害する方向に作用している。富士五湖、特に２つのより大きな湖沼である山中湖及び河口湖は、観光及び開発からの増大する圧力に直面しており、湧水地もまた低層建築の開発からの危機に直面している。

真実性

一群の資産が全体としてその神聖さ及び美しさの価値を伝達できるかどうかという点について、現段階では、個々の構成資産が相互にそして富士山の全体との関係で個々の意味を提示するという点で、限定的である。構成資産は、全体へとより良く統合されるべきであり、神社、御師住宅、巡礼路の相互の関係性は明確に示されるべきである。

個々の資産の真実性に関し、上方の登山道、神社、御師住宅に関連する物理的な属性は無傷である。定期的に行う神社の改築は生きた伝統である。伊勢神宮は 20 年周期で再建されるが、富士山に関連するいくつかの神社（又はいくつかの神社の部分）は 60 年周期で再建される。このことは、真実性が、それらの構成資産の年代よりはむしろ、位置・意匠・材料・機能に基づくことを意味する。しかしながら、いくつかの構成資産の場所・環境は、富士五湖、湧水地、滝、海浜の松原の間のそれのように、構成資産間の相互の視認性を阻害する開発により損なわれている。

管理及び保護の要請事項

資産の様々な部分は公式に重要文化財、特別名勝、特別天然記念物、史跡、名勝、天然記念物として指定されているほか、国立公園にも指定されている。山頂の全体的な景観は富士箱根伊豆国立公園の一部に指定されており、そこには溶岩樹型、山中湖、河口湖を含んでいる。ほとんどの構成資産は、登山道、神社、湖、山頂を含め、過去２年以内に国により重要文化財、史跡、名勝と

図 5-2

して保護された。村山浅間神社、富士浅間神社及び忍野八海は 2012 年９月に保護された。

緩衝地帯については、景観法及び土地利用計画規則（ガイドライン）（及び複数の関連法令）により保護されている。すべての構成資産とその緩衝地帯は、2016 年頃には景観計画により包括されることとなっている。これらの景観計画は、市町村が開発規制を実施する枠組みを規定している。

強化が必要とされるのは、実施中の各種措置が構成資産に負の影響を及ぼす可能性のある建築物の大きさ・位置に係る規制の方法である。原則として、それらは（色彩・意匠・形態・高さ・材料、場合により大きさにおいて）調和の取れた開発の必要性に関係している。しかしながら、最も厳しい規制は基本的に色彩と高さに関するものであるように見受けられる。建築物の大きさや特に山のふもとのホテルを含む建築物の敷地計画について、さらに厳しい規制が必要である。

山梨・静岡の２県及び関係の市町村は、資産の包括的管理システムを構築するために、富士山世界文化遺産協議会を設置した。これらの自治体は、日本の文化財・文化遺産の保存・管理を所管する文化庁、環境省、林野庁などの主たる国の機関とも連携協力して取組を進めている。この協議会は、富士山の調査研究・保存・管理のための専門家の（富士山世界文化遺産）学術委員会の助言を受けている。

「富士山包括的保存管理計画」は 2012 年１月に策定された。この管理計画の目的は地域住民を含むすべての団体の諸活動を調整することにある。この計画は、資産全体だけでなく個々の構成資産の保存・管理・維持・活用の手法を定めるとともに、国及び地方公共団体、その他の関係諸団体が担うべき個々の役割について定めている。さらに、自然公園法に基づく公園計画及び国有林野の管理経営に関する法律に基づく森林管理計画により重要な展望地点からの視覚的な景観の管理手法が定められている。

資産は、一方でアクセスと行楽、他方で神聖さ・美しさという特質の維持という相反する要請にさらされている。資産についてのヴィジョンが 2014 年末までに採択される予定であり、ヴィジョンでは、この必要とされる融合を促進するとともに、構成資産・構成要素間の関係性を描き出し、構成資産・構成要素が富士山とのつながりを強調する文化的景観として、どのように全体として

図 5-2

管理され得るのかを示すための手法が定められることになる。このヴィジョンにおいては、文化的景観としての資産の管理の在り方を包括するとともに、2016 年末頃までに行われる管理計画の改定を予告することとなっている。

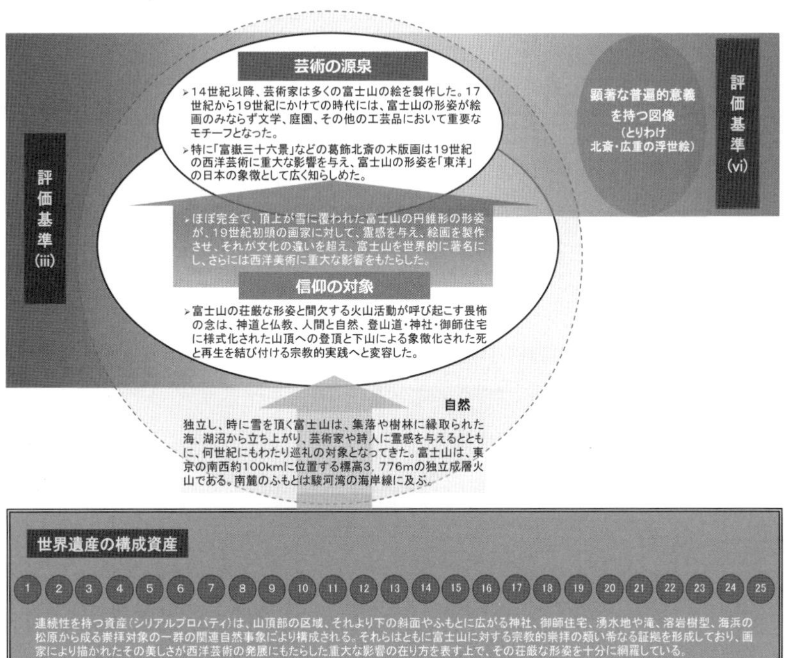

※この図は、2020 年 1 月末現在、富士山文化遺産協議会において検討中のものである。

的なものから自然的なものへと順を追って整理されているが、以前は文化遺産の評価基準と自然遺産の評価基準は相互に異なるグループとして明確に区分されていた。当時、現在の評価基準（vii）は自然遺産にのみ適用される評価基準（iii）であったのだが、平成11年（1999）に２つのグループの評価基準が統合される際に、元の自然遺産の評価基準（ii）と順番を入れ替えたうえで新たに評価基準（vii）として再整理されたという経緯があった。自然遺産の価値評価を担当する諮問機関の国際自然保護連合（IUCN）は、人間の主観が入り込む余地の大きい自然美にのみ焦点を当てて自然遺産の評価を行うのは十分でないとして、できる限り評価基準（iii）（現在の評価基準（vii））の単独使用を避け、他の自然遺産の評価基準との併用に努めてきたのである。

他方、常識的に考えれば、文化遺産に対して評価基準（vii）の併用が成立し得ないのは自明のことでもあった。自然遺産の評価基準を適用しようとした時点で、富士山は複合遺産として評価されることとなり、文化遺産としてのみ推薦することはできなくなってしまうからだ。ユネスコ世界遺産センターに確認したところ、文化遺産の観点から富士山に評価基準（vii）を併用するうえでの手続き上の明らかな矛盾から、センターはその可能性を明確に否定した。こうして、富士山は文化遺産として推薦することを前提として、従来、文化遺産の評価に適用されてきた（i）から（vi）までの６つの評価基準の中から最適だと考えられるものを選んで推薦することとなったのである。

名山としての山岳景観の代表例　―適用が認められなかった評価基準（iv）―

議論の第二は、文化遺産の評価基準（iv）の適用の可能性に関するものだった。評価基準（iv）は、推薦資産が「歴史上の重要な段階を物語る建築物、その集合体、科学技術の集合体、景観を代表する顕著な見本であること」を求めている。日本の推薦時における結論は、富士山を「人間と自然との共同作品」である文化的景観としては推薦しないが、評価基準（iv）の下に「歴史上の重要な段階を物語る景観の代表的で顕著な見本」として推薦することであった（図5-1)。両者はともに景観を対象としていることから、一見して同じことを言っているかのように見えるが、そうではない。前者の評価ポイントは人間と自然との調和的な関係を表す景観であるのに対し、後者のそれは「信仰の対象」と「芸術の源泉」としての典型的・代表的な山岳の景観にある。16世紀頃の『絹本著色富士曼荼羅図』(図6）を皮切りに、江戸時代以降、富士山に登るようになった庶民のために、登山ルートと山中の霊場を紹介した多くの刷り物が発行された（図7)。それらの多くは、中央に秀麗な円錐形の富士山を描き、その山麓から山頂に至る登山道の両脇に、浅間神社の社殿・霊場、山小屋などを細かく書き込んだ共通のスタイルを持つ。これらの刷り物は、参詣者に対する富士山信仰の絵解きや参詣登山の手引きに用いられ、全国の信仰の山の案内書の手本ともなった。つまり、富士山の「信仰の対象」と「芸術の源泉」としての山岳の景観は、日本の同種の山の景観の代表的・典型的なスタイルを表しているのである。

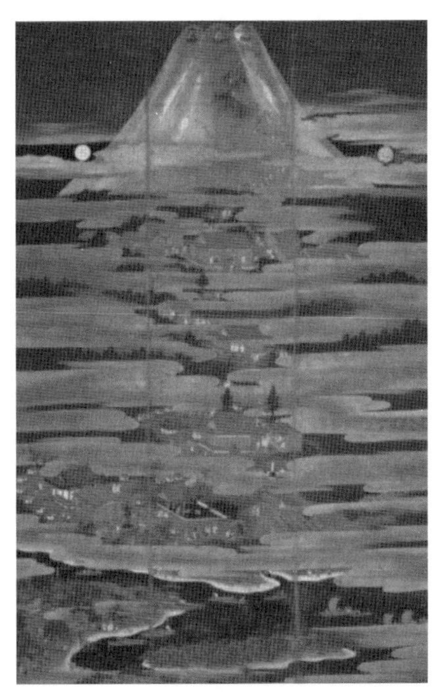

図6 『絹本著色富士曼荼羅図』
（富士山本宮浅間大社所蔵）

評価基準（iv）は、建築・景観などのある類型を代表する顕著な見本であることを求めており、まさしく「モノ・場所の形」に焦点を当てた評価基準である。これに対し評価基準（iii）や評価基準（vi）は、「信仰の文化

図７ 『富士山名所記』（冨士浅間神社所蔵）

的伝統」や「芸術作品との関連性」といったいわば「モノ・場所がもつ性質」に光を当てた評価基準だといってよい（図４）。だから、私たちは、評価基準（iii）や（vi）の「性質」を評価基準（iv）の「形」が受け皿となる必要があると考えた。柔らかく捉えどころのないものを、確固とした形を持つ枠にはめ込む必要があると考えたわけである。こうして、評価基準（iv）の下に「名山としての景観の代表例・典型例」であることが、評価基準（iii）の下に「富士山の信仰の伝統を表す存在」であり、さらには評価基準（vi）の下に「世界的に著名な芸術作品との関連性」をもつことの重要な物理的裏付けとなると考えたわけである（図5-1 86ページの図）。

結局、登録の決議では、評価基準（iii）と（vi）はともに強力だが、それに比べて評価基準（iv）は従属的であり弱い、結果的に適用できない、ということになった。世界的な名山としての富士山の価値は、評価基準（iii）と（vi）の性質を表す一群の構成資産によって、十分にモノの形としての価値証明が可能だというのが結論であった（図 5-2）。

2 つのキーワード　―「信仰の対象」と「芸術の源泉」―

長い議論と試行錯誤の結果、富士山の価値証明のキーワードは、「信仰の対象」と「芸術の源泉」の二つに焦点を結んだ。その過程で、当初 60 余りあった候補地は、二つのキーワードに結び付く 25 の構成資産へと絞り込まれた。さらに、第一のキーワードである「信仰の対象」は、評価基準（iii）の下に「山岳に対する信仰の『伝統』の継承」を表す存在に、第二のキーワードである「芸術の源泉」は、評価基準（vi）の下に顕著な普遍的意義を持つ芸術作品と直接的な関連性を持つ場所（山）に、それぞれ一致すると捉えたわけである。こうして、二つのキーワードを評価基準（iii）と（vi）のそれぞれに分けて捉えることとし、さらに一群の構成資産もそれぞれ二つの評価基準に区分して整理することとした。その結果、評価基準（iii）は「信仰の対象」である浅間神社・霊場を含む富士山そのものを対象とし、三保松原を除くすべての構成資産に適用できる[4]が、評価基準（vi）は「芸術の源泉」に直接結びつく展望景観・展望地点を対象とし、本栖湖（構成資産 1-9）と三保松原（構成資産 25）の二つに限定することとしたのであった（図 5-1）。

しかし、最終的な決議に盛り込まれた評価基準（iii）と（vi）の説明文では、上記とは微妙に異なる区分が行われた。評価基準（iii）の説明文には、その美しい完全な円錐形の形姿ゆえに、長く畏敬の念を込めて「信仰の対象」とされてきたのみならず、多くの人々の憧れを生み、詩歌・絵画などのさまざまな「芸術の源泉」となってきたことも併せて記述された。

4　三保松原については、次ページ以下においても述べるように、イコモスからの除外勧告を受けて以降、「信仰の対象」としての裏付け資料を探し当て、最終的に評価基準（iii）も適用できることを証明した。これによって 25 の構成資産のすべてが評価基準（iii）の下に整理されたこととなり、三保松原は除外をまぬかれた（図 5-2）。

つまり、「信仰の対象」であるとともに「芸術の源泉」となってきたことが、富士山の文化的伝統の本質だとの整理である。また、評価基準（vi）の説明文では、富士山を世界的な名山としたさまざまな著名な図像との直接的な関連性にのみ限定して記述された。富士山という存在は、顕著な普遍的意義を持つ（世界的に影響をもたらした著名な）作品を通じて世界中に知られるところとなった。作品との「直接的・有形的な関連性」を持つのは富士山そのものだという理解である（図 5-2）。

最近の世界遺産委員会及びその諮問機関であるイコモスは、推薦資産が多くの構成資産から成るシリアル・プロパティの場合には、価値証明に用いる評価基準は構成資産の個々に対して説明ができなければならないとの立場を採っている。つまり、評価基準（iii）は三保松原に対しても説明可能なものでなければならないし、評価基準（vi）も 2 つの展望地点だけではなく推薦資産の全体、すなわち富士山全体に対して説明できなければならないとの考え方である。私たちは 2 つの評価基準が求める条件に合致するよう説明文を作成し、それぞれの評価基準に合わせて構成資産を区分・整理しようとしたのだが、実際には 2 つの評価基準の双方の説明文にすべての構成資産がどのように結び付くのかについて合理的に記述する必要があったというわけだ。

展望地点、三保松原の除外勧告

イコモスとわが国との間にあった評価基準の適用を巡る上記の理解のズレは、イコモスが三保松原を除外して登録すべしと勧告したことの伏線となった可能性もある。日本が提出した推薦書では、三保松原は「信仰の対象」ではなく「芸術の源泉」に関係する富士山の展望地点としてのみ位置づけていた。評価基準（iii）ではなく、評価基準（vi）のみを適用できると整理していたのだ（図 5-1）。しかし、三保松原の除外を避けるためには、「信仰の対象」である富士山と三保松原との一体性を強調する必要があり、その裏付けとなる証拠が必要だった。探し求めた結果、二つの事実が浮かび上がった。その第一は、富士山より西の区域からの参詣者は必ずといってよいほど三保松原を訪れ富士登山を行っており、三保松原はいわば富士登山の入口としての意味をもっていたことである。第二には、参詣者が道すがら歌う「道中歌」にも三保松原が歌いこまれていたことが明らかとなった。これらの二つを手がかりとするならば、三保松原は評価基準（vi）に関係する「芸術の源泉」としての展望地点であるのみならず、評価基準（iii）に関係する「信仰の対象」としての側面も満たしていることがうかがえた。それらを追加情報文書にまとめ、ユネスコに提出した結果、世界遺産委員会の大半の委員国から支持を得ることができ、三保松原は除外を免れることとなったのである。

しかし、イコモスは、富士山の評価書の中で三保松原が富士山頂から45 kmも離れて点在していることを理由に挙げ（図2）、富士山自体（富士山の一部）ではないと何度も指摘した。その背景には、「信仰の対象」の性質を持つ構成資産として、評価基準（iii）の下に三保松原の位置付けを説明できないのであれば、構成資産としての位置付けを失うことになるとの考え方があったのではないかと思う。何故なら、イコモスの見解では、評価基準（vi）の下に葛飾北斎の版画などの世界的に著名な作品と強力な関連性をもつのは富士山という存在の全体であり、その根拠は富士山が評価基準（iii）の下に「信仰の対象」と「芸術の源泉」の両側面から顕著な普遍的価値を証明できる存在だということにあったからである。

イコモスが行った三保松原の除外勧告に対して、大半の委員国から反対の声が上がった理由をもう少し説明しておこう。イコモスは、展望地点である三保松原が富士山頂から45 kmも離れており、富士山自体ではないから除外すべきなのだと指摘した。しかし、古来、遥拝の対象となり、芸術活動と密接な関係を持ち続けてきた富士山にとって、展望地点は極めて重要な意味を持っている。特に三保松原は富士山への「天の架け橋」とみなされ、天女伝説を生むきっかけとなった。また、『竹取物語』の最後のシーンにおいても、富士山と三保松原はストーリー展開上の重要な役割を担った。それは、白砂青松の海浜景観と日本の最高峰である富士山とが相まって、切っても切り離せない日本の風景美のアイコンを表す場所となったことを示すものである。両者が一体となった視覚的インパクトは、委員会のメンバー国の代表に強力に作用したに違いない。こうしてメンバー国の大半は、三保松原を含めての登録を強く推したのであった。

展望地点のほんとうの意味—評価基準（vi）と展望地点との関係—

2つの展望地点の選択—三保松原と中之倉峠—

私たちは、評価基準（vi）が求める「顕著な普遍的意義を持つ芸術作品との直接的・有形的な関連性」を証明する場所として、作品の視点場となった「展望地点」がキーポイントだと考えた。富士山の展望地点は数多あるが、世界的にも著名な（顕著な普遍的意義を持つ）芸術作品の視点場として特定できる展望地点は多くない。世界の著名人20傑のひとりとされる葛飾北斎の作品『富嶽三十六景』のひとつに《神奈川沖浪裏》(図8)がある。しかし、この著名な浮世絵版画は海上に浮かぶ船上からの展望を描いた作品であり、その正確な視点場を特定することなど不可能である。「神奈川沖」というからには相模湾上のどこかであることは間違いないのであろうが、湾の海面全体を推薦の範囲にでも含めない限り、視点場と作品との「直接的・有形的な関係」を確保することなど無理である。「赤富士」の名で知られる「凱風快晴」もしかり。夕日を負うシルエットの正確な展望地点を東麓のどこかに特定するのは難しい。

評価基準（vi）を裏付ける展望地点として推薦範囲に含めたのは、南麓の三保松原（構成資産25）と北麓の本栖湖の西北岸に位置する中之倉峠(構成資産1-9の一部）の2ヶ所だけであった（図2)。

三保松原は、富士山へと伸びる砂浜海岸、その上に帯状に叢生する松原、そして駿河湾の海面をひとつのアングルにおさめた歌川広重の『富士三十六景』の《駿河三保之松原》に描かれた（図9）。この図像は世界的にも知られた浮世絵師の作品として著名であるから、評価基準（vi）の裏付けの証拠材料として遜色はない。しかし、正確にいうと、その視点場は構成資産の三保松原の外側にあたる駿河湾西岸の高台にあるように見える。

唯一視点場を特定できるのは、写真家の岡田紅陽が昭和10年（1935）に撮影した「湖畔の春」だけだと言えるかもしれない（図10）。旧千円札紙幣、現在の五千円札紙幣の裏面に印刷されていることで著名な富士山の写真で、本栖湖の北西岸に位置する中之倉峠から撮影したものだということが明らかだからだ。幸い、中之倉峠から富士山への展望の範囲は、ほ

図８　葛飾北斎『富嶽三十六景』《神奈川沖浪裏》
（山梨県立博物館所蔵）

図９　歌川広重
『冨士三十六景』《駿河三保之松原》
（国立国会図書館蔵）

ぼ100パーセント近くが富士箱根伊豆国立公園の特別地域や国の文化財の指定地（特別名勝富士山、天然記念物富士山原始林、史跡富士山、名勝富士五湖）に含まれ、推薦範囲の完全性に申し分のない範囲を確保できた。岡田紅陽の作品が高い芸術性を持つことに何らの疑いはないし、日本の紙幣に図像として印刷されたことは、富士山が日本のアイコンであることを世界に示す証拠でもある。その一方で、果たして一国の紙幣の図像が評価基準（vi）に定める「顕著な普遍的意義」（世界的な意義）を持つものに該当するとまで言えるのかどうか。私たちには、そんな一抹の不安があったことも事実だ。しかし、中之倉峠は、富士山の重要な２つの展望地点のひとつとして、富士山域（構成資産１）の本栖湖（構成資産1-9）の中に含めることとした。

私たちは、富士山の「芸術の源泉」としての側面を、富士山に対する「展望の行為」として捉え、それを保証するのが「展望地点」と「展望範囲」だと考えた。だから、世界的に著名となった浮世絵の作品と日本のアイコンを世界に発信する役割を担った紙幣の図像、これらの視点場となった「展望地点」を南麓と北麓にそれぞれ１ヶ所ずつ選んだのであり、そこからの「展望範囲」を最大限に確保するために推薦区域を拡大すること

図10　岡田紅陽『湖畔の春』
（岡田紅陽写真美術館所蔵）

としたのだった。既に述べたように、北麓の中之倉峠から展望できる富士山域のほぼ100パーセントを推薦区域として確保することができた。南麓では、北麓に比較すると確保できた区域の比率は下がるものの、国有林野の範囲を推薦区域に含めることにより、三保松原から遠望する富士山域のかなり広い範囲を推薦区域に含めることができた。

評価基準（vi）が求める価値証明のポイント

以上のように、私たちは、評価基準（vi）が求める場所との直接的な関連性に注目しつつ、苦労しながら展望行為、展望地点、展望範囲を確保したのだった。しかし、イコモスが示した評価基準（vi）の考え方はもっと単純で素っ気ないものだった。つまり、評価基準（vi）による価値証明のポイントは、芸術作品とそれらの描画（撮影）地点との直接的な関係にあるのではなく、作品と「存在（場所）」との直接的・有形的な関係にあるということだった。どこから富士山が描かれ、展望されたのかではなく、「存在（場所)」を描いた（撮影した）作品が顕著な普遍的意義を持っているか、それらを通じて如何に「存在（場所)」そのものが世界的に著名となったかにポイントがあった。決議の評価基準（vi）の説明文には、展望行為、展望地点、展望範囲についての記述はまったく見られない。富士山が芸術活動の対象となり、多くの作品を生んだこと、そのうちの浮世絵は富士山の名山としての価値を世界に知らしめる重要な意義をもったことが記されているだけだ。つまり、富士山という存在と世界的に著名な図像（葛飾北斎の版画等）との直接的な関連性が述べられているだけなのだ(図 5-2)。「信仰の対象」と「芸術の源泉」の両面を評価基準（iii）に含めて捉え、世界的に著名な図像との関連性のみを評価基準（vi）に記述したということになる。私たちが推薦書において示した理解とはズレがあったことになるが、決議における整理のほうが評価基準に即してシンプルで理に適っていたといってよいだろう。

展望地点の今日的な役割

２つの代表的な展望地点、つまり中之倉峠と三保松原以外にも、山麓とその周辺には富士山の優秀な形姿を望むことのできる展望地点が多く分布している。西麓の田貫湖の西岸は、日の出のダイヤモンド富士を展望できる地点として著名である。南東麓の駿河湾岸の千本松原は、三保松原と並んで白砂青松の海浜と富士山の遠望を楽しめる絶好の展望スポットである。北麓には三ツ峠や御坂峠、河口湖・西湖の北岸、山中湖東岸の三国峠などが富士山に対する展望の好適地である。それらの中には歴史的に富士山の展望地点として知られてきたものがある一方、最近の観光地としてクローズアップされてきた場所も含まれている。

山梨県・静岡県では、世界遺産登録時にユネスコ世界遺産委員会から出された勧告に基づき、富士山の展望景観が良好に維持できているのかどうかを日常的に観察するため、緩衝地帯内に位置する合計36の展望地点を選んだ（第3章 1　図4-1参照。／252ページ）。そこからの展望景観を定期的に写真撮影することにより、富士山の見え方にノイズとなる景観阻害要素が発生していないかどうかを確認しようというわけだ。展望景観の代表例である2つは、顕著な普遍的意義を持つ芸術作品（北斎・広重などの浮世絵及び岡田紅陽の写真）と直接的な関連性を持つが、その他の展望地点からの景観はそうではない。しかし、これらの展望地点は世界遺産としての景観モニタリングの地点として、将来にわたって重要な役割を担うこととなる。

富士五湖を文化財に指定しなければならなかった理由

名勝の重要な指定候補

富士山の北麓に弧状に点在する富士五湖は、東から山中湖、河口湖、西湖、精進湖、本栖湖の順に、それぞれ固有の名称を持つ5つの湖の総称である。5つをまとめて呼ぶようになったきっかけは、昭和2年（1927）に大阪毎日新聞社と東京日日新聞社が国民投票の下に行った「日本新八景（「日本八景」ともいう。）」・「日本百景」・「日本二十五勝」などの風景地を選定する企画にあった。一連の「風景選」の取り組みは、日本固有の美しい自然の景勝地を発見し鼓舞する熱狂的な意識を広く国民の間に醸成した。富士五湖という名称は、このときに初めて富士急行の創設者であった堀内良平により考案されたものである。富士五湖は、「日本新八景」や「日本百景」の選には漏れたが、琵琶湖（滋賀県）や大沼（北海道）とともに「日本二十五勝」の湖沼部門に入選した。それ以来、個々の湖の呼称とともに、「富士五湖」という総称が広く知られるようになった。

現在の文化財保護法の前身のひとつである大正8年（1919）の史蹟名勝天然紀念物保存法には、内務大臣が指定し保護する方法と、地方長官である府県知事が仮指定して保護する方法の２種類が定められていた[5]。富士山の場合には、まず大正 13 年（1924）３月４日に山梨県知事が「富士山麓（嶽麓）」として名勝に仮指定した[6]。第二次世界大戦後、戦前の法律を統合して生まれた文化財保護法の下に、富士山は昭和 27 年（1952）に名勝に指定され、同年に特別名勝に格上げされたが、それまでは山梨県側の山域・山麓の区域のみが名勝に仮指定されたままの状態が 28 年間も続いたわけである。当初、山梨県知事が名勝に仮指定した区域は、現在の特別名勝の指定地と比べて格段に広く、山梨県側の中野村・忍野村・福地村・河口村・鳴澤村・西湖村など 15 村[7]の行政域のうち、「御料地」(現在の山梨県恩賜県有財産）を除く全域が仮指定地に含まれていた（図 11)。もちろん、その中には山中湖・河口湖・西湖・精進湖・本栖湖の５つの湖も含まれていた。そのわずか８ヶ月後の大正 13 年（1924）10 月 30 日には、概ね現在の国道 138 号の北側にあたる現・富士吉田市街地と忍野村の村域の大半の仮指定が解除されたが[7]、昭和 11 年（1936）に富士箱根国

5　史蹟名勝天然紀念物保存法「第一條 本法ヲ適用スヘキ史蹟名勝天然紀念物ハ内務大臣之ヲ指定ス　前項の指定以前ニ於テ必要アルトキハ地方長官ハ假ニ之ヲ指定スルコトヲ得」

6　山頂を含む静岡県側の山域の指定は、昭和 27 年（1952）に行われた文化財保護法による名勝指定まで待たねばならない。山梨県側の仮指定地は、昭和 27 年（1952）７月 10 日に山梨県教育委員会が発した教委告示第十七号により、五合目の御中道の下方 500m の地点から上方の山梨県管轄の山域、北口本宮冨士浅間神社境内とそこから延びる吉田口登山道及び精進口登山道の各々両側 100m の範囲、梨ケ原県道の両側 100m の範囲を残していったん解除され、昭和 27 年（1952）10 月７日に残された左記の仮指定地が新たに名勝に指定され、さらには同年 11 月 22 日に特別名勝に格上げされた。また、昭和 41 年（1966）10 月６日に静岡県側の山域（国有林野）の一部が林班指定に伴い追加指定され、現在に至っている。

7　大正 13 年（1924）３月４日の「山梨縣告示史第一號」により、南都留郡中野村・忍野村・福地村・瑞穂村・船津村・河口村・大石村・小立村・勝山村・大嵐村・長濱村・鳴澤村・西湖村の計 13 村の全域及び西八代郡上九一色村・古関村の２村域の一部（本栖湖西側の山嶺分水界まで）のうち、御料地（現在の山梨県恩賜県有財産）を除く区域を「名勝富士山麓（嶽麓)」として仮指定する旨が告示された。その後、大正 13 年（1924）10 月 30 日の「山梨県告示史第二號」により、左の仮指定地の一部が解除された。

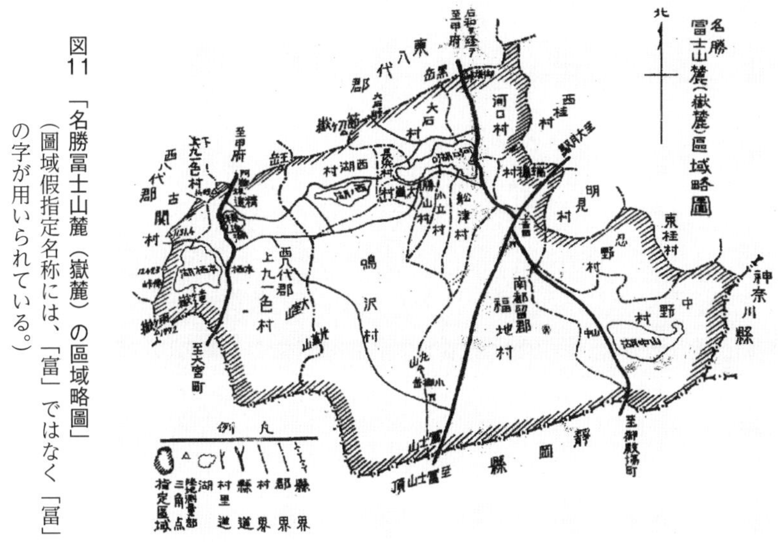

図11「名勝冨士山麓（嶽麓）の區域略圖」（圖域假指定名称には、「富」ではなく「冨」の字が用いられている。）

立公園が指定されると、富士五湖を含む名勝富士山麓（嶽麓）の仮指定地の広範囲及び当初より仮指定地から除外されていた御料地（現在の山梨県恩賜県有財産）は、国立公園の区域に含まれることとなった。しかし、第二次世界大戦後の昭和27年（1952）10月7日に国が名勝富士山の指定を行うのに先立って、山梨県は同年7月10日に名勝富士山麓（嶽麓）の仮指定地の一部を解除せざるを得なくなった[6]。この解除地に富士五湖が含まれていたのである。さらに昭和30年（1955）に伊豆半島を含め富士箱根伊豆国立公園と名称が改められた後においても、公園内の各地域の性質を踏まえた行為規制の詳細な地種区分は長らく行われてこなかったのであり、その検討が始まったのは平成8年（1996）のことである。富士山の北麓は明治以降、国際的な観光地として開発の対象とされてきた地域であり、特に富士五湖の周辺には良好な湖沼景観のゆえに宿泊施設等が集中的に立地するような区域も存在した。適切な行為規制に対する地域住民の合意形成が進まなかったのは、そのような複雑な土地所有関係と利用形態があったためである。湖面と湖岸でさまざまな生業を営む人々の間には、行為規制に対する拒否反応はもちろんのこと、名勝と国立公園の重複指定が規制強化につながるとの強い懸念が渦巻いていたことが想定できる。

このように、富士五湖は昭和初期という比較的新しい時代にひとつの名所として産声を上げた風致景観の優秀な湖沼群であったが、仮指定地に含まれていた28年間を除き、文化財の類型のひとつである名勝には指定されてこなかったことがわかる。しかし、富士山の形姿を鏡のように映し出す湖沼群の水面を風致景観の観点から正確に評価し、両者の展望地点を含めて名勝への指定を行うことが、世界遺産への推薦に向けて最小限の条件であるとの認識が、やがて好むと好まざるとにかかわらず関係者間で共有されていくこととなる。

世界文化遺産への推薦をきっかけとした保全への取り組み

私たちは、世界文化遺産への推薦の過程で、地域の歴史・文化を表す場所を適切に評価し、その保護を確実なものとできるかを常に考えていた。それは、端的にいうと、いかに文化財指定の範囲を拡大できるか、文化財の保存活用施策を推進・充実できるかということであり、特に富士五湖の名勝指定は、その文脈において重要なキーとなるものと捉えていた。

富士五湖とその湖岸は、白糸ノ滝（静岡県富士宮市）や忍野八海（山梨県忍野村）などとともに、富士講では登山前に行う水辺の禊の場として重要な役割を担った。同時に、葛飾北斎の『富嶽三十六景』に含まれる《甲州三坂水面》（図12）や岡田紅陽が撮影した『湖畔の春』と題する写真（図10）からは、湖面に映る富士山の展望地点としても風致景観上の重要な意義を持つ場所であったことが窺える。まさに、富士山の「信仰の対象」と「芸術の源泉」の両側面を語るうえで欠かすことのできない場所なのである。その文化的・歴史的な価値を正当に評価し、文化財保護法の下に指定・保護することなく、世界文化遺産への推薦に足る保護措置を講じたと言えるのか。それは、５つの湖沼とその周辺域が歴史的に抱えてきた土地所有上の重大な制約を乗り越え、山梨県と静岡県が世界遺産登録

図12　葛飾北斎『富嶽三十六景』《甲州三坂水面》
（山梨県立博物館所蔵）

推薦書（暫定版）を文化庁に提出する期限として想定していた平成22年9月をあえて1年延期してまでも、世界文化遺産への推薦までに達成すべき重要課題であったといってよい。

他方で、富士五湖との深い関わり合いの下に長らく湖岸域において生活や生業を営んできた人々の間には、名勝への指定や世界文化遺産への推薦が規制強化への導火線となるのではないかという強い懸念が渦巻いていたことも事実である。長らく誰もが避けてきた湖沼群とその湖岸域の文化財指定に手を付けるのは、あたかも「パンドラの箱」を開けることと同義であり、最終目的を達成するまでに多くの苦難が予想された。しかし、山梨県と関係市町村の担当部局による粘り強い調整の結果、「明日の富士五湖創造会議」の設置にこぎ着け、将来にわたる課題の共有とその解決に向けた議論の場がようやく準備されることになったのは大きな成果であった。

難産の末に実現した名勝への指定を足掛かりとして、今後とも議論の場を末永く持続させていく必要がある。世界文化遺産としての顕著な普遍的価値に見合った湖面とその周辺域の望ましい保全環境を整えるために、私たちは決して労力を惜しんではならない。

構成資産の選択にあたっての知恵 ―白糸ノ滝と忍野八海の場合―

既に記したように、世界文化遺産への推薦の過程では、顕著な普遍的価値のテーマを定め、その証明に不可欠の構成資産を過不足なく絞り込む必要があった。その最終段階では、個々の候補地がいかに優秀な保全環境を整えているのかということが議論となり、特に風致景観と自然環境の観点から白糸ノ滝（静岡県富士宮市）と忍野八海（山梨県忍野村）が課題となった。

推薦の過程で両者の事前調査を行った際に抱いた率直な印象は、このまま構成資産として含めるのは困難なのではないかという強い危惧にも近いものであった。両者は富士講の道者にとって禊の場となった重要な水辺であったから、富士山の「信仰の対象」としての側面に強力に貢献する構成資産であることに間違いはなかった。しかし、白糸ノ滝では、構成資産の中核をなす滝壺に近接して老朽化した２軒の土産物店・茶店が存在し、禊の場としての滝の神聖なる雰囲気はもちろんのこと、名勝としての優秀な風致景観の鑑賞上の価値を弱めていた（図13左）。忍野八海では、８つの小さな湧水・池沼の周辺域を広く世界文化遺産の緩衝地帯に含めることを予定していたのだが、そこは多くの土産物店や宿泊施設が建ち並ぶ場所へと変容を遂げてしまっており、禊の場としての良好な環境を維持しているとは言い難い状況にあった。明治期から大正期には水田のあちらこちらから清涼な水が湧き出し、富士山麓の自然を記念する重要な価値があることから、８つの湧水・池沼はひとまとまりのものとして天然記念物に指

図 13　白糸ノ滝（左：整備前、右：整備後）

図 14　忍野八海の鏡池（左：整備前、右：整備後）

定されていた。しかし、往時の水田の一部はいつの間にか大きな滝石組を伴う庭園の池へと造り替えられたり、茶店の前には新たに養魚池が造成されたりしていた。これらの２つの候補地（白糸ノ滝・忍野八海）は、前者が構成資産、後者が緩衝地帯の予定地という違いこそあれ、ともに著しいリスクを抱えていたといってよい。果たして構成資産に含めて大丈夫なのか、という強い危惧が芽生えたとしても決して不思議ではなかった。

しかし、白糸ノ滝と忍野八海は、「信仰の対象」としての富士山の特質を説明するうえで候補地から外すわけにはいかない。何としてでも現状を改善し、保全環境を整える必要があった。深い議論の末に、富士宮市と忍野村は私たちの要請に応えて改善計画の策定とその実施に乗り出してくれることとなった。豪雨災害に見舞われた白糸ノ滝では、幸い土産物店・茶店の所有者の人命・財産に影響が出ることはなかったが、これを契機として高所へと移転することが決まった。災い転じて福となすことができたのである。被災した来訪者用の橋も、場所を滝壺から離れた下流へと移し、風致景観になじんだデザインの橋へと架け替えられることとなった（図 13 右）。忍野八海でも、池沼・湧水の護岸整備が行われ、無電柱化によって富士山への良好な展望が確保された（図 14 右）。また、街区内に残されていた茅葺きの伝統的な木造建築の保全修復も行われ、周辺環境は見違えるように改善した。こうして白糸ノ滝と忍野八海では、地域の人々の理解・協力の下に富士宮市と忍野村がそれぞれ環境改善の施策に努めた結果、現在見る状況にまで進化したのである。まさに世界文化遺産への推薦が原動力となり、保全に良好な成果を上げることができたといってよいだろう。

富士山の文学

石原　盛次

富士山の捉えられ方の変遷

古来、富士山は様々な文学に様々な形で取り上げられてきました。例えば奈良時代には「不尽」や「福慈」と表記され、圧倒的な山容から崇高な存在として描かれています。平安時代には天応元（781）年を皮切りに、延暦噴火（800-802年）、貞観噴火（864-866年）、承平噴火（937年）と火山活動が活発化します。富士山は、噴火を繰り返す荒ぶる神として浅間大神（あさまのおおかみ）と崇められました。

平安時代末期から鎌倉時代にかけて噴火が沈静化すると、危険な山に命懸けで入っていく人々が現れます。初めは垂直方向に登って素早く禅定（宗教的瞑想）を行う形でしたが、安全が確認されてくると山腹に滞留する回峰行などが行われるようになります。役行者（えんのぎょうじゃ）を始めとする修験者にとっては修行の地であり、修験道では不動明王が宿る山と捉えられています。神仏習合の本地垂迹説では大日如来という本地仏が浅間大菩薩という垂迹神として出現している山だと考えられました。かぐや（赫夜）姫が富士山の仙女として捉えられ、後に浅間大菩薩の化身とされるようになったのもこのころです。

室町時代になり惣村が形成されると、修験僧の指導を受けながら村民が富士登山を行う例が見られるようになります。この富士山信仰登山の大衆化は、江戸時代の富士講の流行という形に結実します。富士講の創始者とされる長谷川角行は伯家（はっけ）神道に根拠を求めて浅間大神や浅間菩薩を仙元大神・仙元菩薩と書き改めます。また、朱子学者林羅山の主張が富士講に広く受け入れられ、かぐや姫に取って代わって木花開耶姫（このはなさくやひめ）が浅間大神の化身、あるいは単純に富士山の祭神として祀られるようになりました。

多くの日本人にとって結婚や葬式などの儀礼以外に宗教との関わりが希薄になった第二次世界大戦後においても、富士山で修業をする修験僧や富士講は存在しますし、富士山に関わる民俗・文化は現在も息づいています。また、金剛杖を突きながら集団で一歩一歩登る登山者や、ご来光を仰ぐことを目的とした夜中登山の様子を見ると、富士山信仰の精神や形態は現在に脈々と継承されていると実感できます。

以上、富士山の捉えられ方の変遷を概観しましたが、それぞれの時代の文学作品において富士山がどのように描かれてきたかまとめてみます。なお、以下の記述は、富士山世界文化遺産山梨県学術委員会の石田千尋先生（元山梨英和大学教授）がお作りになった資料を基に作成しました。

古　代

715年？…………『常陸国風土記』編者不詳

富士山が登場する現存最古の文献です。頂は宿雪し、険峻で厳しい環境をもった近づき難い山として富士山が描かれています。常陸国（現在の茨城県）の風土記ですので、富士山と違って筑波山はいかに親しみやすい山かと言いたいわけです。

759年以後……『万葉集』山部赤人、高橋虫麻呂ほか

富士山の圧倒的山容を地上世界と隔絶した崇高なものとして描くとともに、噴火の炎に恋情の激しさをたとえ、山頂の雪と火口からの炎の共時性から、富士山に神秘や神聖性を感じています。

823年以前……『日本霊異記』景戒編

役行者の初出文献です。修験の聖地としての富士山のイメージの原点となりました。

875年以前……「富士山の記」（『本朝文粋』所収）都良香

「浅間大神」という神称の文学作品による初出です。神仙境のイメージに富士山像を重ねました。都良香は実際に登山はしていないでしょうが、山頂の様子が写実性を持って描かれており、このころ既に登頂者がいたことが窺えます。

885年以後……『竹取物語』作者不詳

帝がかぐや姫から渡された不死の薬を富士山で焼いたというエピソードは、富士山の煙に託して「思ひ」「恋」を詠む後代の和歌に影響を与えました。

905 年 …………『古今和歌集』紀友則、紀貫之ら撰

「思ひ」「恋ひ」と火の掛詞を用い、富士の峰を題材に恋歌の類型を形成しました。

956 年以後 ……『伊勢物語』作者不詳

神仙境としての富士山を描き、万年雪からの連想で「時知らぬ山」として富士山の永遠性に着目しました。

中　世

1207 年 …………『最勝四天王院障子和歌』後鳥羽院選定

和歌の世界で富士山が名所の題となる契機となりました。

1215 年 …………『内裏名所百首』順徳天皇、藤原定家ほか

絵画と和歌が連動し、典型的イメージの定着・流布の経緯を伺わせます。

1223 年以後 ….『海道記』作者不詳

神仙境としてのイメージと本地垂迹説に基づく浅間信仰とを融合させて富士山を描いています。

14 世紀？………『曾我物語 真名本』作者不詳

富士山を日本一の山であると表現しています。富士浅間明神＝千手観音＝かぐや姫＝駿河国司という構図で表されています。

1368 年 …………『詞林采葉抄（しりんさいようしょう）』由阿（ゆあ）

中国の伝説における東海の仙境「蓬萊」とする説を紹介しました。かぐや姫伝承のヴァリエーションを複数記しています。

15 世紀前半 …. 謡曲「富士山」伝世阿弥原作

三国一の山と表現しています。神仙思想と仏教思想との混淆が著しい作品です。

1432 年 …………『富士紀行』飛鳥井雅世（あすかいまさよ）

将軍の威光を富士山になぞらえ、権威の象徴として富士山を描きました。

1487 年 …………『廻国雑記』道興（どうこう）

類型的な「雪」と「煙」の詠作が大半を占める中、富士山を実見した率直な感慨が見てとれます。

近世・近現代

1638 年 …………『丙辰紀行』林羅山

名所解説に自作の漢詩を添えています。富士に関しては、多くの先人の漢詩をも紹介しています。

1684 〜 1685 年 ……『野ざらし紀行』松尾芭蕉

芭蕉は富士山を望む深川に庵を結びました。俳諧の芸術性を高め、精神性を深めます。

17 世紀 ………… 御伽草子「富士山の本地」作者不詳

富士山にまつわる諸伝承の総集編というべき縁起本です。

1748 年 …………『仮名手本忠臣蔵』二世竹田出雲等

嫁入りのために母娘が関東から京へ東海道を上っていく背景に現れています。西行の歌へのオマージュです。

1882 〜 1900 年 ……『竹之里歌』正岡子規

子規は富士山に並々ならぬ関心を抱きました。近代的な短歌・俳句の創造を強く主張しています。

1908 年 …………『三四郎』夏目漱石

富士山の美しさを自己の価値観の内に安易に取り込むことを批判しつつ、当時の文明開化のもろさに気づいていない日本人に警鐘を鳴らしています。

1939 年 …………『富嶽百景』太宰治

太宰自身のその時々の心を反映して、様々な富士山が写し取られています。

1976 年 …………『富士』武田泰淳

活火山・富士山の内なるエネルギーが、正気と狂気が共存している人間の情動になぞらえられています。

3　構成資産の選定〈山梨県〉

森原　明廣　　八巻　與志夫

構成資産の選定についての両県学術委員会と文化庁との協議や文化財部会世界文化遺産特別委員会の審議結果等両県に共通することは、静岡県側の記述に譲り、本稿は山梨県側の課題についてのみ紹介する。

構成資産暫定リストの作成に向けて

平成18年（2006）3月、静岡・山梨両県教育委員会は、「富士をめぐる—しずおか・やまなし文化財ガイドブック—」を刊行した。この巻頭の両県知事のあいさつの中で静岡県知事は「富士山の世界文化遺産登録を目指した活動を推進しています。本書が、この実現に向けた国民的支持や共感を醸成する一助となることを願っております」と述べている。また山梨県知事は「富士山の世界文化遺産登録に向けた取り組みを始めたところです。この自然と人の英知が織りなす富士の姿が、人類共通の財産として永遠に受け継がれることを願うものです」と述べており、富士山世界文化遺産登録運動の前進を目指して刊行されたものであることがわかる。

第1章「富士山が文化財だって知っていますか」では、次の5項目を示し、富士山を多角的に評価し、「富士山は日本を代表する名山である」とまとめている。

1）特別名勝富士山は景観の国宝である。
2）富士山周辺に広がる文化的景観が重要である。
3）富士山は崇高で、その優美な姿が人々に畏怖の念と感動を与えた芸術の源泉である。

4）富士山は、自然崇拝に根差した代表的な信仰の山であり、縄文時代の遺跡にもその痕跡を窺うことができるが、富士講によって隆盛期を迎えた。

5）富士山は古代より詩歌・絵画・小説の題材として時代を超えて芸術と深いつながりがあり、日本の文化創造に重要な役割を果たしてきた。

第２章「富士山を取り巻く文化財」では、両県にまたがる特別名勝富士山を解説したうえで、静岡県側で63件、山梨県側で51件をそれぞれ紹介し、富士山に関する資料を収蔵展示する博物館等の一覧表を掲載して

表１「富士山をめぐる」掲載文化財一覧

	静岡県		山梨県
1	富士山本宮浅間大社本殿	1	北口本宮冨士浅間神社本殿
2	富士山本宮浅間大社社殿	2	北口本宮冨士浅間神社東宮本殿
3	大石寺五重塔	3	北口本宮冨士浅間神社西宮本殿
4	大石寺三門	4	北口本宮冨士浅間神社太々神楽
5	大石寺御影堂	5	太刀
6	絹本著色富士曼荼羅図	6	冨士浅間神社の大スギ
7	富士浅間曼荼羅図	7	小佐野家住宅
8	青磁連弁文大壷	8	宮下家住宅
9	青磁浮牡丹文香炉	9	木造釈迦如来立像
10	人形手青磁大茶碗	10	銅造如来形立像
11	太刀	11	刀
12	脇差	12	紙本墨書仁王経疏巻上本円測撰
13	太刀　銘吉用	13	西芳寺須弥種子板碑
14	鉄板札紅糸威五枚胴具足	14	藍染資料
15	貞観政要巻第一	15	食行身禄の御身拭および行衣野袴
16	細字金字法華経	16	躑躅原のレンゲツツジおよびフジザクラ群落
17	万歴本一切経	17	吉田胎内樹型
18	相模集	18	雁ノ穴
19	重須本曽我物語	19	山ノ神のフジ
20	日蓮自筆遺文	20	木造女神坐像・木造男神坐像
21	富士宮囃子	21	忍野八海
22	千居遺跡	22	忍野浅間神社のイチイ群
23	人穴富士講遺跡	23	忍草のツルマサキ
24	湧玉池	24	紙本着色星曼荼羅

25　白糸ノ滝
26　万野風穴
27　猪宿の下馬サクラ
28　村山浅間神社のスギ
29　村山浅間神社のイチョウ
30　北山本門寺のスギ
31　上条のサクラ
32　猪之頭のミツバツツジ
33　木造地蔵菩薩坐像
34　浮島沼周辺の農耕生産貢
35　田子浦の富士塚
36　浅間古墳
37　琴平古墳
38　伊勢塚古墳
39　庚申塚古墳
40　富知六所浅間神社の大クス
41　富士岡地蔵堂のイチョウ
42　慶昌院のカヤ
43　手焙形土器
44　沼田の湯立神楽
45　砂流し堀
46　深沢城跡
47　駒門風穴
48　印野の溶岩隧道
49　永塚の大スギ
50　川柳浅間神社のスギ
51　二枚橋のカシワ
52　宝永のスギ
53　東山のサイカチ
54　旧植松家住宅
55　木造地蔵菩薩坐像
56　景ヶ島渓谷屏風岩の柱状節理
57　五龍の滝
58　木造地蔵菩薩坐像
59　大日如来二尊像懸仏
60　須走浅間のハルニレ
61　大胡田天神社のイチョウ
62　柳島八幡神社の二本スギ
63　上野のトチノキ

25　フジマリモ及び生息地
26　山中のハリモミ純林
27　鳴沢の湯立の釜
28　鳴沢のアズキナシ
29　富士山原始林
30　鳴沢溶岩樹型
31　冨士御室浅間神社本殿
32　冨士御室浅間神社文書
33　鰐口
34　勝山記
35　西海文書
36　丸木船
37　丸木船
38　河口の稚児舞
39　河口浅間神社の七本スギ
40　精進の大スギ
41　船津胎内樹型
42　神座風穴
43　鳴沢風穴
44　大室洞穴
45　溶岩球群
46　軽水風穴
47　竜宮洞穴
48　西湖蝙蝠穴およびコウモリ
49　本栖風穴
50　富岳風穴
51　富士風穴

いる。(表1)

同書で紹介された静岡県側の文化財は、富士山本宮浅間大社本殿等の富士信仰に関係する社寺の建造物、絹本著色富士曼荼羅図に代表される宗教絵画、奉納された美術品、古文書、祭り、縄文時代の集落遺跡、富士講遺跡、白糸ノ滝等の滝や湧水、溶岩洞窟、社寺の樹木、仏像、富士塚、古墳、城跡、古民家等である。

山梨県側でも同様な分野により文化財を紹介し、富士山麓に広がる文化的景観を幅広く取り込み富士山の文化遺産としての価値証明を目指した。国指定文化財は、北口本宮冨士浅間神社の本殿・東宮本殿・西宮本殿、冨士御室浅間神社本殿、小佐野家住宅、忍野村忍草浅間神社蔵の木造女神坐像・同木造男神坐像等三体、太刀（銘備州長船経家）、紙本墨書仁王経疏巻上本円測撰、躑躅ヶ原のレンゲツツジおよびフジザクラ群落、山ノ神のフジ、精進ノ大スギ、山中のハリモミ純林、富士山原始林、鳴沢の溶岩樹型、船津胎内樹型、神座風穴、鳴沢氷穴、大室洞穴、竜宮洞穴、西湖蝙蝠穴およびコウモリ、本栖風穴、富岳風穴、富士風穴、吉田胎内樹型、雁ノ穴、忍野八海の合計26件である。県指定の文化財は、寿徳寺蔵の紙本著色星曼荼羅、西念寺蔵の木造釈迦如来立像、上行寺蔵の銅造如来形立像、宮下家住宅、忍草浅間神社のイチイ群、河口浅間神社の七本スギ、冨士浅間神社の大杉スギ、軽水風穴、北口本宮冨士浅間神社太太神楽と河口の稚児舞、丸木船、冨士御室浅間神社文書、勝山記、西海文書等合計25件、国・県指定文化財の合計51件を紹介している。

山梨県側の組織と暫定リストの検討

山梨県側の暫定リストは、富士山北麓地域の文化財を中心にして作成されたが、その背景には山梨県特有の地形があった。山梨県は、中央部を南北に連なる御坂山系によって東西に二分されており、西側の甲府盆地を中

忍野村忍草浅間神社蔵の木造女神坐像（一瀬一浩氏撮影）

忍草浅間神社本殿（一瀬一浩氏撮影）

表２　暫定リスト素案の資産に含まれる文化財

番号	指定名称等	保護の主体	保護の種別
1	富士山	国	一部特別名勝指定地内
2	駒門風穴	国	天然記念物
3	印野の熔岩隧道	国	天然記念物
4	神座風穴 附蒲鉾穴および眼鏡穴	国	天然記念物
5	鳴沢氷穴	国	天然記念物
6	大室洞穴	国	天然記念物
7	竜宮洞穴	国	天然記念物
8	西湖蝙蝠穴およびコウモリ	国	天然記念物
9	本栖風穴	国	天然記念物
10	富岳風穴	国	天然記念物
11	富士風穴	国	天然記念物
12	吉田胎内樹型	国	天然記念物
13	鳴沢の熔岩樹型	国	特別天然記念物
14	船津胎内樹型	国	天然記念物
15	白糸ノ滝	国	名勝及び天然記念物
16	湧玉池	国	特別天然記念物
17	楽寿園 小浜池	国	名勝及び天然記念物
18	柿田川	―	未指定
19	忍野八海	国	天然記念物
20	富士山原始林 含青木ヶ原樹海	国	天然記念物
21	躑躅原のレンゲツツジおよびフジザクラ群落	国	天然記念物
22	山中のハリモミ純林	国	天然記念物
23	山宮浅間神社	市	記念物（史跡）
24	富士山本宮浅間大社	―	未指定（重要文化財１件、社殿５棟が県指定有形文化財）
24	本殿	国	重要文化財
25	冨士浅間神社（須走浅間神社）	町	有形文化財
26	須山浅間神社	―	未指定
27	北口本宮冨士浅間神社	国	特別名勝指定地内（重要文化財３件、その他建造物の多くは、市指定有形文化財）
	本殿	国	重要文化財
	東宮本殿	国	重要文化財
	西宮本殿	国	重要文化財

番号	指定名称等	保護の主体	保護の種別
28	冨士御室浅間神社	町	史跡（2合目本宮境内）（重要文化財1件、町指定有形文化財1件）
	本殿	国	重要文化財
29	河口浅間神社	—	未指定（町指定有形文化財1件）
	本殿	町	有形文化財（建造物）
30	須走口登山道	国	一部特別名勝指定地内
31	吉田口登山道	国	特別名勝指定地内
32	船津口登山道	国	特別名勝指定地内
33	鎌倉往還	国	一部特別名勝指定地内
34	お鉢巡り	国	特別名勝指定地内
35	村山浅間神社	—	未指定
	村山大日堂	—	未指定
	村山浅間神社境内水垢離場	—	未指定
36	小佐野家住宅（主屋・蔵）附家相図1枚	国	重要文化財
37	外川家住宅二棟（主屋一棟、離座敷一棟）附門一棟、棟札一枚	市	有形文化財（建造物）
38	人穴浅間神社	—	未指定
39	人穴富士講遺跡	市	史跡
40	御中道	国	特別名勝指定地内
41	三保松原	国	名勝
42	日本平	国	名勝

心とする国中（くになか）地域と呼び、東側を郡内（ぐんない）地域と呼んでいる。富士山北麓とは、大正時代からの北麓開発の概念から、郡内地域の南西側（南都留郡域）とその西側に連なる旧西八代郡域を指す。このような地形と歴史を踏まえ、富士山の世界文化遺産としての価値を証明する文化財を、南都留郡・旧西八代郡域に所在するものと限定的に考えるようになった。つまり、御坂山系から東側で富士山北麓を中心に広がる富士山の溶岩と火山灰の地域である。そしてこの地域の自治体である富士吉田市・富士河口湖町・山中湖村・忍野村・鳴沢村・西桂町・身延町、それに山梨県をメン

バーとする「山梨県富士山世界文化遺産登録推進協議会」が組織された。

この協議会の運営費は半分を山梨県が、残りを市町村で分担金として負担することとなった。静岡県側にはないこの分担金制度は、協議会運営費の負担が構成自治体の追加を困難としたともいえ、登録に向けた活動に一定の影響が与えたことは否定できない。

世界文化遺産の構成資産候補として暫定リスト（表 2）に掲げられた文化財は、文化財保護法によってその保全が図られることが前提である。言い替えると国の指定文化財であることが求められたのであるが、県又は市町村指定文化財の中で、登録に不可欠な文化財は、新たに国指定の文化財にする必要が生じたのである。文化財保護法による新規指定は、その手続きに相当の時間を必要とするため世界文化遺産登録作業に少なからぬ影響が懸念されることとなった。まず第 1 に指定予定地内の土地所有者及び様々な権利を有する方々から指定同意を得ていく作業に要する時間が、世界遺産登録の目標年を遅らせてしまうことである。第 2 に文化財の価値を証明するとともにその保護保存に必要な範囲が、世界文化遺産登録推進協議会メンバーの自治体である御坂山系以東の富士北麓地域に限定できないと協議会メンバーの拡大が必要となり、その調整のための時間が必要となる。つまり時間という課題だった。これを前提に、平成 18 年 11 月に構成自治体による構成資産の洗い出しが行われた。(表 3)

両県学術委員会が検討を進めた結果、国指定文化財を構成資産候補とした富士山の価値証明が、「信仰の山」と「芸術の源泉」という二つの論点からなされることとなると、この抽出表ではその説明に必要不可欠な資産候補にいくつかの課題が発生した。

1）富士信仰の巡礼行為としての八海巡りの中心であり、更に芸術の源泉でもある湖が国の名勝に指定されていない。

2）富士信仰の地域拠点であった各浅間神社では、建造物の国指定はあるものの、境内地が国史跡の指定を受けていない。

3）芸術の源泉である展望地も国の名勝地ではない場所がある。
と整理できる。

1）については、内八海と命名された湖の中で富士五湖以外の、泉瑞と明日見湖は当時の姿を留めていないこと、四尾連湖は富士山を遠望できない等の理由[1]から名勝指定候補から除外して、山中湖・河口湖・西湖・精進湖・本栖湖の所謂富士五湖を名勝指定して、構成資産に組み入れることとなった。

四尾連湖（一瀬一浩氏撮影）

2）については、富士北麓の主要な浅間神社である河口浅間神社・御室浅間神社・北口本宮冨士浅間神社の各境内地を史跡指定して構成資産に入れることとなった。これ以外にも下吉田の小室浅間神社や上吉田の幾つかの寺院等は検討されたものの除外された。

3）については、三ツ峠・御坂峠等の展望地が候補となり検討された。しかし、昭和初年に評価されたような富士山の展望は、林相の変化（林業経営の変化）によって確保できず国の名勝指定が困難なことから今回は除外された。

なお、国中（甲府盆地）から河口湖畔に至る鎌倉海道の要衝である御坂峠は、河口浅間神社の一ノ鳥居が建てられていた場所で、富士山参詣の入り口に当たる場所であることから、まず史跡指定を行った。さらに、史跡指定地からは離れているが御坂峠の甲府盆地側には、石畳を伴う古道があり役行者の石仏がある行者平と呼ばれる場所等富士信仰の足跡を多数伝えているので、今後の検討が不可欠だと思われた。

1　四尾連湖は御坂山系の稜線の西側に位置し、世界文化遺産登録推進協議会自治体メンバー外のため、検討から除外されたとも指摘された。

表３　山梨県各市町村から洗い出された価値を表す文化財（市町村別）

番号	名称
富士吉田市	
富士吉田 01	吉田胎内樹型
富士吉田 02	躑躅原のレンゲツツジおよびフジザクラ群落
富士吉田 03	北口本宮冨士浅間神社　拝殿、幣殿
富士吉田 04	北口本宮冨士浅間神社　神楽殿
富士吉田 05	北口本宮冨士浅間神社　手水舎
富士吉田 06	北口本宮冨士浅間神社　社務所
富士吉田 07	北口本宮冨士浅間神社　随神門
富士吉田 08	北口本宮冨士浅間神社　摂社　福地八幡社
富士吉田 09	北口本宮冨士浅間神社　摂社　諏訪神社拝殿
富士吉田 10	小佐野家住宅（主屋・蔵）附家相図一枚
富士吉田 11	外川家住宅二棟（主屋一棟、離座敷一棟）附門一棟、棟札一枚
富士吉田 12	懸仏
富士吉田 13	八葉九尊図
富士吉田 14	月珀（げつがん）御身抜
富士吉田 15	食行身禄像・北行鏡月像・仙行伸月像
富士吉田 16	浅間坊の神殿
富士吉田 17	木花開耶姫命像
富士吉田 18	富士山牛玉
富士吉田 19	行衣
富士吉田 20	マネキ
身延町	
身延 01	七面山（1,989 m）随身門　本堂（敬慎院）
身延 02	身延山（1,153 m）奥の院思親閣
身延 03	八紘嶺（1,918 m）
身延 04	富士見山（1,640 m）富士見山展望コース
身延 05	蛾ヶ岳（1,279 m）
身延 06	大平山（1,188 m）
身延 07	三方分山（1,422 m）
身延 08	竜ヶ岳（1,485 m）
身延 09	雨ヶ岳（1,772 m）
身延 10	毛無山（1,964 m）

番号	名称
身延 11	雪見ヶ岳（1,605 m）
身延 12	三石山（1,173 m）
身延 13	身延川裏富士
身延 14	浅間神社（西嶋）
身延 15	浅間神社（宮木）
身延 16	浅間神社（岩欠・北川）
身延 17	浅間神社（切房木）
身延 18	浅間神社（水船）
身延 19	富士信仰碑
身延 20	富士信仰碑
身延 21	富士信仰碑
身延 22	内八海ルート
身延 23	日蓮聖人と富士山
身延 24	甲斐金山遺跡中山金山
西桂町	
西桂 01	三ツ峠
西桂 02	食行身禄尊百五十年
西桂 03	身禄茶屋
西桂 04	食行身禄
西桂 05	冨士登山道
忍野村	
忍野 01	忍野八海
忍野 02	木造女神坐像 (伝木花咲耶姫)　木造男神坐像 (伝鷹飼及犬飼)
忍野 03	忍野浅間神社のイチイ群
忍野 04	忍草のツルマサキ
忍野 05	忍草富士浅間神社本殿と棟札
忍野 06	内野富士浅間神社本殿と棟札
忍野 07	承天寺鐘楼
忍野 08	忍草浅間神社金剛力士像
忍野 09	内野富士浅間神社御神像
忍野 10	内野富士浅間神社御輿と記録
忍野 11	忍草富士浅間神社御輿と記録
忍野 12	忍草浅間神社大鳥居額

番号	名称
忍野 13	内野の獅子神楽舞
忍野 14	忍草の獅子神楽舞
忍野 15	内野富士浅間神社の大トチ
忍野 16	忍草富士浅間神社大ケヤキ
忍野 17	内野の大イチイ
忍野 18	古本尊聖観音菩薩座像
忍野 19	元八湖再興の碑
忍野 20	原地区の田園地帯
忍野 21	二十曲峠
忍野 22	鐘山の滝・光鱗の洞穴
忍野 23	東圓寺古文書
忍野 24	富士講関係古文書
忍野 25	万宝院関係古文書
忍野 26	？古文書
忍野 27	？古文書
山中湖村	
山中湖村 01	山中のハリモミ純林
山中湖村 02	フジマリモ
山中湖村 03	平野口留番所址
山中湖村 04	山中口留番所址
山中湖村 05	富士講「鯉奉納碑」
山中湖村 06	念仏堀
山中湖村 07	句碑
鳴沢村	
鳴沢 01	鳴沢の熔岩樹型
鳴沢 02	神座風穴附蒲鉾穴および眼鏡穴
鳴沢 03	鳴沢氷穴
鳴沢 04	大室洞穴
鳴沢 05	軽水風穴
鳴沢 06	溶岩球（LAVA BALL）群
鳴沢 07	魔王天神社
鳴沢 08	元禄裁許状
鳴沢 09	氷池白大龍王碑

番号	名称
富士河口湖町	
富士河口湖 01	竜宮洞穴
富士河口湖 02	西湖蝙蝠穴およびコウモリ
富士河口湖 03	本栖風穴
富士河口湖 04	富岳風穴
富士河口湖 05	富士風穴
富士河口湖 06	船津胎内樹型
富士河口湖 07	冨士御室浅間神社
富士河口湖 08	河口浅間神社
富士河口湖 09	御坂峠（(鎌倉街道（御坂路））・御坂城）の展望地
富士河口湖 10	天下茶屋および太宰治文学碑周辺の展望地
富士河口湖 11	三ッ峠山
富士河口湖 12	母の白滝
富士河口湖 13	河口稚児の舞
富士河口湖 14	孫見祭り
富士河口湖 15	河口浅間神社の七本杉
富士河口湖 16	産屋ヶ崎
富士河口湖 17	嘯山山頂・小御嶽神社周辺の展望地
富士河口湖 18	巌谷小波の句碑
富士河口湖 19	武田晴信願文
富士河口湖 20	武田信玄願文
富士河口湖 21	西湖いやしの里根場周辺の展望地
富士河口湖 22	十二ヶ岳
富士河口湖 23	竜ヶ岳
富士河口湖 24	精進ホテルとパノラマ台
富士河口湖 25	大杉地区樹型記念物重要資料№ 69 ～ 82 ほか溶岩樹型群
複数の市町村にまたがる文化財	
	富士山原始林（含青木ヶ原樹海）
	吉田口登山道
	船津口登山道
	鎌倉往還

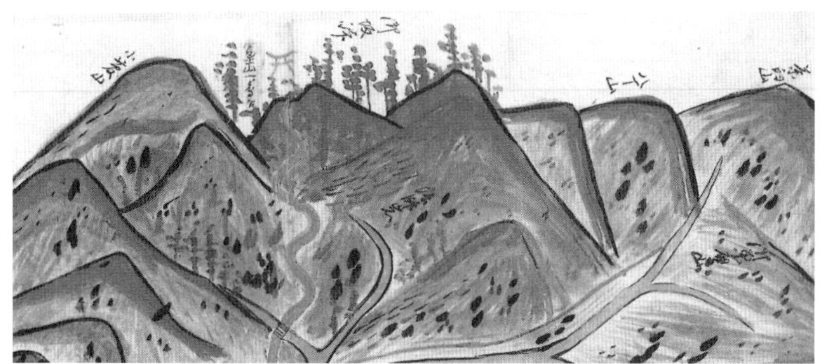

河口村絵図（部分）（『都留市史』資料編　昭和 63 年より）

行者平の役行者石像（笛吹市御坂町）

山梨県側の構成資産の確定

山梨県側では、多くの構成資産候補（文化財）が国指定ではあったが、既に記したとおり文化財に指定されていない富士信仰の参詣道の沿道に連なる富士五湖（山中湖・河口湖・西湖・精進湖・本栖湖）の名勝指定の手続きと富士信仰の拠点を史跡に指定するための調査及び測量作業が進められた。

確定した構成資産は、富士山頂から御中道下500 mの範囲を中心とした特別名勝富士山の指定地、その北西山麓側に広がる富士山原始林とそれに連なる名勝富士五湖の内の本栖湖・精進湖・西湖が一群をなしている。その東にある富士五湖最大の河口湖、この東畔には河口浅間神社、南畔には御室浅間神社がある。山頂から北東に伸びる吉田口登山道とその北西側に点在する多数の溶岩洞穴、そして登山道の起点に位置する北口本宮冨士浅間神社と二棟の御師住宅がある。また富士東麓には、山中湖とその北に点在する忍野八海がある。

以上が山梨県側の構成資産であるが、富士山の価値をさらに高めて後世に伝えていくために、今後も継続的な調査の必要性について、以下に記述する。

仏教からの富士信仰について

富士信仰についは、浅間神社以外にも仏教の各宗派が積極的に活動してきた歴史がある。富士山を開いたと伝えられる役行者像を祀るのは真言宗系寺院であるが、構成資産が浅間神社に限定されている現状を考えると、今後は寺院の富士山に関わる活動の調査も行う必要がある。

浅間神社の分布と役割

「浅間神社が祭られている場所は溶岩流の先端であり、その場所が重要だ」[2]と指摘されており、これは溶岩流の流れを食い止めた、噴火の神様を鎮めることができた力があると考えられた場所であったと考えられ、神社の立地を総合的に調査していく必要がある。

参詣道について

富士山の山体に伸びる登山道（参詣道）を構成資産としたが、参詣道は山麓を遠く離れた地域にまで続いており、その沿線には関係する史跡が点在しているので、今後とも調査を進めていくべきと考える。

御坂峠東側からみた富士山と河口湖

2　室伏徹氏の発言

4　構成資産の選定〈静岡県〉

小 野　聡

学術委員会設置から「暫定リスト提案書」まで

平成18年（2006）５月、富士山世界文化遺産登録推進両県合同会議（以下、両県合同会議と略す）において、静岡・山梨それぞれの県に学術委員会を、さらに各県における検討を審議する二県学術委員会を設置し、富士山の世界文化遺産登録に向け、具体的な動きが始まった。

第１回静岡県学術委員会（５月開催）では、「富士山を巡る世界遺産登録の動き」を、自然遺産関係及び文化遺産関係の双方から踏まえたうえで、「富士山の文化や自然環境、景観を保全し、人類共通の財産として後世に継承していくため、できるだけ早期に世界文化遺産登録を目指す」ことを確認した。また、登録までに必要な手続きや流れ等を整理し、第１目標として、我が国の世界遺産候補であることを示す「国暫定リストへの登載」を目指し取組を推進することとした。そのためには、各県及び二県の学術委員会において、富士山の文化的価値の証明、登録範囲の設定等に関する検討、評価を行い、両県合同会議での審議を経て、暫定リストの素案として作成し、文化庁へ提出する必要がある。まず、各県学術委員会で、地元資産を洗い出し、調査・検討・評価を行い、遺産登録周辺環境及び登録範囲を検討する。二県学術委員会では、各県の学術委員会による評価等を基に、全国的、国際的な視点から世界遺産登録に向けての課題等を踏まえつつ、登録方針の策定、価値の証明、登録範囲の検討等を行い、暫定リスト素案、推薦書素案を調整することとした。

第１回各県学術委員会での検討結果を踏まえ、第１回二県学術委員会

（６月開催）で取組推進の方向性を確認した。続く、第２回本県学術委員会（７月開催）及び第２回二県学術委員会（８月開催）では、それぞれ現地調査を行い、委員の意見を聴取した。

こうした折、文化庁は、文化審議会文化財分科会において「世界文化遺産特別委員会」の設置を決定した（９月)。従来、国が行っていた選考手続きに、都道府県・市町村からの推薦を入れることとなり、全国の地方自治体向けに「世界文化遺産に係わる説明会」が開催された。10月から11月末にかけて候補物件を受付けた後、審査・選定し、平成19年（2007）２月１日までに国連教育科学文化機関（ユネスコ）に提出されるというスケジュールが公表された。富士山の世界文化遺産登録早期実現のため、学術委員会での検討を早め、暫定リスト素案の文化庁提出に向けて準備を進めた。

第３回県学術委員会（9月）を両県合同で開催、暫定リストの書式に基づいた資料を作成して検討、続いて第３回二県学術委員会（10月開催）において、暫定リスト素案の原案を決定した。その際、各県及び二県学術委員会から、登録に向けた国文化財指定や周辺環境の適切な保全、住民の理解を得ることに加え、登録後も専門家の意見が反映される仕組みを整えること等を明記した両県合同会議会長への「提言書」が付けられた。

その後、両県合同会議（11月８日）を開催、「暫定リスト素案」が審議され、国へ提出することが決定した。静岡・山梨両県知事が、文化庁へ「暫定リスト提案書」として提出した（11月10日)。この「暫定リスト提案書」には、「富士山」を世界遺産に推薦する登録コンセプトをまとめるとともに、「資産に含まれる文化財」として静岡・山梨両県あわせて42件を整理表に記載した。このうち、静岡県側では、「駒門風穴、印野の熔岩隧道、白糸ノ滝、湧玉池、楽寿園（小浜池)、柿田川、山宮浅間神社、富士山本宮浅間大社、冨士浅間神社（須走浅間神社)、須山浅間神社、須走口登山道、村山浅間神社、人穴浅間神社、人穴富士講遺跡、三保松原、日本平」の16件の文化財を挙げた。この時点では、構成資産に関する具体的な検討は行っていなかった。

暫定リスト登載決定、構成資産の洗い出し

平成19年（2007）1月、文化審議会文化財分科会世界文化遺産特別委員会による審議が行われ、地方公共団体から提出された24件の候補の中から、「富士山」を含む4件（「富岡製糸場と絹産業遺産群」、「飛鳥・藤原の宮都とその関連資産群」、「長崎の教会群とキリスト教関連遺産」）が、「暫定一覧表に記載すべき資産」として選定された。この4件に対し、「今回の提案書に示された内容では、世界遺産としての資産構成等の観点から十分ではなく、さらに改善を必要とする。（中略）今後、世界遺産一覧表への登録推薦を進める過程においては、以下に示す点に十分留意し、資産構成等に関する改善・充実に努めることが必要である。」とされ、構成資産に関する具体的内容として、「資産全体の完全性を満たすために、構成資産に過不足がないか否か再確認すること」「個別の構成資産について、重要文化財及び史跡等への指定又は追加指定、重要文化的景観又は重要伝統的建造物群保存地区への選定又は追加選定を行い、確実な保護措置を講ずること」が示された。さらに、「富士山」については、「山麓の湖沼・湧水、芸術・文学作品を生む源泉となった周辺の展望地点とその周辺の山岳・丘陵地帯、独特の土地利用形態を表す土地など、山腹及び山麓に分布し、富士山の顕著な普遍的価値を構成する諸要素の構成資産への取り込みが必要」という指摘がなされた。

同年4月、静岡県では、両県合同会議を構成する11市町と富士川町（現富士市）・由比町（現静岡市）に、「富士山の価値構築に伴う資産洗い出し作業」を依頼することとし、当該資産について、5月末日を提出期限とした。これは、6月に開催される世界遺産委員会において富士山の暫定

リスト登載が正式に決定した後、ユネスコへの本推薦に向けた本格的な作業を開始することになり、今後、世界文化遺産としての富士山の価値構築をより精緻に行うとともに、登録資産を検討する必要があるためである。

この洗い出し作業の結果、７市５町から「富士山の価値を示す文化財」として、自然系 27 件、人文系 42 件、その他 130 件の合計 198 件が挙げられた。

こうして関係市町から挙げられた「富士山の価値を示す文化財」を整理し、各県学術委員会及び二県学術委員会での審議を重ねた。

構成資産の選定（追加及び除外）に関する検討

静岡県側における構成資産の選定（追加及び除外）に関する検討について、それぞれ述べたい。

溶岩関係

溶岩関係では、富士宮市の「万野風穴」、御殿場市の「駒門風穴」と「印野の熔岩隧道」を追加した。

「万野風穴」は、万野溶岩流中に形成された総延長 908 m の溶岩洞窟で、大正 11 年（1922)、国天然記念物に指定されている。江戸富士講一派である東講の人々が造立した大日如来の石造物があることから「大日穴」とも呼ばれ、富士山信仰との関わりが認められる。観光名所としても知られていたが、現在は保護のため閉鎖されている。その後の検討により、「万野風穴」については、風穴上部に道路や工場が位置しており、宅地開発等が進み、周辺環境に課題があることから除外した。

「駒門風穴」は、約１万年前に流出した三島溶岩流の表面が冷え固まった後に内部の熱い溶岩が流れ出した風穴である。本洞は全長 291 m で開口部は１ヶ所、肋骨状溶岩や溶岩鍾乳石が見られる。大正 11 年

(1922)、国天然記念物に指定された。富士山の信仰との関わりを示す記録及び富士山の芸術との関わりが確認されていないことに加え、風穴上部の宅地開発等により周辺環境に課題があるため、構成資産とはしないこととした。

「印野の熔岩隧道」は、溶岩流の表面が冷え固まった後に内部の熱い溶岩が流れ出して形成されたもので、開口部が２ヶ所ある。全長 155 mのトンネル状の形を人間の体内に見立て、「御胎内」と呼ばれている。昭和２年（1927）に国天然記念物に指定された。肋骨状溶岩や溶岩鍾乳石の他、富士講信者が奉納した石造物が見られ、富士山信仰との関わりが認められるが、東富士演習場内に位置していることから除外した。

また、三島溶岩流により造られた滝である「鮎壺の滝」と「五竜の滝」を追加した。「鮎壺の滝」は、三島溶岩流末端に形成された滝で、厚さ約２mの溶岩が４枚ほど重なり、落差およそ８mの滝をつくっている。溶岩断面が観察でき、富士山の溶岩の特徴がわかるものである。「五竜の滝」は、５つの滝の総称で、三島溶岩流の断面を観察でき、幅約 100 m、高さ約 12 mの間に溶岩層が何層も重なっている。滝にはそれぞれ「雪解」・「富士見」・「月見」・「銚子」・「狭衣」の名が付けられている。

文化庁から、「鮎壺の滝」と「五竜の滝」は、富士山の溶岩流の縁辺部に形成された一群の滝として、単体での国指定は難しいが、セットで国の天然記念物に指定することを推進すべきという見解が示され、沼津市・長泉町、裾野市との協議を進めた。しかし、その後の検討により、この両滝については、周辺の市街地化など、景観や環境等に課題があること、また、富士山への信仰、芸術作品との関連を示す資料は確認できず、構成資産から除外した。

自然崇拝関係

自然崇拝関係では、「千居遺跡」と「大鹿窪遺跡」を追加した。

資料1　各市町から洗い出された価値を表す文化財一覧

具体的事象		名称
神聖性・美に関わる自然的要素	山体	○富士山
	溶岩関係	○万野風穴
		○駒門風穴
		○印野の溶岩隧道
		景ヶ島渓谷
		景ヶ島渓谷屏風岩の柱状節理
		富士山芝川溶岩の柱状節理
		ポットホール
		愛染院跡の溶岩塚
		厚原風穴
		不動穴
		岩波風穴
		須山十里木氷穴
		釜口峡
		花川戸滝の大淵溶岩
		立原淵の入山瀬溶岩
		縄状溶岩
		新穴
		窓穴
		中野台溶岩
		溶岩洞窟
		朝霧高原のショーレンドーム
		芝川のポットホール（甌穴）
		割り狐塚
	湧　水	○白糸ノ滝
		○湧玉池
		○小浜池
		○柿田川
		○鮎壺の滝
		○五竜の滝
		三島湧水群
		吉原湧水群
		富士宮湧水群
	植　生	狩宿の下馬ザクラ
		岡宮浅間神社のクス
		宝永のスギ
		村山浅間神社の大スギ・イチョウ
		須走浅間のハルニレ
		須山浅間神社社叢
		須山田向十二社神社社叢
		富士浅間神社のエゾヤマザクラ
		冨士浅間神社の根上がりモミ
自然崇拝	遥拝関係	○千居遺跡
		○山宮浅間神社
		○大鹿窪遺跡
浅間信仰	浅間神社	○富士山本宮浅間大社
		○富士山本宮奥宮
		○山宮浅間神社
		○須山浅間神社
		○富士浅間神社（須走浅間神社）
		芝本町浅間神社
		岡宮浅間神社
		中日向浅間神社
		上野浅間神社
		迎久須志之神社
		古御岳神社
		相沼富士浅間神社
		三嶋大社
		滝川浅間神社
		今宮浅間神社
		富知六所浅間神社
		日吉浅間神社
		入山瀬浅間神社
		米之宮浅間神社
		富知神社
		若之宮浅間神社
		二之宮浅間神社
		金之宮
		若宮八幡宮
		悪王子神社
修験道等の信仰に関わる場・儀式等	山体	○富士山
	登山道等	○大宮・村山口登山道
		○富士山頂信仰遺跡
		三島ヶ岳経塚及び出土遺物
		○須走口登山道
		○お鉢巡り
	浅間神社	○村山浅間神社（大日堂含む）
		○須山浅間神社
		冨士浅間神社大日堂
	寺院	東泉院跡
		妙善寺
	修行の場	○印野の溶岩隧道
		修験道跡地
	水垢離場・禊場	○湧玉池
		○村山浅間神社境内水垢離場
		富士山入峰修行
	民俗・芸能等	－
富士講	御師関係	人穴御法家（赤池家）の門
	浅間神社	○冨士浅間神社社殿
		○須山浅間神社
		芝山浅間神社
		○人穴浅間神社
	修行の場	○人穴富士講遺跡
		○白糸ノ滝
		○御中道
	参詣する場	○人穴富士講遺跡
		○白糸ノ滝
		○万野風穴
		○印野の熔岩隧道
		八海巡り（須津湖）
		富士塚
		たきの台

凡例：網掛け　暫定リスト素案に掲載した富士山の普遍的価値を表す具体的事象の例
　　　○　　　構成資産候補としてする追加検討した文化

具体的事象		名称
富士講	民俗・芸能等	竹之下太鼓
		岩渕の鳥居講
		善龍寺の喚鐘
		お札の版木
		神前さん
展望・景観関係・その他		○三保松原
		○日本平
		三島市内眺望地点
		はたご池からの富士山
		帯笑園
		大根干しと富士山
		今宮から望む茶畑と富士
		田貫湖（展望地）
		朝霧高原の酪農
		猪之頭の養鱒場・ワサビ園
その他（動産）	絵画	絹本著色富士曼荼羅図
		朝焼けの富士
		富士浅間曼荼羅図
		神戸麗山筆富嶽図
		奥村土牛作「富士宮の富士」
	彫刻	大日如来坐像
		役行者倚像
		不動明王立像
		虚空蔵菩薩像懸仏
		大日如来二尊像懸仏
		薬師如来像懸仏
		廃仏毀釈で富士山中より降ろされた仏像
		懸仏
	工芸品	浮島沼周辺の農耕生産用具
		三四呂人形
		長坂遺跡出土遺物
		宝永噴火遺物
	その他（文書・句碑を含む）	須山浅間神社棟札
		相沼富士浅間神社の棟札
		雲霧集
		富士山噴火に関する古文書
		大泉寺と富士山旧五合目の題目塔
		富士山東表口開鑿記念碑
		二股村石経塚
		御神幸道と標石（丁目石）
		人穴道及び道標
		村山道（吉原道）と道標
		「不二山御麓一心山窟」道標
		松尾芭蕉の句碑
		三島水辺の文学碑
		上田五千石句碑
		高浜虚子歌碑
		オールコックの富士登山
		パークスの富士登山
		三椏栽培記念碑

具体的事象		名称
その他（動産）	その他（文書・句碑を含む）	スタール博士碑
		芙蓉台・富士ビレッジ・富士見台
		阿部雲気流博物館資料
		富士山気象観測資料
		富士の巻狩
		『曽我兄弟の仇討ち』と『曽我物語』
		富士の人穴草子
		スタール博士着用衣類及び納札
		各小中学校の校歌
		富士山本宮浅間大社秋の例大祭と富士宮囃子
		富士山本宮浅間大社流鏑馬
		富士登山開山式
		農兵節
		御田植祭
		石原の番屋（番屋づくり）
		木島投げ松明
		大北区川カンジー（川灌頂）
その他（不動産）	建築物	大石寺五重塔
		大石寺三門
		大石寺御影堂
		本門寺
		妙蓮寺の表門及び客殿
		水神
		久遠寺
		水神社（伊奈神社）
		伊奈神社
		富士山西山本門寺
		福石神社
		三島測候所
		古谿荘
		旧小休本陣「常盤邸」
	史跡	新大宮口登山道（現富士宮登山道）
		元富士大宮司居館跡（史跡）
		大宮浅間神社旧神職社僧屋敷（消滅）
		大宮道者坊（消滅）
		村山三坊跡及び修験集落
		かぐや姫関連史跡（東泉院跡・竹採塚・滝川浅間神社）
		かぐや姫関連史跡（富知六所浅間神社・今宮浅間神社）
		かぐや姫関連史跡（中里八幡宮・飯森浅間神社・寒竹浅間神社）
	その他	雁堤
		鷹岡伝法用水
		猪土手
		北山用水
		潤井川から掘り出された埋れ木
		東山湖
		製紙原料搬出用の木馬道・ゴロ道

凡例：網掛け　暫定リスト素案に掲載した富士山の普遍的価値を表す具体的事象の例
　　　○　　　構成資産候補としてする追加検討した文化

資料２　市町洗い出し結果

市町名	総数	検討対象要素			その他
		計	自然系（国未指定）	人文系（国未指定）	
富士市	29	14（14）	5（5）	9（9）	15
富士宮市	86	24（20）	5（2）	19（18）	62
裾野市	9	6（6）	5（5）	1（1）	3
御殿場市	9	2	2	0	7
小山町	22	7（7）	0	7（7）	16
三島市	18	5（4）	3（2）	2（2）	13
沼津市	5	2（2）	1（1）	1（1）	3
長泉町	2	1（1）	1（1）	0	1
清水町	1	1（1）	1（1）	0	0
芝川町	7	3（3）	1（1）	2（2）	4
富士川町	8	2（2）	1（1）	1（1）	6
由比町	0	0	0	0	0
静岡市	2	2	2	0	0
計	198	69（60）	27（19）	42（41）	130

「千居遺跡」は、縄文中期後半の住居跡群と配石遺構群が特徴で、帯状列石は富士山に向かって40ｍ以上続き、大きな石が直線状に並んでいる。立石を伴う環状配石も発見されている。昭和50年（1975）、国史跡に指定された。しかし、富士山との直接的な関連性や配石遺構が祭祀の場であったことを確実に立証する物的証拠が無いこと、縄文時代の配石遺構について祭祀場説・墓標説・天文説など諸説があり、また、縄文時代の配石遺構と後の浅間信仰との関連性を証明する遺構等も確認されていないことなどから、構成資産から除外した。

「大鹿窪遺跡」は、竪穴住居跡が溶岩流に向き合うように馬蹄形に並ぶもので、その開口部には溶岩を同心円状に積んだ配石遺構があり、延長線上に富士山を仰ぎ見ることができる。集落の形をしている遺跡としては国内最古の縄文草創期のものだと考えられている。「定住生活開始時期の集落跡で、溶岩や埋没谷など当時の地形が残り、土器や石器とともに当時の生活を想定させる貴重な資料を提供し、同時期の住居構造を考える上で極めて重要な遺跡である」として、平成20年（2008）３月、国史跡に指定された。しかしながら、富士山との直接的な関連性や配石遺構が祭祀の場であったことを確実に立証する物的証拠がないことや、配石は付近の溶岩を利用しており、縄文中期以降の石の扱いと異なることから、祭祀的な位置づけには懐疑的な意見もあることを考慮し、構成資産から除外した。

登山道

登山道として、「大宮・村山口登山道」を追加した。

富士山本宮浅間大社境内の湧玉池で水垢離をした後、社殿右手から山宮へ続く神幸道を進み、神幸道と分岐して村山へ至り、村山浅間神社西側の六道坂が起点となる登山道である。かつて大宮（富士宮市の中心部）には 30 坊（享保・天文年間）、村山には約 600 戸の家屋と大鏡坊をはじめ３坊が存在し、富士登山の一大拠点となっていた。江戸時代末期の 1860 年、英国公使オールコックが、村山道から富士登山を行い、外国人による富士山初登頂がなされた。この登山道は、東海・関西方面からの登山者が多かったが、明治 39 年（1906）に新大宮口登山道が開かれると利用者が減少した。村山浅間神社より上方の登山道には建物跡が存在するが、その遺構は断片的で保存状態も良くない。富士宮市による調査が行われたが、旧道の位置が不明確な部分が多く、線としてたどることは難しい。真実性の観点から、現在の富士宮口登山道新六合目から山頂に至る部分を構成資産とした。

富士山信仰関係

富士山信仰に関係するものとして、富士市鈴川にある「富士塚」を検討した。この塚は、室町時代から江戸時代、富士山で修行する修験道者が海岸で水を浴び、浜辺の小石を積み上げて富士登山の安全を祈り築かれた。頂部には「浅間宮」と刻んだ石祠があり、富士山遥拝を意識して祀られていたと考えられる。現在、上部はコンクリートで固められ改変されている。平成 21 年（2009）度、詳細な測量図を作成し、５箇所のトレンチによる発掘調査が実施された。北側・東側の調査箇所から、富士塚基底部を構成する浜石の集石の広がりが確認された。現状の規模は、直径約 16 m、高さ約４m であるが、これにより直径約 21.6 m程度になる。富士市では、富士塚本来の広がりや内部構造を確認するための調査を検討していたが、文化庁から、発掘調査について慎重にすべきであるとの意見が付された。史料が乏しく真実性の観点や、富士山の顕著な普遍的価値を証明するために不可欠であるとは認められないことから、構成資産の検討対象から除外した。また、「史跡富士山」の構成要素とすることが可能かどうかを検証するため、文化庁との現地視察及び協議の結果、現時点では要素としないことを確認した。また、同時に、富士市に所在する「東泉院跡」と「富知六所浅間神社」の視察も行ったが、現状では「史跡富士山」の構成資産候補に加えるのは困難であるとの見解を得た。

鈴川の富士塚

湧水関係

湧水に関係するものとして、三島市に所在する「楽寿園（小浜池）」を追加した。楽寿園は、小浜池を中心とする日本式庭園で、江戸時代初めに水戸光圀が湧水や自然の林を利用してつくったといわれ、昭和 29 年（1954）、国「天然記念物及び名勝」に指定された。新富士山旧期溶岩流のひとつである三島溶岩流（約１万年前）が山頂付近からここまで約

35 km 流下し、その末端からの湧水が小浜池の源となっている。酸素・水素同位体による調査では、湧水の水源は富士山東側の標高 1,000 mかそれ以上の場所の降水が溶岩層間にしみ込み、およそ 10 ~ 15 年かって、高低差による水圧で溶岩末端から押出されるように湧き出すと考えられている。多いときは日量 10 ~ 15 万㎥、1 年を通じ約 15 ℃の清冽な湧水が溶岩中から湧出しているが、近年では涸渇する日数も多くなってきた。JR 三島駅前に位置し、周辺の市街地開発が進んでいることから、緩衝地帯の設定に課題がある。富士山の顕著な普遍的価値を証明するために不可欠であるとは認められないことから、構成資産の検討対象から除外した。

富士山麓の土地利用

次に、文化審議会において指摘のあった「富士山麓の土地利用」に関する検討経緯について述べたい。

平成 20 年（2008）3 月、平成 19 年度第 2 回二県学術委員会において、「文化創造の源に関係する資産」の「土地利用関係」の分類のうち、「耕作地等」として検討したが、富士山の価値を表わす具体的事象との結びつきを説明できず、候補としては認められなかった。同年 8 月、平成 20 年度第 1 回二県学術委員会において、「富士山裾野の土地利用」として、「構成資産とすることに向けた課題及び現状等」を、「調整中」のものとして検討した。同年 11 月、第 2 回静岡県学術委員会において、25 の構成資産候補に加え、「富士山裾野の土地利用」及び「側火山群」を検討した。

「富士山裾野の土地利用」に関しては、富士市から提案のあった「今宮から望む茶畑と富士山」、富士宮市から提案された「朝霧高原」及び「田貫湖」の計 3 件について、詳細な検討を行った。

「茶畑」については、複数の地区から富士市の大淵・今宮地区を選び検討した。この地域は、斜面地に広がる茶園とその背後にそびえる富士山の組み合わせが、静岡らしさを感じられる景観であることから、富士山の撮影ポイントとして認知されている。富士山麓には、「ヤマチャ」が自生していたが、本格的な栽培が始まったのは、庶民の嗜好品として茶の需要が広まる江戸時代初頭からである。富士市では、大淵・今宮地区をはじめ岩本地区や船津地区でも茶栽培が始まり、茶の産地が形成され、山梨方面や神奈川方面へも販売されていた。その後、開国により茶の需要はいっそう高まり、明治時代になると、茶は絹とともに日本の輸出品の主力となり、さらに茶園の開拓が盛んになった。中でも清水次郎長が大淵地区の山林を開墾し、茶と桑を植えたことはよく知られており、現在でも地名に残っている。戦後、国営事業として満州引揚者、復員、戦災者などの入植による開拓を経て、茶園は増加していった。昭和30年代、高度経済成長による国内消費の拡大により、茶栽培は好況期を迎えた。この時期、煎茶としての品質が極めて優良な「やぶきた」と呼ばれる新品種の導入が行われ、茶の品質も向上した。昭和40年代になると、東名高速道路建設や宅地開発などにより、茶園の面積・収穫量は減少していった。大淵・今宮地区は、斜面地に広がる茶園とその背後にそびえる富士山の組み合わせが、静岡らしさを感じられる景観であることから、富士山の撮影ポイントとして認知されている。

茶畑と富士山

「朝霧高原」は、鎌倉時代、源頼朝が巻狩りを催した場所として伝えられている。あたり一面原野が広がり、集落の入会地として草刈場や薪などの採取地に利用されてきた。大沢扇状地の扇端にあたる上井出や人穴には、中道往還が南北に通過することから街道の宿駅としての集落が見られたが、火山特有の自然条件のもと、大半が未開発の土地として時代を経てきた。第二次世界大戦中には、上井出財産区をはじめ、入会地、個人所有の民地が接収され、陸軍少年戦車兵学校や西富士演習場などの軍用地として利用された。終戦とともに、軍用地としての使命を終え、政府の緊急開拓実施要領に基づき、昭和22年（1947)、朝霧高原一帯は開拓地として利用されることになった。これらの開拓事業は、戦後の食料問題を解消し、失業者や大陸引揚者の救済を図る目的があった。開拓地は、いくつかの地区に分割され開拓事業が進められた。現在、広々とした牧草地が続く富士丘地区、萩平地区、広見地区は、長野県下伊那郡大下条村（現阿南町）から130余名の入植者を中心に構成され、この3地区を通称「長野開拓団」と呼んでいた。朝霧高原の開拓は、集落を中心に周辺の原野へと進められ、開拓開墾事業は昭和30年（1955）に完了した。開拓団の入植当初は、飲み水にも事欠くなかキャベツや大根などの栽培が行われたが、思うように成果が得られなかった。その後、野菜栽培から酪農経営に切替えられ、昭和28年（1953)、朝霧高原一帯の開拓地は国の集約酪農地区の指定を受けたことにより、上水道をはじめ条件整備が進み、飛躍的な発展を遂げた。最盛期には180戸ほどあった酪農家は、年に5％程度のペースで減少し続け、（聞き取り調査時の）平成19年（2007）当時は55戸である。その理由としては、後継者がいないことや会社勤めをするようになったことによるものが大きい。

田貫湖

朝霧高原は、間近に雄大な富士山を眺望でき、広々とした牧草地の続く牧歌的な風景が見られる場所として認知されている。

「田貫湖」は、水源確保を目的に、昭和10年代、「狸沼」と呼ばれていた湿地帯の一部を堰き止めて造られた灌漑用の人造湖である。東方を流れる芝川は、農業用水として利用されてきたが、水量は不安定でしばしば水紛争が発生していた。そこでその後、幾度となく改修工事が行われ、芝川の流量は安定した。田貫湖は水源確保のために誕生したが、昭和40年代より観光資源として注目されるようになった。東名高速道路（昭和44年(1969）開通)、富士山スカイライン（昭和45年（1970）開通)、富士宮道路（昭和46年（1971）開通）等の主要道路の整備やマイカーの普及により、観光保養地として人気が高まり、レクリエーション施設の建設が本格化した。

景観認知上の特性として、湖面に映る富士山を楽しめるポイントとして知られている。特に、4月と8月の20日前後には、富士山頂から昇る太陽が光り輝いて見える「ダイヤモンド富士」を見ることができるため、写真愛好家からの人気が高い。

いずれも詳細な調査・検討を行ったが、12月の第2回二県学術委員会において、富士山の顕著な普遍的価値を明確にするとともに、「富士山裾野の土地利用」については、構成資産選定の考え方に即さないことから、構成資産候補として検討しないこととした。

側火山群

「側火山群」は、専門家の助言を得ながら、宝永火口（宝永噴火と伊奈神社の関わり)・青沢溶岩（末端の山宮浅間神社との関わり)・大渕丸尾溶岩（末端の今宮浅間神社との関わり)・須山胎内溶岩（須山御胎内との関わり)・万野溶岩（万野風穴との関わり)・犬涼み溶岩（末端の人穴浅間神社・人穴富士講遺跡との関わり）について、信仰面・芸術性の観点からの検討を行ったが、顕著な普遍的価値の証明に課題があることから、構成資産としなかった。

展望地

「展望地」として、「薩埵峠」及び「日本平」に関する検討を行った。

「薩埵峠」は、歌川広重の「東海道五拾三次」(保永堂版)『由井』の浮世絵に代表される富士山の展望地のひとつとして知られる。峠の道は、江戸時代には3つあった。江戸時代以前は、潮が引いたときに波打ち際を駆け抜けるしか方法がなく、これを「下道」と呼んだ。明暦元年（1655)、朝鮮通信使のために崖に道を切り開いたものを「中道」、その後、内陸から山中に道を付けたものが「上道」である。下道→中道→上道の順で人々に利用されてきたが、幕末に起きた安政の地震の影響により周辺の海岸線が隆起し、人々は再び下道を利用して興津・由比間を行き来することができるようになった。現在は、鉄道（東海道本線)、国道1号線バイパス、東名高速道路が通じる東海道の大動脈となっている。「薩埵峠」周辺では、道路建設に伴う海岸部埋め立てなどによる景観の改変や、国土交通省による地滑り対策の大規模砂防工事が続けられていること等から、現状の景観維持が難しく、構成資産とはしないこととした。

「日本平」は、昭和34年（1959)、名勝として山頂付近約20 haが国文化財に指定されている。「日本平」は、幕末から四周を見渡し富士山を展望する場所であった。安政年間までに書かれたといわれる「するが土産」の中で日本平からの眺望のすばらしさに注目している。しかし、山頂部にアナログ放送用の電波塔5本が存在していたこと（地上デジタル波への移行により、平成24年（2012）すべて撤去)、平成15年（2003）に新たに建設されたデジタル波放送用鉄塔1本のみとなり、以前に比べればすっきりしたものの、景観が問題となることから、構成資産とはしなかった。

こうした様々な調査や検討、議論を経て、富士山の世界遺産登録に適用する評価基準（iii)、(iv)、(vi）に深く関わる「信仰」及び「芸術性」の観点、保存管理の状況等から、富士山の顕著な普遍的価値を証明する上で不可欠なものとして、両県共通1件（富士山域）及び8件（富士山本宮浅

間大社、山宮浅間神社、村山浅間神社、須山浅間神社、冨士浅間神社（須走浅間神社）、人穴富士講遺跡、白糸ノ滝、三保松原）を静岡県側構成資産に選定した。

構成資産の再検討

ここで、平成22年（2010）度に予定していた、国への推薦書原案提出を延伸したことに伴い、静岡県側においてさらに検討を行った構成資産候補に関して触れておきたい。

静岡県では、除外していた「柿田川」と「大鹿窪遺跡」の２件について、県学術委員会の下に「構成資産検討部会」を設置（平成23年（2011）１月）し、構成資産追加に関する検討を行った。

「柿田川」は、清水町のほぼ中心部を南北に流れる延長1.2 kmの狩野川の支川で、日本最短の一級河川である。この川は、富士山の東斜面で降った雨水や雪解け水が地面にしみこみ、地下水となって湧き出して出来たものである。富士山全体の地下水の量は、１日当たり約500万トンともいわれ、その約２割に相当する１日約110万トンの水が柿田川に湧き出している。柿田川の水は、県東部の沼津市、熱海市など３市２町約42万人の飲料水として、また工業用水や農業用水として利用されている。所在する清水町をはじめ、自然保護団体等の協力も得て、あらゆる角度からの調査・研究に加え、学術委員会委員・海外専門家による現地視察や助言等を得て、慎重に検討を重ねてきた。しかし、川周辺には神社がいくつか点在するものの、富士山信仰との関わりを示す記録は確認されておらず、富士山との芸術面の関わり（富士山と柿田川をテーマに歌が４首詠まれているが、現代の歌人による作である。）ことなどから、富士山の顕著な普遍的価値を証明する上で不可欠ではないものとして、構成資産とはしなかった。

「柿田川」については、「富士山と柿田川の距離が離れていることをリスクと捉える」考え方（シリアルノミネーションに関して保全管理の面から審

柿田川

査が厳しくなっている）と、「遠く離れた場所に湧水が出ていることに価値がある」として評価する考え方があることをふまえ、積極的に評価する案、リスクを回避する案、さらに、構成資産にはしないが将来的に構成資産候補への追加を目指す案の３案を叩き台として、学術委員の意見を伺った。

構成資産に加える場合、富士山が古代から信仰の対象とされていた物証と捉えることにより、現時点での登録コンセプトである「信仰」面をより強固に説明し、富士山の顕著な普遍的価値の証明において、補強材料となる。また、人間と自然との共生を基盤とする日本文化の論理をより強く世界にアピールできる。「水」についての価値証明を行うことは、富士五湖・忍野八海・湧玉池等の価値証明の補完にもなると考えられる。一方、富士山から約 32 km 離れており、富士山と一体となった資産として認知されない可能性が大きい。富士山と連続させた登録範囲の設定は困難であり、イコモス等から保全管理上の問題を指摘される可能性が高い。また、柿田川と他の水に関わる資産との関連性の証明が困難である。「水」の恵みを強調しすぎるとコンセプトの変更や比較研究も必要になり、推薦書提出までに作業を終了させることが困難である。

柿田川　湧水

登拝を中心とする「信仰の山」と、国際的にも影響を与えた「芸術の源泉」という登録コンセプトにおいて柿田川の価値を立証でき

山宮浅間神社

ないか調査を行い、慎重に検討を重ねたが、富士山との関連を示す明確な物証を得られなかった。

「柿田川」については、後世に残すべき貴重な資産であることから、文献、関係者からの聞き取り等の補充調査を行ったが、学術委員会の結論を変更しうる新たな物証は確認できなかった。現在の世界遺産の評価基準においては、柿田川が適切に評価されず、富士山の世界遺産登録に影響を及ぼす恐れがある。

「大鹿窪遺跡」については、配石遺構内部の発掘調査が行われていないため、炉跡（食料施設）である可能性も否定できず、現段階においては遺構の機能についての学術的評価がなされていない。また、石棒・埋甕・石壇などの信仰を物語る遺物が確認されておらず、配石遺構から富士山に対する意識の有無を明確に判断することは現段階においては困難である。大鹿窪遺跡は、縄文草創期における住居跡及び配石遺構としては極めて貴重な事例であるが、現段階においては、半円形に配置された住居跡あるいは富士山方向に配置された配石遺構と富士山への信仰との関わりについての総括的な研究成果が少ないため、今後の研究に待つところが大きい。不確実な証明を根拠として構成資産に加えることにより、富士山の登録自体に与える影響が懸念される。また、富士宮市との間で緩衝地帯の再設定に関する協議が必要となる。

こうしたことから、構成資産検討部会における審議結果は、次のようなものとなった。

「世界文化遺産登録の主体は富士山であり、富士山そのものの世界文化遺産登録を最優先すべきであり、富士山の世界文化遺産登録を優先する観点から、昨年７月の２県学術委員会において決定した構成資産、登録コンセプトでの早期登録を目指すべきである。」

とはいえ、「柿田川」「大鹿窪遺跡」とも、将来にわたって確実に継承していく高い価値がある資産であるため、包括的保存管理計画原案の適所に記述するとともに推薦書原案の適所に記述することとした。また、富士山世界文化遺産登録後に、条件が整い次第追加登録を検討すべきであるとの意見も付与された。

構成資産及び周辺の整備について

世界遺産登録を目指す過程において、構成資産及び構成資産候補の文化財指定及び保存管理計画の策定・改訂等が進み、また世界遺産にふさわしい周辺整備が行われていった。

多くの構成資産が所在する富士宮市では、各神社等に来訪者のためのトイレ兼案内所の施設や駐車場が整備された。

山宮浅間神社では、発掘調査が行われ、土塁状遺構など、境内に複数の遺構が点在することや遥拝所南西側に玉垣内の石列と同時期と考えられる石列も新たに確認された。

人穴富士講遺跡群

人穴富士講遺跡では、倒壊の恐れがあった碑塔が修復され、新たに富士山を眺められる展望場も設けられた。平成30年（2018）８月からは、洞穴の整備により、立入禁止となっていた人穴内部へ入ることができるようになった。

村山浅間神社　富士山興法寺大日堂

村山浅間神社では、大日堂の解体修理が行われ、往時の雰囲気を感じられるようになった。

白糸ノ滝では、滝壺にあった人工物や売店等が撤去され、景観に調和した橋梁と歩経路等が整備された。また、来訪者のためのトイレ兼案内所の施設及び駐車場、富士山と滝を眺めることのできる展望台も整備された。

三保松原では、イコモスの勧告により関心が高まったこともあり、登録前後でその状況が大きく変化した。

世界文化遺産の登録過程において、砂浜の保全に大きな役割を果たしてきた消浪堤の存在が審美的観点において望ましくないとの指摘を受けたことを重く受け止め、砂浜の保全及び背後地の防護と芸術の源泉にふさわしい景観の両立を図るための取組が進められている。

松枯れ防止の対策についても、松くい虫防除や抵抗性マツの植栽、松樹幹への薬剤注入など様々な取り組みが行われ、多くの市民団体や地元住民の方々による清掃活動や保全活動が展開されている。

また、三保松原へ向かう県道は、無数の電線が横切り、富士山方向への眺望を阻害する要因となっていたが、その撤去が進められた。羽衣の松の直近まで大型バスが乗り入れていたが、離れた位置にバス専用駐車場が新たに整備され、団体客はそこから徒歩で「神の道」を経由して松原を訪れるようになった。その「神の道」にも、松の根を保護するとともに歩きやすい木道が設けられた。マイカー駐車場の整備も進められた。登録後まもなく、静岡市によって簡易なガイダンス施設及び観光案内所が設置されていたが、平成31年（2019）3月、「三保松原文化創造センター・みほしるべ」が開館した。展示室、映像シアター、観光総合案内、松原保全事務所などを備え、三保松原の名勝及び世界遺産構成資産としての価値や魅力を発信し、保全活動の大切さを来訪者にガイダンスしている。

富士山と関わりの深い文化財の保存管理・整備活用

世界文化遺産登録のコンセプトにおいて、「信仰の対象」「芸術の源泉」を軸に富士山の価値を証明し、構成資産を選定した。しかし、富士山の価値は、決してそれだけにとどまらない。

白糸ノ滝

三保松原

世界遺産構成資産として選定されなかった多くの自然及び文化財は、富士山と関わりの深い貴重な財産であることに変わりはない。今後も、地元関係者及び市町と連携し、確実な保存管理と整備活用に努めていくことが大切である。

世界文化遺産の構成資産として選定されなかった自然及び文化財とその周辺におい

て、様々な変化が表れている。その一例について述べたい。

「柿田川」は、それまで文化財未指定であったが、世界遺産登録推進の過程において、指定に係る調整や作業を進めた結果、平成23年（2011）９月、国天然記念物に指定され、同時に保存管理計画も策定された。また、柿田川の自然環境の保全・再生を図るため、自然保護団体、有識者、行政からなる「柿田川自然再生検討会」において、「柿田川自然再生計画」が策定され、具体的な取り組みが進められている。

「日本平」では、静岡市と県による整備事業が進められた。日本平デジタルタワーに隣接した施設「日本平夢テラス」が、平成30年（2018）11月にオープンした。３階建ての施設で、１周200 mの回廊からは、富士山や駿河湾、三保松原などを一望することができる。日本平の歴史や文化を紹介する展示エリアも備えられ、来訪者に名勝「日本平」の価値や魅力を発信している。

富士山の世界文化遺産登録に携わらせていただくなかで、『世界遺産登録は、ゴールではなく、新たなスタート』というフレーズを様々な場で何度も繰り返してきたが、まさにこの言葉のとおりであることをあらためて実感している。

本稿を執筆するにあたり、「静岡県世界遺産推進室」立ち上げからのメモや資料、撮影してきた写真等を振り返った。構成資産の選定に関するものはその一部であり、多岐にわたる協議や検討を繰り返し、全力で走り続けながら、様々な事業の展開も並行していた記憶が蘇ってきた。本稿では、学術委員会等における検討を中心に記しているが、関係する多くの方々から様々な理解と協力をいただくことができなければ、構成資産の選定はもちろん、富士山の世界遺産登録実現は不可能であった。殆ど表に出てこない取組や紆余曲折の経緯など、当時の資料や記憶が散逸してしまう前に、ぜひ整理しておきたいと考えている。

そして、いつまでも「富士山が世界遺産に登録されて良かった」と言えるよう、微力ながら関わることができれば幸いである。

5　富士山の世界遺産登録に向けた動き

石原　盛次

富士山世界遺産登録に向けた動きの幕開き

1992年6月に日本国政府が世界遺産条約を受諾し、9月末に発効すると、12月12日には山梨・静岡の自然保護団体で構成される「富士山を世界遺産とする連絡協議会」が発足した。この協議会は1993年4月以降、自然遺産としての富士山の世界遺産登録に向け、地方自治体への陳情や国への要望、国会への請願といった活動を行った。1994年には複合遺産としての登録を目指して署名活動を開始し、3か月間で2,461,736人の署名を集めるに至る。この署名を持って再度国会に請願書を提出し、国に要望も出すが、この時は審議未了で「保留」扱いとなってしまった。その後、協議会の活動は、企業も加わり10月に発足した「富士山を考える会」に引き継がれる。そして12月には衆参両院の本会議で請願が採択され、1ヵ月後に環境庁（当時）と山梨県・静岡県、地元市町村で構成する富士箱根伊豆国立公園富士山地域環境保全対策協議会が発足した。発足後の記者会見で環境庁自然保護局長は「『文化的景観』という新しいジャンルが世界遺産委員会で検討されている。その可能性を追求する。」と述べている。1995年5月19日には、富士山の世界遺産リストへの登録に関する請願の処理について閣議決定された。これは、富士山の世界遺産登録を目指しましょうという方針を政府として決定したということである。

1995年国際フォーラム

閣議決定から4ヵ月後に富士山国際フォーラムが開催された。主催者は、前述の富士山を考える会と富士箱根伊豆国立公園富士山地域環境保全対策協議会に加えて、日本イコモス国内委員会、国立公園協会と地元報道機関で構成する実行委員会である。日本からは環境庁（当時）自然保護局計画課長（鹿野久雄氏）や文化庁記念物課長（水野豊氏）、文化財調査官の本中眞氏のほか、世界遺産条約草案作成に従事した伊藤延男氏（第1章1参照。国際イコモス副会長（当時））や後に国際イコモス副会長に就く西村幸夫氏などの専門家、歌人（上田治史氏）や写真家（大山行男氏）、富士山本宮浅間大社権宮司（金森安彦氏）も参加した。国外からお招きしたのは、ユネスコ世界遺産センター所長のベルント・フォン・ドロステ氏（フランス）、イコモスから副会長のジョアン・ドミッセル氏（オーストラリア）と世界遺産審査責任者であり文化的景観検討責任者でもあるカルメン・アニョン氏（スペイン）、IUCNからは世界遺産担当責任者のジム・トーセル氏（スイス）と世界遺産・文化的景観検討責任者のビング・ルーカス氏（ニュージーランド）の5人。ちなみに、世界遺産センターとは世界遺産条約に関する事務局機能を担う組織で、イコモス（国際記念物遺跡会議）は文化遺産の審査や保護に関する諮問機関、IUCN（国際自然保護連合）は自然遺産に関する諮問機関である。

国際専門家はまず、9月15日午前に静岡県の富士山本宮浅間大社を視察した。その後富士市のロゼシアターに移動し、同日午後から翌16日午前にかけて専門家会議を開催して「富士山の文化的景観の可能性」について議論した。同時に国内の行政機関や専門家などにより「富士山の保護、保全」に関する会議も開催している。16日の午後は一般住民向けにシンポジウムを開催し、ドロステ氏（「世界遺産とは何か」）、アニョン氏（「文化的景観の考え方について」）とトーセル氏（「富士山の保護、保全のために」）の3氏による基調講演の後、ルーカス氏とドミッセル氏、画家の池田満寿夫氏、日本イコモス国内委員会理事、国立公園協会理事長によるパネルディスカッションが行われた。その後17日には山梨県側の県立ビジターセンター（当時）と北口本宮冨士浅間神社、山中湖、忍野八海を、18日には富士山御庭と五合目、富士吉田口、村営足和田村野鳥の森公園（当時）、西湖、河口湖を視察した。

国際専門家会議での議論で、まず富士山をめぐる文化的景観はいかにあるべきか研究するとともに、現実的な討議を踏まえて富士山を取り巻く周辺にバッファーゾーン（緩衝地帯）を設け、文化的景観の基礎となる自然環境をきちんと保護し整備することが必要だという意見が出された。以下に、国際専門家会議のまとめを転記する。

「富士山は日本を代表する優れた自然景観を構成しているとともに、古来富士山信仰にもとづく宗教活動等、詩歌、絵画、映像など多彩な芸術活動の対象とされてきた。その点、自然と文化を総合的に保全するという世界遺産委員会が示している文化的景観の発想と極めて近い存在と言える。自然環境の保全活動をさらに推進し、併せて富士山をめぐる文化的景観についての国民、研究者、行政関係者等の論理の深化を図るべきである」。保全活動をさらに進めなければならないし、信仰や芸術活動の対象としての富士山がどのようなストーリーを紡いでいるのか、文化的景観の観点から議論を深めなければならない、というのが国際専門家たちの指摘だった。

なお、視察終了翌日の1995年9月19日、環境庁長官が記者会見で「富士山の推薦は将来的課題である」と述べた。「すぐには推薦書を出せません」ということである。

国際フォーラム後の動き

国際フォーラム後、富士山の世界遺産登録に向けた熱気は一旦収束する。しかし、世界遺産に向かったベクトルが折れてしまったということではない。地道な保護・保全の重要性を再認識するとともに、文化的景観という新たな概念を念頭に富士山を見つめ直す好い機会となった。

1996年5月には富士山地域美化推進会議が設立され、官民一体、山梨・静岡両県連携の下で富士山クリーン作戦が実施されるようになった。山梨・静岡両県知事は1997年8月に富士山環境保全共同宣言を発表し、「富士山はひとつ」という共通認識の下、連携して環境保全に取り組むことを確認した。そして1998年11月18日、世界に誇る日本のシンボルであり国民の財産として富士山を後世に引き継ぐため環境保全に取り組んでいく決意を表した富士山憲章を制定した。

民間レベルにおいても、清掃活動・不法投棄パトロールや学習活動を行うNPOの富士山クラブが1998年に設立され、2002年には両県の環境保護ボランティア40団体が参加した富士山環境保護ボランティアネットワークが発足した。また、同年、富士山に関する学術研究を行う学術団体として全国の学識者67人が発起人となり富士学会が設立された。

このように、行政・民間を問わず、富士山に関する積極的な活動が国際フォーラム後も進行していった。

そのような中、紀伊山地、石見銀山、平泉を世界文化遺産候補に選定した2000年の文化財保護審議会世界遺産特別委員会において「富士山も将来的に候補として検討すべき」との意見が出された。一方、知床、小笠原諸島等を世界自然遺産候補として選定した2003年の世界自然遺産候補地に関する検討会においては、富士山は最終候補の選から漏れた。

まず、文化遺産候補として検討すべきとされた理由は①富士山信仰が継承されている霊峰、②芸術作品の主題となった秀麗な姿、③畏敬や感銘を与え続ける日本を代表する名山であることが評価されたことである。そして、「多角的、総合的な調査研究の一層の深化」と「(富士山の) 価値を守るための、国民の理解と協力の高揚」を求めた。

一方、自然遺産の最終候補に選ばれなかった理由は大きく分けて４つある。(a) 山麓部は人為的改変が進んでいること、(b) 成層火山も溶岩洞窟も生息動物も既登録地に優れたものがあること、(c) 厳しい規制がかかる区域が限定的であること、(d) ゴミ・し尿問題等を含む保全管理体制の確立が必要であること、の４点である。あらゆるものに神が宿ると考え「自然との共生」が意識の奥深くに浸透している日本では、自然と人工の境界が曖昧なのに対し、神に造られた特別な存在である人間は「自然を征服」することができるという宗教観が根付いた西洋では、自然と人工は完全に対立した概念である。欧米的自然観に基づいて規定された自然遺産の基準に照らすと、(a) や (c) の指摘が出されてしまうのである。また、文化遺産は“representative of the best”(最高の代表) が選ばれるのに対し自然遺産は“best of the best”(最高の中の最高) が選ばれているので、富士山がいくら素晴らしくても (b) の指摘に悩まされなければならない。「富士山はゴミ問題で自然遺産になれなかった」という話をよく聞いたが、それは物事の一面しか捉えていない意見ということになる。

自然遺産としての登録の難しさを浮き彫りにした環境省の検討会の後、2004 年に民間企業を中心とした推進組織「Mission Mount Fuji」が活動をスタートした。翌 2005 年には山梨・静岡両県知事も加わり、中曽根康弘・元総理大臣を会長とする「富士山を世界遺産にする国民会議」が設立された。その後、山梨・静岡両県においても庁内組織が立ち上げられるとともに、県と関連市町村との推進組織が発足して、行政としても登録に向けた体制が整えられていった。

2006 年に文化庁は文化遺産候補を地方自治体から募集し、山梨・静岡両県が提案書を提出。提案 24 件中、富岡製糸場と絹産業遺産群、飛鳥・

藤原の宮都とその関連資産群、長崎の教会群とキリスト教関連遺産とともに富士山が暫定リスト追加資産として2007年1月に選定された。こうして、世界文化遺産登録に向けた正式な一歩を踏み出した。

2008年国際シンポジウム

富士山の顕著な普遍的価値をどのように捉えるか、その価値を表す構成資産は何か、保全管理を如何に進めていくか、学識経験者の意見を聞きながら文化庁と山梨・静岡両県の担当者で議論を深めていった。そしてある程度方向性を定めたところで、海外の専門家に意見を伺おうということになった。推薦書提出前に国際専門家会議を開催して世界遺産登録申請の方向性を確認するというステップは、既に推薦書を提出した国内候補でもとられてきた行程である。富士山の場合は、2008年11月に、カナダのクリスティーナ・カメロン氏とアメリカ合衆国のノーラ・J・ミッチェル氏を招いて国際シンポジウムを開催した。カメロン氏はこの年の世界遺産委員会の議長を務めた方で、リドー運河の世界遺産登録などに尽力された。ミッチェル氏はアメリカ合衆国国立公園局にて働く傍らヴァーモント大学の客員准教授を務め、イコモス文化的景観委員会にも属するようになったとのことだった。お二人を甲府駅で11月5日にお迎えし、宿泊先でブリーフィングを実施。翌6日には山梨県側の資産候補である本栖湖、御師住宅（旧外川家住宅）、北口本宮冨士浅間神社、吉田口登山道（馬返）を視察していただいた。7日は静岡県に移動し、翌日の午前中にかけて柿田川、村山浅間神社、富士山本宮浅間大社、三保松原の現地調査を実施した。8日の午後には、富士市のふじさんめっせにて意見交換を行い、富士山の世界遺産としての価値のコンセプトや適合する評価基準、構成資産の選定、緩衝地帯の設定などについて意見を伺った。なお、9日には富士市交流プラザにおいて、一般公開のシンポジウムを開催している。

両氏には多岐に渡る意見をいただいたところであるが、１つだけ挙げるとすれば構成資産に関する指摘が最も影響が大きかったように思う。それまでは、①「火山としての富士山」を文化的価値の基盤とし、②「信仰の対象としての富士山」と③「文化創造の源泉としての富士山」が顕著な普遍的価値の三本柱となっているというコンセプトで進めてきたのだが、①に関連するとしてきた湧水地や洞穴、古代遺跡等の構成資産は、富士山の顕著な普遍的価値としっかりとした論理で関連付けられるだろうか、との疑問が投げかけられたのである。当時の文化庁は、資産範囲にある国指定文化財はすべて構成資産に含めるべきとのスタンスだったのだが、そうではなく、まず顕著な普遍的価値があり、その価値の実質的・物理的な証拠となる資産を構成資産とすべきだという指摘だった。結果、多くの自然系資産の見直しを迫られ、コンセプトも上記②と③の二本柱で説明するようになった。

ここで、間近でカメロン氏とミッチェル氏と接する中で、今でも印象に残っている思い出を紹介したいと思う。旧外川家住宅では富士講の皆さんにお焚き上げの儀式をデモンストレーションしていただいた。「どうですか。神聖な感じでしょう」と言葉を掛けた私に対して、カメロン氏は「確かにそうね。でも科学的な見地から言うと、線香の煙と香りに加え一定のリズムで刻む読経がトランス状態を生み出していると説明できるわ」と。科学者だな、と感心した一幕だった。また、吉田口登山道の馬返の雰囲気と景色をいたく気に入ってくれたようで、帰りの車内では「すごく良かった。また絶対来るわ」と言うミッチェル氏に対し、カメロン氏が「いいけど車がないのにどうやってここまで来るのよ」とツッコミを入れるなど、お二人のやり取りがかわいらしかった。

2009年国際専門家会議

2009年9月、再び国際専門家会議を開催した。今回は、イコモスの文化的景観委員会から委員長であるモニカ・ルエンゴ氏（スペイン）のほか、ナンシー・ポロック氏（カナダ）、ジュリエット・ラムゼー氏（オーストラリア）、そして前年に引き続きノーラ・ミッチェル氏の4氏、更に日本と同じ東アジア文化圏から中国イコモス国内委員会副委員長ル・ズー氏を招いて5日間の日程で意見を伺った。ちなみに、モニカ・ルエンゴ氏は前述のカルメン・アニョン氏の娘さんである。スケジュールの概要だが、9月1日にイコモス文化的景観委員会が開催されていた東京でオリエンテーションを行った後、2日に静岡入りし、柿田川と大鹿窪遺跡、三保松原を視察、3日に静岡側の富士山本宮浅間大社と白糸ノ滝、山梨側の本栖湖と河口湖を見ていただき、4日は旧外川家住宅、北口本宮冨士浅間神社、船津胎内樹型、忍野八海、山中湖を巡った。5日には山中湖村のホテルマウント富士で「国際専門家会議」と称して終日議論を行い、翌6日に一般向けの国際フォーラムを富士河口湖町の勝山ふれあいセンターさくやホールにて開催した。

この時の専門家会議での主な指摘を一言でまとめると、「構成資産の選定と資産の範囲は、顕著な普遍的価値の評価基準との関連性で決めなければいけないよ」というものだった。前年の国際専門家との意見交換を踏まえて、価値の二本柱である信仰・芸術との関連性に課題が残る構成資産と周辺環境等に課題のある構成資産を抽出し、この年の国際専門家会議の冒頭では抽出した資産の状況を説明した。それに対し、「評価基準に関する価値を表現する構成資産を選択して、富士山の顕著な普遍的価値を明確に説明できるストーリーを展開することが重要」「いくつかの構成資産候補は評価基準と関連性がないように見える」と言われた。つまり、富士山の世界遺産的価値との関連性の深さによって、世界遺産の範囲に入れるべきか外すべきかが決まるということを明言されてしまったのだ。構成資産候補の関係者の中には、「是非構成資産に」という人もいれば、「世界遺産の範囲に含まれたら困る」という人もいた。しかし、上記のようにはっきり指摘されてしまったので、富士山の世界遺産的価値と密接な関連性がある資産候補については構成遺産に含められるよう課題を克服しなければならないし、逆にどんなに地元で愛されていても「富士山」の構成資産に含められないものは含められなくなったというわけである。

更に、５人の専門家による指摘事項には「文化遺産なのに自然美の評価基準（vii）が適用できるかもしれない」「文化的景観として推薦する場合には、資産の範囲が不十分かもしれない」という意見も盛り込まれた。前者の意見は世界的にも前例のないことだった。また、後者の意見に応えて文化的景観として推薦する場合は、特別名勝富士山の範囲を拡げるか、自然公園法の範囲（第２種特別地域）を世界文化遺産の保護措置として認めるかの選択に迫られることとなる。当時、日本国における世界文化遺産の保護措置は文化財保護法による国指定が必須と決めていたし、自然公園法のみによる文化遺産の保護を認めるよう方針転換したとしても、国立公園第２種特別地域の規制で十分かという議論が残る。史上初めて文化遺産に「自然美」の評価基準を適用するか、文化的景観として推薦するか、大きな課題を突き付けられた会議だった。

ちなみに、その後の議論の末、自然美の評価基準適用は日本からは提起しないこととなった。さらに、日本は文化的景観として推薦はしなかったが、世界遺産委員会からは文化的景観と同様の保存管理を行うよう求められた。

５人の国際専門家を招いて開催した会議を終えて、富士山の推薦にかかるコンセプトはほぼ固まり、以降、文化財の国指定や保存管理体制の整備、推薦書作成といった作業に注力することとなる。

推薦書の作成から世界遺産登録まで

推薦書作成

山梨県に世界遺産推進課が立ち上げられた時、私は本栖湖を含む地域の自然保護などを担当している事務所から異動になり、学術調査担当に配属された。学術委員会の運営や、推薦に向けた資料づくり、関係者との調整が主な任務である。

広く「推薦書」と呼ばれているが、実際は登録申請書という事務文書である。世界遺産の推薦書は、「世界遺産条約履行のための作業指針」において、記載すべき内容も構成もきっちり定められている。美辞麗句を並べることにより読み手を感動させることが目的の文学コンテストではない。富士山についても、顕著な普遍的価値や保全体制を、作業指針に沿った形で説明する必要がある。もしうまく説明できない事項があるとすれば、それは地域的な尺度や国内的な基準でしか語れない価値であったり、世界標準の保護・保全の仕組みが整っていなかったりして、まだ世界遺産登録に値するレベルに至っていないということになる。

文化財の専門家でない行政職員が推薦書執筆を担当することをやっかむ声もあったようだが、事務職員だからこそバランス感覚を持って仕事を進めることができたと思っている。例えば、各構成資産の説明を記述する際も、文化財としての価値は一旦脇に置いて、世界遺産・富士山の顕著な普遍的価値を表現するためになぜこの構成資産が必要なのかを説明する文章の作成を心掛けた。世界遺産条約の文脈で富士山にライトを当てると、特別名勝や自然公園としての輝きとは違った光を放ち、また別の富士山の価値が浮かび上がってくる、世界遺産登録申請書の作成とはそのようなプロセスであった。

推薦書暫定版提出（2011年９月）、**正式版提出**（2012年１月）

世界遺産登録申請の締切は毎年１月末なのだが、提出された推薦書が様式どおりに整えられていなければ審査ができないし、再提出のやり取りだけで時間がとられてしまう。そこで、様式審査を目的として締切前年の９月末にいわゆる暫定版推薦書を提出することができることになっている。富士山も2011年９月に暫定版を提出し、結果として図面に関する指摘などを受けた。例えば、基となる地図が日本語で書かれているので主要な施設などは英語にしてほしい、といった技術的な指摘である。

暫定版の推薦書を提出した後も、保存管理体制の充実や顕著な普遍的価値の説明方法の工夫などに寸暇を惜しんだ。文化庁と山梨・静岡両県が推薦書のブラッシュアップのために集まって議論した回数は、10月から12月の３か月間で10回近くに上る。途中、私が「世界遺産条約履行のための作業指針」の改定に気付き、推薦書の構成を大々的に組み立て直さなければならなかったということもあった。提出直前に行った英訳版の最終チェックは文化庁と両県の担当者が缶詰め状態で取り組み、２日連続で日付が変わる時計をみんなで眺めた程だった。

その後、世界遺産条約関係省庁連絡会議での了承など必要な国内手続きを経て、2012年１月26日、富士山の世界遺産登録申請書はパリにあるユネスコ世界遺産センターに提出された。

イコモス現地調査（2012年８～９月）

推薦書が受理され、様式的に条件を満たしていると認められると、次は専門家による評価が行われる。自然遺産はIUCN（国際自然保護連合）、文化遺産はイコモス（ICOMOS：国際記念物遺跡会議）という専門組織が任に当たる。イコモスは、複数の専門家に推薦書のコピーを送付し、記載内容に関する意見を求めるそうだ。並行して、現地に専門家を派遣し現地調査を行う。最終的にはそれらを総合して事務局が評価書案を作成し、会長以下10人以上の委員で構成されるイコモス世界遺産パネルが議論して、評価結果を確定させる。この時、対象国出身の委員がいれば、会議室から出なければならないし、議論の内容を教えてもらえもしないのだそうだ。ちなみに、富士山が審議された時は九州大学の河野俊行教授が委員の一人だったのだが、河野氏は2017年から日本人として初めてイコモスの会長を務めている。

富士山の現地調査は、2012年の8月29日から9月5日にかけて、香港を拠点に活動するカナダ・イコモスのリン・デステファノ氏によって行われた。現地調査でのやり取りは公にできないので、ここでは山梨県側の説明と質疑応答を担当した者として、どのように現地調査に臨んだのかを記したいと思う。

まず、調査の目的は何かということを自分の中で徹底させた。基本的なことだが、この当たり前のことをやらない人が多いように思う。イコモス調査員は何をしに来るのか、これを理解していなければ、説明すべき事象や説明に用いる言葉は適切なものにならない。一般的には「イコモス現地調査ではきちんと富士山の価値を伝えて調査員に理解してもらわなくては」などと考えがちだと思うが、価値の判断を下すのは別の専門家である。もちろん価値を理解していただいた上で現地調査を行ってもらう必要があるし、実際デステファノ氏は推薦書に書かれた富士山の価値を理解した上で来日している。価値の確認ではなく、①真実性、完全性はどうか、②資産に与える負の影響（外的要因）はないか、③資産の保全管理の状況はどうかという3点を調べることが現地調査の目的なのである。したがって、私は、すべての構成資産において、価値の説明はそこそこに、上記3項目をじっくり説明するようにした。

現地調査に臨んで留意したことの2点目は、通訳しやすい説明、誤訳が起こらない説明である。そのために私がやったのは、英語脳での説明文の作成である。英語で話すつもりで単語を選択し、頭の中で英語の構文を組み立てて日本語でアウトプットするという作業を延々と続けた。事前に用意したセリフだけでなく、調査中の丁々発止のやり取りにおいても同様だ。具体的には、結論から始めて各論へ話を展開したり、曖昧な表現は避け断定するようにしたり、日本語では省略しがちな主語や述語を必ず明示したり、といったことである。通訳の方が翻訳しやすいように、一文は短めにしたし、長くせざるを得なかった時も、英語のSVOと日本語のSOVという構文の違いを踏まえて、中途半端なところで区切りを入れないようにした。

完全性の説明に当たっては、わかりやすいキーワードの選択に努めた。貴重なものが全て世界遺産の対象になるわけではないということは前述したとおりである。世界遺産・富士山の各構成資産は、富士山の顕著な普遍的価値をどのように表しているか、ラベルを付けるように短い言葉で表現することで、異文化の人にも理解してもらいやすくなる。現地調査の予行演習時に文化庁の担当官と「ああでもない」「こうでもない」とキーワード探しをしていたら、資産の管理者に心配そうな目で見られるということがあった。私は慌てて、「いや。価値がないと言っているのではなくて、イコモス調査員に端的に伝えられる言葉探しをしているのですよ」と地元の不安を払拭したものだ。

調査員との関係づくりにも意を用いた。始まる前は、日本側が何となくピリピリしていたように思う。調査員の指摘を何通りも想定して逐一反論を用意していた。構成資産だけでなく、移動ルートから見える景色についても様々な質問と返答を想定した。調査員はあら捜しに来る人と勝手に決めつけていたように思う。調査開始前日の８月28日に大月駅でお迎えしたのが、事前に想定していた質問、特に車窓から見える建物などに関する質問が出ることはほとんどなく、ホテルまでの車中プライベートなことにまで話が及んだ。現地調査はあら捜しではなく、事実確認のために実施される。しかも、リン・デステファノ氏は、富士山の価値を理解した上で富士山をより良くするために我々と議論をしたいという気持ちを持っていた。現地調査だけでなくミーティングの時間も設けるよう事前に求めたのはイコモス事務局ではあるが、デステファノ氏は調査員というよりもアドバイザー目線で私に語りかけ、ミーティングに臨んでくれた。静岡県側の資産であるにもかかわらず、わざわざ私を呼び出して「あそこの塗装の色は、面積は小さいけれど全体に大きな影響を及ぼしているわ。あんなに明るい色は使わないほうがいいわね」と耳打ちしてくれたこともある。

「リン」「セイジ」と呼び合う関係を構築できたのは、早い段階で彼女の立ち位置や意図を理解したからだと思っている。反論することで対決構造をつくってしまうのではなく、アドバイスをそのまま受け止め、かつ当方の現状はありのまま説明することで信頼が得られたのではないだろうか。雑談で個人的感想を求められた際も、保護と利用の相反する事象については話の流れがどちらかに偏らないようバランス感覚を持って答えたのもよかったのかもしれない。

現地調査が終わった後は、12 月にイコモスから追加情報の要請が出されため、翌 2013 年 2 月末に要請への回答を含む推薦書の追加情報を提出し、イコモス勧告を待つばかりとなった。諮問機関による勧告は、世界遺産委員会開催 6 週間前までに出されることになっている。

イコモス勧告（2013 年 4 月）、**世界遺産委員会**（2013 年 6 月）

推薦書作成及びイコモス対応を終え、天命を待つばかりとなった世界遺産業務を離れたのは 2013 年 4 月。もちろん人事のことは私の一存では決められないのだが、世代交代をしないとこれから本格化する世界遺産富士山の保全は続いていかないと考えて、異動希望を出した。別の課室で別の業務を行うこととなったが、富士山の登録を審議する世界遺産委員会については出席を命じられた。もはや世界遺産推進課員ではない私が指名されたのは、英語が出来て富士山のことに詳しい人という理由からだそうだ。

世界遺産委員会へはこれまで、富士山が暫定リストに記載され石見銀山が登録された 2007 年の第 31 回委員会（開催地：ニュージーランド・クライストチャーチ）、平泉が登録された 2011 年の第 35 回委員会（開催地：フランス・パリ）に出席させていただいていたので、3 回目の出席ということになる。特にパリでの世界遺産委員会へは一人での出張だったので、朝から晩までじっくりと会議を傍聴させていただいた。おかげで、カンボジアでの本番の前に、議論の進行手順、委員や日本政府代表の動きなどを生で見ることができた。

2013 年 4 月にはイコモスによる評価が発表され、富士山は世界遺産に登録すべきという勧告が出されたことが明らかになった。いくつか注文がついたが、国際専門家会議やイコモス現地調査を渦中で経験した感覚では、概ね予想のつく内容の勧告だった。「三保松原除外」ということ以外は。

第 37 回世界遺産委員会はカンボジアのプノンペンで開催され、富士山の審議は 2013 年 6 月 22 日に行われた。14：30（現地時間）から午後の部が開始され、トップバッターに富士山が取り上げられた。私の主な任務は知事に対して委員の発言を通訳し、登録の瞬間を写真に収めることである。日本政府の席の後ろに IUCN の席があったのだが、私は富士山の審議時間だけ椅子を借りる許可を得て、背後から知事に通訳した。

審議では、ユネスコ世界遺産センター及びイコモスによる説明の後、日本政府がイコモスとの協議を踏まえ、名称を「富士山」から「富士山―信仰の対象と芸術の源泉」に変更することに同意したと発言した。続いて各委員に発言の機会が与えられる。

世界遺産委員会の委員国は 21 か国あるのだが、日本を除く 20 か国のうち南アフリカ共和国以外の 19 か国が発言した。ほとんどの国が三保松原の除外を疑問視する発言を行うとともに、19 か国すべてが登録への賛成を表明した。過去 3 回世界遺産委員会に出席したが、これほど多くの委員国が賛辞を送ったのを見たのは初めてである。

特に印象に残っているのは、富士山を取り上げた自国の作家による詩を紹介していたフランスの発言と、「これまで富士山が世界遺産でなかったのが不思議なくらいだ」と言ったマレーシアの発言である。ちなみに、三保松原を加えての登録とする内容の決議文への修正案を提出したのもマレーシアだった。修正案での決議の後、しばらくの間日本関係者が登録決定に沸き、最後に日本政府ユネスコ代表と両県知事がマイクを通して、関係者への感謝と、今後の取り組みに対する決意の言葉を述べた。

6　史跡富士山の取り組み

村石　眞澄

はじめに

富士山の世界文化遺産登録に関わる作業の中で、平成 20 ～ 23 年度に史跡富士山の山梨県側で取り組んだ様子を振り返ってみた。調査に際しては、山梨県、地元の市町村の教育委員会をはじめとする関係者からの現地指導や資料提供を受けなければ、達成できなかったことばかりであった。

平成 20 年頃の富士山世界文化遺産への取り組み

平成 19 年（2007）1 月に富士山が国の世界文化遺産暫定リストに登録された際に、当時の山本栄彦知事は 2 年以内に本登録のための推薦書を提出するというという目標を掲げた。これを受けて平成 19 年（2007）6 月に、ユネスコ世界遺産委員会から富士山を暫定リストに登録したとの発表があり、就任直後の横内正明知事は記者会見において、記者の質問に答えて「果たして 2 年後に実現できるかということまでは自信はありません。しかし、できるだけ早く実現するように努力していきたい。中曽根康弘先生をはじめとする『富士山を世界遺産にする国民会議』の皆さんも、できるだけ早くということで努力をしていただいているわけでありますから、我々もその努力をしていかなければならないと思っています」と述べている（県庁 HP 掲載の知事記者会見）。

知事のこうした発言がある以上、山梨県職員としては最大限の努力もって登録に向けての作業に取り組まなければならない状況となり、文化的価値を評価するのに期限付きとなっていた。

平成15年（2003）に国の検討会で、富士山が世界自然遺産候補から除外され、世界遺産登録のハードルは相当に高いとの印象が浸透しており、いくら文化遺産を目指すといっても、富士山の基本は自然の火山であり、開発が進んでいる部分がある富士山を世界文化遺産に登録することに対しては、一般県民から受ける感触はかなり冷ややかなものが多かった。誤解なのであるが、「富士山が『信仰の山』といっても、今の富士登山はスポーツ化して、信仰の欠片もない」とさえ言う人もいた。

知事が推薦書提出の期限を目標に掲げていることから、県庁内部でもタイムスパンに対する考え方の違いから、正直なところ取り組み方の違いが生じていた。とりわけ、平成20年（2008）7月に「平泉—浄土思想を基調とする文化的景観」の世界遺産登録延期がユネスコ世界遺産委員会から報告され、“平泉ショック”ともいわれる衝撃が走り、世界遺産登録のハードルが益々高くなったことが強く認識されたときには、県庁内部での考え方の違いが鮮明となった。そもそも世界遺産はブランドを発行している訳ではなく、危機に瀕したときに保全すべき遺産のリストであり、その数が1,000件を越え、限界に達しつつあり年々ハードルが高くなるとの意見も出されていた。そこで、富士山は平泉よりも国際的知名度は高いから、価値も国際的に理解されやすいはず、手間と時間の掛かることは省いて、とにかく早く登録推薦書を提出すべきという。これに対して、いやいや富士山は平泉よりも国際的知名度が高いだけに、国際的にも厳しい目線に晒されるだろう、日本の象徴的な存在だからハードルが高くなっても余裕で越えるべく、基礎となる価値づけの研究と、十分な保全措置と体制整備を進めて早期に登録推薦書を提出すべきというものであった。

いま振り返ると、知事が掲げる目標について努力をするとき、直近の課題に重点を置くか、長期的な展望を踏まえて仕事に取り組むかという違いであったように思う。こうした姿勢から生じる意見の違いを抱えながら富士山世界文化遺産の登録に向けての作業を進めていた。やがて、時間は限られるとしても学術調査を進め世界遺産登録を目指すという方向に整理が進み、平成22年度からは教育委員会学術文化財課で世界遺産を担当する職員が、企画県民部世界遺産推進課へ異動し、ひとつの課として一丸となって世界遺産登録に取り組む体制になっていった。

富士山の世界文化遺産としての価値はどこに

富士山の価値は、その姿が美しいことにあると思っていた。しかし、世界的に見れば、富士山に類した円錐形をした成層火山は多くあり、しかも富士山ほどに開発が進んでおらず、本来の自然環境を保っているものも少なくないとも言われた。

しかし本当は、火山としての富士山は、北米プレート、アジアプレート、フィリピン海プレートの三重会合点にあるという世界でも例を見ない特異な火山であり、半永久的にマグマが供給される、「不老長寿」の火山であった。火山として富士山の歴史を見ると、山体が噴火により吹き飛んでも、また同じ場所に再生し続けているのであった。こうした富士山の自然環境を踏まえ、文化的な価値を明らかにする必要があった。さてそれでは、どこに富士山の価値を見出せばよいのだろうか。

パリ、ロンドン、ベルリン、ニューヨークなど世界的な大都会から、雪を頂く高山が見えるろうか。江戸・東京という世界的な大都会から初夏でも雪を頂く山頂を眺望できるのは富士山の大きな特徴だろう。「富士見」など富士山に由来する地名は数え切れないほどであり、富士山ほどに、歌に謳われ、文に認められ、絵画に描かれた山は他にはない。さて、しかし登録推薦に向けた作業を考えると、富士山が生み出した美術作品や工芸品、文学作品は膨大であり、何を目安に調査し評価したらよいのだろうか。容易に答えが出るまでもなく、まさしく高嶺を仰ぎ見る思いで、この頃は日々目の前の作業に没頭していたのである。

富士山に関する調査研究は、富士山の本体である火山としての富士山については、山梨県環境科学研究所（現在は山梨県富士山科学研究所に改称）から体系的な調査研究に基づいた調査研究の成果が『富士火山』（2007 年）として世に送り出されていた。

これに対して、人文科学からみた富士山の研究は、山梨県史や県内の市町村誌をはじめとして相当な蓄積はあったが、学術的な調査を体系的にまとめたものはなかった。このために、これまでどのような研究があり、相互にどのように関連し蓄積されているのか、どこから手をつけてよいのやら皆目見当が付かなかった。

こうした学際的な課題については、大所高所から俯瞰していた清雲峻元先生の努力によりスタートした山梨県富士山総合学術調査研究委員会（平成 20 年［2008］7 月設置）がその大きな課題を背負って進むことになるのであった。

史跡富士山を構成する文化財の選定

文化庁には、世界遺産の構成資産に加えるものは、国の指定文化財とするという基本方針があり、信仰を軸に「山頂と麓を繋ぐ道」（八合目以上、神社、展望地）を国の史跡へ指定するという方向性が文化庁との協議を踏まえて固まりつつあった（平成 20 年［2008］5 月 22 日）。しかし、国の指定文化財である「史跡・名勝・天然記念物」の「史跡」にするというのは相当にハードルが高く、現実的に 2 年程度で指定に漕ぎ着けるのは困難と直感的に感じていた。

史跡指定のためには、歴史的価値とその範囲を明確にする必要がある。国土調査法に従って測量された公図が法務局にあるのか。公図があっても精度の高い測量図が無ければ、測量調査が必要となる。そのときには、隣

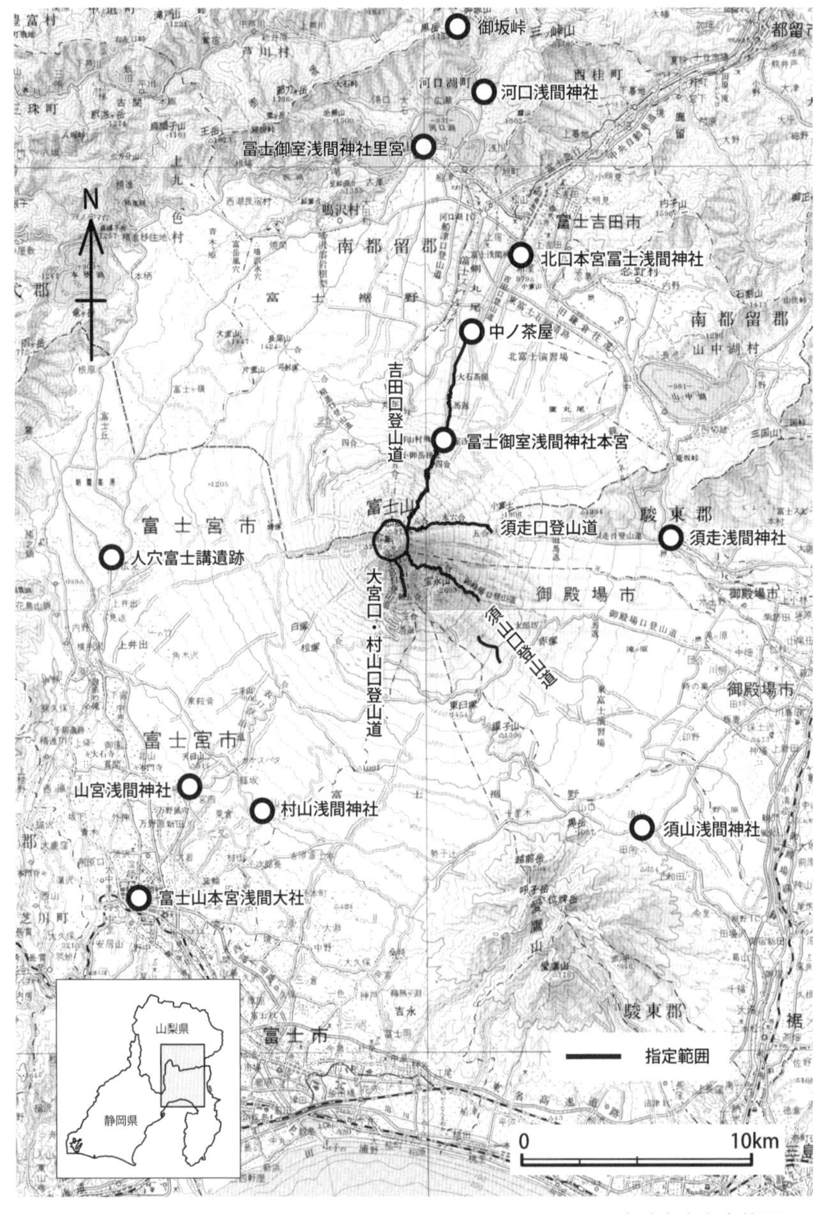
御坂峠
河口浅間神社
冨士御室浅間神社里宮
N
北口本宮冨士浅間神社
中ノ茶屋
吉田口登山道
冨士御室浅間神社本宮
富士山
須走口登山道
須走浅間神社
人穴富士講遺跡
大宮口・村山口登山道
須山口登山道
山宮浅間神社
村山浅間神社
須山浅間神社
富士山本宮浅間大社
山梨県
静岡県
指定範囲
0
10km
富士吉田市
南都留郡
富士宮市
駿東郡
御殿場市
富士市

史跡富士山全体図

接地との境界確認が不可欠であり経費も時間も要し、境界確認の合意ができない場合には頓挫することになる。史跡として価値ある複数の文化財を見出し、その価値に相応しい指定範囲を明確にする必要がある。一旦史跡となれば、文化財保護法によって保護されるので、裁判になったとしても指定範囲を厳密に特定できることが求められるのである。

さらにまた指定地は一定の私権制限があるため指定予定範囲の土地所有者、借地者、利用者などその土地に関わる関係者すべてから史跡指定の同意を得るという大きな課題、簡単に言えばハンコを全員から貰う必要がある。指定予定範囲で宗教活動、登山道の維持管理、山小屋の営業、林業などが行われており、関係者の方々としては、同意をすることは、現在の生活や将来に関わる決断をすることになる。どのような影響があるのか関係者が抱く疑問に答えることが不可欠となる。神社や登山道や山小屋はこれまでどのように活動し維持管理してきたかのか、将来的にどのような計画があるかなど聞き取り調査し、伝統的に行われてきた様々な行為が史跡の保存に影響ないかを判断するとともに、地下遺構への影響の大きい地下掘削などについては一定の制限があることを説明し、その上で史跡指定の同意を得ることになるのであった。この指定作業を進める範囲は広域であり、どれほどの関係者がいるのか皆目見当がつかなかったのである。

富士山への思い

指定の価値とくに範囲を明確にするための調査に取り組んでいたが、いつも頭の片隅に霧のように富士山の価値とは？という思いが渦巻いていた。やがて山梨県富士山総合学術調査研究委員会が立ち上がって調査検討が進んでくると、自然環境部会では富士山の「美しさと恐ろしさを科学的に解き明かす」、有形文化財部会では「どのように描かれてきたか」、文学部会では「どのようによまれてきたか」、歴史考古民俗部会では「信仰の歴史」という役割のアウトラインが見えてきた。富士山を眺望する展望地については名勝、眺望が生み出した絵画などは有形文化財、富士山に纏わる文学などから価値づけを行うことになるだろうということが朧げに見えてきた。

海外への説明を考えたとき、「美しさと恐ろしさを科学的に解き明かす」ことは科学的なので他の言葉に比較的容易に翻訳可能であろう。どのように描かれてきたかは、絵画などの作品を例示すればよいので言葉での説明はほとんど不要であろう。どのようによまれてきたかは、富士山と向きあった過去の心情を伝えるものであり、日本語や日本文化の理解がある程度できないと伝わらない。信仰の歴史は、自然崇拝や浅間信仰から遥拝の山として遥拝の山として信仰がはじまり、平安時代頃から登拝が可能となり修験の行場へと変化し、さらに江戸時代には富士講の隆盛により、大衆化しているということを説明することになるのであろう。各分野から進めている富士山研究を繋ぎ合わせるのが精神世界、つまり信仰文化であり、これが大きな柱でかつ過大な荷であるいう漠然とした思いを抱いたものである。

また世界遺産では他に類を見ないことを求められているので、先に世界遺産に登録されていた「紀伊山地の霊場と参詣道」などの信仰とどこが違うのか。修験道を基礎とすることは同じではないか。世界に対して違いをどう説明すればよいのだろうかなどの数々の疑問を抱えながら、以下に記すような史跡富士山を構成する文化財の指定に向けての作業に取り組んでいった。

河口浅間神社

河口浅間神社は、富士山から溶岩が噴出し現在の富士五湖を形作った貞観６～７年（864 ~ 865）の噴火に際して、最初に甲斐国に祀られたと推定される神社であり、江戸時代には富士信仰に関わる御師集落として栄え、また河口稚児の舞（平成29年〔2017〕国の重要無形民俗文化財に指定）など富士山に関わる神事が現在も多く継承されており、史跡として価値は明らかである。しかし、当時は国指定の文化財ではない河口浅間神社を国指定史跡とするためには、神社と信仰の道とを直接的に結びつける文化財を加えることが求められたのである。

河口浅間神社　県指定天然記念物七本杉

河口浅間神社　小正月の御神木立

御坂峠の測量

そこで白羽の矢が立ったのが母の白滝と御坂峠である。「母の白滝」は富士山へ登拝するに先立ち、禊ぎが行われた神社有地であり、富士講信者が奉納した石碑が現在も立っている。しかし、指定範囲の確定には広域の測量調査が必要であり、かつ多数の関係者による境界確認が不可欠であり、短期間で範囲確定し指定の同意を得ることは相当に困難と思われた。かくして御坂峠に的を絞って作業を進めることとなったのである。

御坂峠は、古代の律令官道である東海道御坂路を甲府盆地から辿り、眼前を遮るものなくはじめて富士山と正面から対峙し、眼下に河口湖を見下ろす絶景の地である。文化3年（1806）の川口（河口）村絵図には峠に鳥居が描かれ「富士山一ノ鳥居」と記されている。「富士山一ノ鳥居」という表記は、富士山に対峙する特別な場所であることを示すものであり、

御坂峠からの富士山

この地が神社から直線距離にして3 km、標高差660 mも離れているが現在もなお神社の土地なのである。これは御坂路が河口浅間神社と密接に関わる信仰の道であることを如実に示すものである。

早速に法務局で土地登記簿を確認すると、確かに神社所有の山林（面積2,152 ㎡）と記載されているが不思議なことに公図が無いのである。神社有地がどこにあるのか明確でないので価値が明確であっても史跡指定することができない。この付近は県有林となっており、県有林課へ確認をしたところ、不思議なことに現行の県有林を管理する図面には神社有地の記載はなく、一体は県有林で神社有地は無いという。法務局の土地登記簿に記載されていることを重ねて説明し協力をお願いしたところ、しばらくして担当さんが幸いにも大正３年の古い測量図を探し出してくれた。これは有難いことに河口浅間神社有地であることが明記されていた。この測量図は、以前にこの付近一体が神社有地を含めてすべて宮内庁の御料林から恩賜県有林とされてしまったので、大正３年に測量調査を実施し神社有地の境界確認を行った資料であった。

かくて関係者と協議を行いこの測量図を基に神社有地を現地で復元測量することになったのである。平成22年３月末、河口浅間神社、甲府財務局、県教育委員会、県有林課、富士河口町、隣接する笛吹市などの関係者とともに、１時間半ほど山道を登って御坂峠現地で寒さに震えながら境界確認を行ったのである。

このときに宮司さんからは、絵図のように峠の道に跨って鳥居が建っていたはずであり、道の反対側にも神社有地が広がっているはずであるという意見が出された。江戸時代やそれ以前を考えれば、神社有地はもっと広大であったと考えるのは至極妥当である。しかし、ここで境界確認ができないと御坂峠の史跡指定は頓挫することになる。峠道の反対側については今回の根拠となった大正３年の資料は記載がなく判断できない。そこで、今回は大正３年の資料に基づいた神社有地の境界確認であり、今後、神社有地を示す資料の発見があれば検討するということでなんとか合意を得ることができた。

現在、峠を越える御坂路は静かなハイキングコースとなっており、道の脇には旧道と思われる道跡が随所に確認できる。史跡に含めることを検討したが、この当時は赤色立体地図も詳細な測量図もなく、旧道の調査は容易でなく相当に時間を要すため指定候補から除外せざるを得なかった。

こうして最終的に、御坂峠の神社有地は史跡富士山として指定を受けることはできたのであるが、残念ながら世界遺産登録の推薦書の最終段階で、世界遺産の構成資産からは除くという判断となった。当時は構成資産が富士山から離れて点在し判りにくのではないかという懸念があり、そもそも河口浅間神社は富士山から離れ、神社から御坂峠がさらに離れており、その間を結ぶ御坂路が未指定で連続しておらず説明が難しいと判断したためであった。

かくて信仰の道である御坂路を調査し、甲府盆地から信仰拠点である河口浅間神社を経由し富士山へ至る道を史跡富士山へ追加指定するという課題が残された。その後は富士河口湖町全域の赤色立体地図が利用できるようになり、御坂峠を越える御坂路の詳細調査が可能な段階に至っている。また平成25年（2013）に富士河口湖町教育委員会により実施された鯉の水遺跡の発掘調査では古代の東海道御坂路の道路遺構などが発見されており、さらなる調査が期待される。

冨士御室浅間神社（本宮・里宮）

富士山の信仰ネットワークの中心

冨士御室浅間神社は二合目本宮と里宮からなり、里宮は河口湖の南畔にあり、神社の大半の行事がここで行われている。しかし神社の中心たる本宮は、里宮から直線距離 12.3 km、標高差 880 m を隔てた富士山吉田口登拝道の二合目の標高 1,730 m の山中にあり、ここに本殿（重要文化財）が祀られていたが、昭和 49 年（1974）に里宮に移され重要文化財に指定されている。本宮の境内地の面積は 2.4 ha、これを神社有地の山林 7.44 ha が取り囲んでおり、しかもこの範囲が富士吉田市に囲まれた富士河口湖町の飛地となっている。毎年６月１日頃に神事があり、このときに氏子役員により神社有地の境界杭を巡廻し確認が行われている。同行させていただいたが、立木に掴まらなければ転げ落ちてしまうような急斜面を下り、沢を渡り、反対側の急斜面を立木を摑んで登り返すという厳しい巡廻ルートである。

御室浅間神社本殿（里宮）

冨士御室浅間神社が注目されるのは、吉田口二合目の山中に本宮に勧請された神社であることに加えて、多くの寺社との繋がりを示す資料が存在することである。

まず、本宮と里宮の強い関わりを示すのが「御室道」である。本宮と里宮を繋ぐ信仰の道であり、冨士御室浅間神社の神主「小佐野越後守」に因み「越後街道」とも称されている。富士河口湖町勝山の里宮から船津胎内を経て、中ノ茶屋付近を経て二合目に至るルートである。

興味深いのは、冨士御室浅間神社が二合目を独占的に専有し活動するの

御室浅間神社本宮鳥居沓石
（吉田口二合目）

ではなく、他の寺院の活動拠点にもなっていたことである。その証拠のひとつが、円楽寺（甲府市七覚）が所蔵する日本最古の役行者像（山梨県指定文化財）である。役行者は修験道の開祖とされ、伊豆に配流されたが海を越え、富士山で修行をしたという逸話が『日本霊異記』に記載されている伝説的な修験者である。円楽寺の役行者像は、毎年夏季に吉田口二合の境内地の中の行者堂に祀られていたものである。興味深いことに万延元年（1860）に、この役行者像を江戸の深川八幡神社へ出張し御開張した際に、冨士御室浅間神社との間に何らかの齟齬があり、円楽寺から出された詫状が冨士御室浅間神社に残されている。このことは、円楽寺と冨士御室浅間神社とは何らかの取り決めがあって宗教活動をしていることと、二合目に祀られていた役行者像が、江戸でも多くの拝観者が得られるほどの人気あったことが窺い知れるのである。

また富士吉田市上吉田の北口本宮冨士浅間神社と縁の深い西念寺の子院である定禅院が、本宮境内付近にかつてあったとも記録されている。

また里宮で行われている流鏑馬は、富士吉田市下吉田の小室浅間神社で行われている流鏑馬祭（県指定無形民俗文化財）と関連し、もと吉田口の馬返に近い「騮ヶ馬場」で共同開催されていたが、両神社間で争いが絶えないために別々に開催されるようになったという。

さらに注目すべきは、『甲斐国志』によると、文治５年（1189）銘のある日本武尊神像と建久３年（1192）銘のある女神合掌神像は、走湯山（伊豆山神社）の修験者が奉納したと記されている。走湯山は後白河法皇編纂の『梁塵秘抄』に東海道随一の修験道の拠点とうたわれ、村山修験はここから発したものであり、静岡県側の修験者と二合目本宮は深い繋がりをもっていることが判るのである。

さらには、走湯山は源頼朝とは旗揚げ前から縁が深く、北条政子も旗揚げの折には難を避けるためにここへ身を寄せている。頼朝と政子は鎌倉幕府を開いた後にもこの走湯山を厚く保護している。日本武尊神像銘の文治５年は源頼朝が奥州藤原氏を滅ぼし、陸奥、出羽を勢力下に入れた年であり、女神合掌神像銘の建久３年は頼朝が征夷大将軍に就任し、翌年には富士で大規模な巻狩りを行っている。頼朝・政子つまり鎌倉幕府にも関わっている可能性が高い。

このように、二合目は、富士山の信仰ネットワークの核となって、神社や寺院が複合的に信仰活動を行っていたことを具体的に例示することができる信仰拠点なのである。

北口本宮冨士浅間神社

北口本宮冨士浅間神社は富士山の遥拝所・祈願所として発生し、その後、東宮本殿（重要文化財）が永禄４年（1561）武田信玄の造営、西宮本殿（重要文化財）が文禄３年（1594）富士北麓の領主である浅野氏重の造営、本殿が元和元年（1615）富士北麓の領主である鳥居成次による再建とされ、戦国時代から江戸時代中期まで、時の領主の庇護を受けている。その後、江戸時代中期以降、現在の社殿をはじめとする建物群（重要文化財）は、富士講信者の村上光清により大規模に修復整備されている。つまり、甲斐の領主層が支えた神社から江戸の富士講信者が支える神社へと変化している歴史が社殿などの造営・修復で明らかになっているのである。

境内の西側に鎮座する諏訪神社は、上吉田村の産土神であることから、本来は地域の鎮守の神として勧請された神社とされている。後に、浅間神社の格が上がり浅間神社の権限が強まっていく。しかし、吉田の火祭り

北口本宮冨士浅間神社　参道

北口本宮冨士浅間神社　拝殿

諏訪神社（北口本宮冨士浅間神社境内）

吉田の火祭り
手前が諏訪神社の「明神神輿」右奥が
赤富士を象った「御山神輿」

（国指定重要無形民俗文化財）では神輿の扱いで本来の関係が明確になっている。諏訪神社の社殿の形姿を象徴する「明神神輿」と赤富士を象った「御山神輿」が町内を巡行するが、常に「明神神輿」が先頭で、「御山神輿」を決して追い越してはならない。また、神輿の最後の休息地である御鞍石の場所では、御鞍石の上に置かれるのは諏訪神社の「明神神輿」だけであり、赤富士の「御山神輿」は地面にそのまま置かれ、序列が明確になっている。古い諏訪神社が境内で脇に置かれても敬うことは忘れない。古い信仰が排除されるのではなく折り重なっていることを具現化していることが見て取れるのである。

吉田口登拝道

吉田口登拝道は、現在では山麓から山頂まで徒歩によって登ることができる唯一の登拝道であり、現在もなお最も多くの登山者により利用されている。五合目より下方の道沿いには、道者・富士講信者のための休憩施設等の痕跡が残されているほか、五合目以上では今なお宿泊所として機能し営業している山小屋が多くある。史跡富士山の指定を考えたときに、山頂から麓の信仰拠点を直接に結びつける唯一の登拝道として不可欠なものである。

重要性は言うまでもないが、昭和 27 年（1952）に特別名勝富士山に指定された範囲内であるとはいえ、史跡として指定するためには、範囲を明確にして多くの関係者から指定の同意を得る必要がある。山頂と中ノ茶屋との直線距離は 9.4 km、標高差は 2,680 m もあり、この指定作業を考えると富士の高嶺を遥かに仰ぎみる思いであった。

吉田口登拝道には現況測量図はあったけれども

六合目以上の現登山道と山小屋には詳細な測量図があった。それは六合目以上の現登山道と山小屋を管理するために詳細な測量図が必要であり、県土整備部が県有林課、恩賜林組合、山小屋組合などの協力を得て、測量調査をおこなった成果であり、登山道、山小屋敷地（1/250 平面図）が作成されていた。

これは使えそうである。しかし、これが史跡として価値ある登拝の道と言えるのか。富士講の信者が登拝の歴史に繋がることは確かだが現在の登山道の図面である。小屋主さんからの聞き取りでは、山小屋は山中で限られた安定した岩盤の上に建っているので、山小屋の位置は変わっていない。他所には建てようがないという。おそらくそうであろうと思うが、これを裏付ける資料はあるのだろうか。

吉田口登山道七合目付近

営業中の山小屋をどのように指定すればよいのであろうか。山小屋は本棟だけでなく、トイレや発電小屋などの別棟がある。さて、トイレまで史跡指定の価値があるだろうか。そのときに、江戸時代後期の絵図「富士山明細図」と照合し、トイレなどの別棟を除き小屋本棟だけに注目すると、小屋のその間を縫って上る登拝道が現況と一致する。例えば七合目では最初の小屋へは右手から登り小屋の前を通って左手へ抜け、次の小屋へは左手から取付き右手に抜けて次の小屋へ向かうという小屋と登拝道の関係がみごとに一致しているのである。現地では増築された別棟が視界を遮ったりして古い姿が見えにくくなっていたのである。現登山道と山小屋の測量図と絵図「富士山明細図」を比較すると、現在の山小屋の本棟は、絵図「富士山明細図」が描かれた江戸時代後期と同じ場所に建っていることが判ったのである。また山小屋を改修する折にトイレや発電施設などの付帯施設は後世に追加増設されたものとして区別することができたので、登拝道と山小屋本棟の敷地を基本に指定範囲としたのである。それにしても、

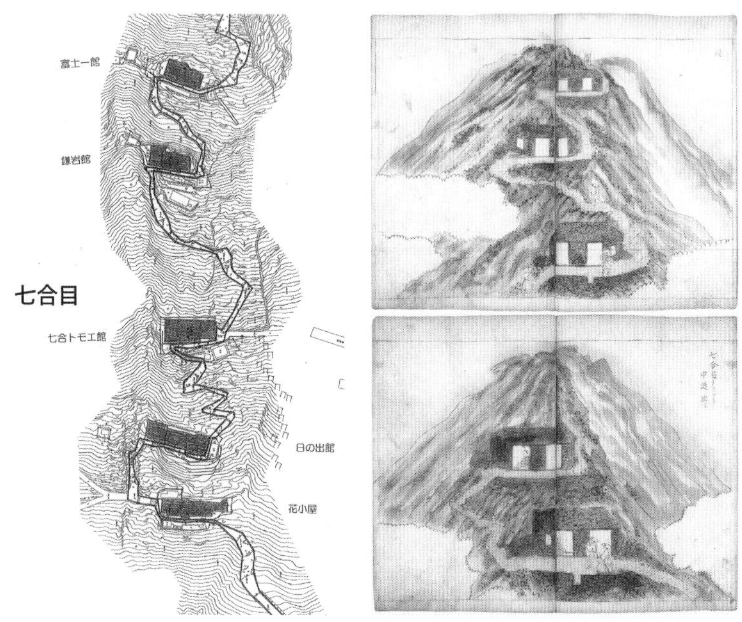

左が現在の測量図（平面図）右が『富士山明細図』

「富士山明細図」(制作年代は天保末から弘化年間［1840 ~ 1845］) が実際に登ったスケッチを基にして描かれていることは、作者が小澤隼人という富士講の御師であることを考えれば当然といえば当然であるが、非常に驚きであった。

この絵図は、河口御師本庄雅直家（現当主本庄元直氏）が所蔵するものであり、平成９年（1997）に富士吉田市歴史民俗博物館の企画展図録として発行され、その解説には、富士信仰史を解明するための重要な史料という評価を与えている。こうした史料を評価し展示し図録として世に送り出してきた実績が史跡指定の向けの準備の基礎になったことを改めて実感した。経緯は明らかでないが、吉田御師でなく、河口御師が所蔵していることも御師の間の繋がりを示すようであり興味深い。

五合目以下の吉田口登拝道

五合目以下の吉田口登拝道は、昭和39年（1964）に開業したスバルラインに登山者を奪われ、古い登拝道がそのまま残され静かな佇まいを留め史跡の趣を感じる。ところが、この五合目以下の登拝道は明治40年に馬で登れるように改修をされており、江戸時代の富士講信者が登った登拝道そのものではない。五合目以上の調査で重要な資料となった「富士山明細図」は、五合目以下では寺社や山小屋の建物が中心で、登拝道は部分的に描かれているのみである。

実際に踏査してみると、山小屋の位置は変わらないものの、登拝道の周囲の山林の中には、かつて道となったために地表の植生が失われ、降雨時には水路となり侵食され、断面がU字状に凹んだ溝状の道跡が樹木に覆われた藪の中に観察できる。道跡はいく筋もあり、ときに並行し、ときに交錯し、途切れ俯瞰的に全体像を把握することは容易でない。ともあれ、明治40年以降の道のみでは、史跡富士山としては不十分であり古い道を探すこととなった。

この旧道の調査で強力な武器となったのが「赤色立体地図」である。従来の踏査方法では、踏査地点だけの観察となり周囲との比較を行うためには、視界の効かない樹林帯では、縦横に踏査を繰り返す必要があり非常に労力を要したが、赤色立体地図の判読と、踏査による現地観察を比較検討することにより、周辺の地形との比較検討を効果的に進めることができた。

しかし古い道跡を追跡することはできても、登拝道と山仕事の道を区別する必要があった。中ノ茶屋から少し登ったところの登山道から外れた林の中に上には「右たきぎとりみち、左御山のぼりみち」と刻まれた石の道標がある。この道標が物語るように、昔も今も、道のすべてが登拝道ではなく地元の人が使う山仕事の道があり、当時の登拝者の多くが道を誤ったのであろう。

馬返鳥居

吉田口登拝道　旧道跡

史跡指定の最終段階では、古い道跡を多く確認できたが、文化庁との協議により、今回の指定作業では確実なものに限定することとした。小屋跡や石段など登拝道であることが確実なものに接続する確実なものであって、侵食が進んでいないものに限定することとし、今後登拝道であることが明確になったものを追加候補とすることとなった。

最後に

いま振り返ると時間が限られているとはいえ、史跡に指定できた文化財は、この当時に調査成果が蓄積されているものを中心とせざるを得なかったことを改めて実感する。平成20年に設置された山梨県富士山総合学術調査研究委員会は今も継続して調査研究を進めており、富士山に纏わる信仰ルートと信仰拠点の調査についてはさらなる調査が必要である。

特に、御中道や内八海巡りをはじめ富士山の周囲をめぐる巡礼路には、山頂をめざす登拝とは異なった多くの地域の人との様々な富士山への信仰が込められており、解明すべきものである。

浅間信仰と諏訪信仰

堀内　眞

富士山の神の意識の古いものは、『常陸国風土記』筑波郡条に見える「福慈神」や、『万葉集』巻三の「不尽神」などが知られる。奈良時代の富士山にかかわる神は、フジ神（富士神）であったが、平安時代の火山活動に伴って、浅間神・浅間大神、浅間明神という神の名が顕在化する。

奈良時代末期から平安時代にかけては、富士火山帯の活動期であったらしい。『続日本記』承和7年（840）9月23日条には、伊豆諸島上津島（神津島）の海中噴火に関する記事がある。富士山の火山活動は、史料に残されたものだけでも十数回の噴火が記録され、そのうち延暦19年（800）・貞観6年（864）・宝永4年（1707）の活動を三大噴火とよぶ。

『万葉集』巻三雑歌にはすでに「不尽山を詠ふ歌一首」に「燃ゆる火を　雪もち消ち」の山あるいは「日の本の　大和の国の　鎮とも　座す神かも　宝とも　生れる山かも」として歌われてあがめられてきた。六国史に見える富士山噴火の初見は、『続日本記』天応元年（781）7月6日条の富士山が灰を降らせ、木葉が彫萎（ちょうい）した旨を駿河国が言上したものである。次いで延暦19年3月14日から4月18日までの噴火が駿河国から報告され（『日本記略』同年6月6日条）、同21年1月にも噴火した（同書同年正月8日条）。同年の噴火では、噴石が東海道の足柄路を塞いだため、同路の代わりに箱根路が開かれている（同書同年5月19日条）。

古代の最も大規模な噴火は貞観6年に至る一連のもので、浅間神・浅間大神の出現は、この大噴火に際してのことである。貞観に先立つ、仁寿3年（853）、駿河国の浅間神を名神とする、のが初見であり、同じ年、この浅間大神を従三位とする、いきなり高い神位を授与しており、貞観元年（859）には正三位にまで達している（『静岡県史』通史編1　原始・古代　1994年）。

「富士大山西峯」、精進口登山道一合目付近の、下り山〔1〕・石塚〔2〕・長尾山〔3〕・青木ヶ原溶岩〔4〕と続く火口列の火山活動がこの大噴火の跡とされる。貞観6年5月25日の駿河国からの報告では、溶岩流（青木ヶ原溶岩）が甲斐との国界に達したとしている（『日本三代実録』）。一方、7月17日の甲斐国からの報告では、溶岩流（同溶岩）が本栖・剗の両湖を埋め、魚鼈は皆死に、さらに人や家に甚大な被害を与えながら東の河口湖方向へ向かったという（同書）。剗の海はこのとき溶岩で埋没し、残った部分が現在の西湖と精進湖になった。

大山そのものに祭祀される富士神と、貞観の大噴火によって新たに西峯に出現した浅間神・浅間大神が併存したことが、後の『駿河国』「神名帳」からもうかがわれ、白い雪を戴いた秀麗な山容からすると、富士神には水の神のイメージが、浅間神・浅間大神には、噴火鳴動する火の神のそれが想定され、火と水の2つの神が習合した富士浅間信仰のあり方が見えてくる。

北面の甲斐（山梨県）側の富士山に対する信仰には、前述した駿河の富士神と浅間神・浅間大神の組み合わせとは異なった、浅間神と諏訪神を合わせて祀る形が認められる。もともと諏訪信仰は、長野県諏訪市・茅野市（上社）、下諏訪町（下社）にある諏訪大社を中心とする信仰で、上社の神は建御名方命（本地、普賢菩薩）、下社の神は八坂刀売命（同、千手観音）とされ、合わせて諏訪神と呼ばれた。

『甲斐国志』その他の資料による「郡内領」（都留郡）の富士神・富士権現社は、唯一つ大椚（上野原市）に存在するのみであるが、諏訪明神（神社）は36社を数える。その神社名は、北都留（上野原・大月市）では諏訪神社の名称が継続的に使われており、富士山を中心とした南都留の地域では、諏訪信仰は浅間信仰と習合して祭祀されており、都留市付近では、他の神社名の陰に隠された形で維持されている（「山梨県郡内地方の諏訪信仰」『論集郡内研究』都留市郷土研究会）。浅間と諏訪の2つの神の習合は、戦国時代に始まっている。永禄2年（1559）7月18日付の小山田信有の願文には、今度の出陣を祈念して「諏方」「御浅間大菩薩　御神前」に金襴の戸帳一流を寄進する旨の内容が記されている。同じく、同4年（1561）にも、「諏方浅間大菩薩」への寄付を約束している。浅間神社の祭神は木花開耶姫命であり、一方、諏訪神社の祭神は建御名方命・八坂刀売命に比定される。

ところで、富士山の北麓には、もうひとつ別の諏訪信仰が存在したようである。山中（山中湖村）や小立（富士河口湖町）の諏訪明神（神社）の祭神は豊玉姫とされ、それは海幸彦の妹、海神の女神を指している。

山中のお明神さんに祀られる女神立像

山中の諏訪明神の祭礼は、山中のお明神さんの呼称で親しまれ、現在は安産祭として広く知られている。東方の明神山から右竜と左竜を従えてウミ（湖）を渡って神霊が来臨すると言い伝えられている。また、祭りに際して、氏子の湊屋では、赤ん坊を抱いた女神立像が、神輿の神幸路に面した表座敷に飾られる。この像が明神さんと考えられている。

小立の氏神である諏訪神社は、現在、溶岩台地の上に遷座されているが、もとは河口湖の水辺に近い場所に存在した。浅間神社と相殿で祭祀されたが、その祭神は山中と同様に赤ん坊を抱いた女神の像だといわれる。

火の神と考えられる浅間神と、ここでは水の神とされる諏訪神をこのようにセットで祀る傾向が認められる。多くの浅間神社は、女神の木花開耶姫命とその他の神を祭神に合祀し、水の神のイメージを付与され、さらに水神としての豊玉姫の安産信仰が重複している。

富士山信仰の世界

清雲　俊元

修験者の時代

富士山に対する人々の信仰は、「遥拝」から始まった。古代の富士山は噴火や溶岩流出を繰り返す、恐ろしくも神秘的な山。人々は遠く富士山を仰ぎ見て崇拝する遥拝の対象として崇めた。山梨・静岡両県には祭祀の場として見られる遺跡が数多くある。

いずれも、山の神の怒りを鎮めたいという人々の思いの表れであった。富士山麓周辺の浅間神社も、流れ出た溶岩の先端に建てられたのがはじまりである。富士山の神霊が浅間大神と呼ばれるようになった時期は定かではないが９世紀の前半、富士山麓の地に浅間大神を祀ったとされる。これが静岡県側では現在の富士山本宮浅間大社の前身といわれる山宮浅間神社だ。山梨県側では、河口浅間神社でこれに始まる浅間信仰は、全国に広がり、現在では、浅間神社は1300社を数える。1083年の噴火を境に火山活動が沈静化　それに伴い、修験による登拝という新たな信仰形態が登場する。富士山修験の最初にあげられるのはのちに修験の開祖として崇められた役小角であると貞観７年（875）に都良香の著わした『富士山記』に見える。伊豆山神社の『走湯山縁記』によると承和３年（836）甲斐国八代郡竹生の住人賢安が伊豆国に赴任したとき、走湯権現の霊験を得て仏堂社殿を造営したのが同社の始まりと伝え、伊豆山権現が創立してまもなく富士山の登拝があったと考えられ、伝承では富士山への古い登拝道に「ケイアウミチ」の伝承があるのが賢安の登拝した道かもしれない。平安時代末期の『本朝世紀』によれば金時（年次未詳）、賢薩（983）、日代（1059）などが村山修験として富士山山頂に登拝したことが伝えられている。中でも末代上人は伊豆山権現で修行した修験者で、『本朝世紀』久安五年（1149）の記事によれば「富士山上人」と称せられ、富士山への登拝が百度に及ぶ修行を繰り返した。同年に『一切経』を書写して富士山山頂に埋納することを発願した。また末代上人は頂上に大日堂を建立して大日如来像を造立した。それは、浅間大神の本地仏が大日如来であり、富士山の火口を胎蔵界曼荼羅の中台八葉院に見立てていた。江戸時代になっても富士講の全盛期「富士山八葉九尊図」が延宝 8 年（1680）に登拝者に配られているが、これは、富士講の中に密教の教えが根付いていたことの証でもある。11 世紀に末代上人が広めた村山修験は村山の地を拠点として大きく発展し天保年間（1317-19）には頼尊が山中の一宇を村山に移し浅間神社の前身である興法寺を開き文明 14 年（1482）には聖護院本山派に属した。室町時代に入ると一般の登拝者も増加し、村山三坊などが発達した。

富士山の山梨県側、北麓の修験者の拠点となったのが富士山二合目の御室である。甲府盆地から古代の官道に起源する御坂峠を通って船津口登山道に出る。御坂峠の盆地側にある行者平には大善寺（甲州市勝沼）が祭祀していた行者堂があり、鎌倉時代の役行者像（鎌倉時代作、現在大善寺所蔵）が安置されていたが 15 世紀ごろ武田信春によって大善寺に移されている。

また二合目の御室には甲州側で最も古い富士御室浅間神社を中心に円楽寺（甲府市右左口）の行者堂があった。役行者像は平安時代末期の作で現在円楽寺が所蔵しており富士信仰にあって重要な尊像であった。この両寺に伝わる尊像は、全国的にみても古く富士山信仰として重要な尊像であるが、特に円楽寺の富士山行者堂では夏期には登拝者に金剛杖を施与していたことで知られるほど富士山信仰の重要な拠点であった。

富士講の時代

16 世紀、戦国時代の末期に現れた長谷川角行は、修験者の一人で、近世富士講の教義を唱えた行者である。庶民の登拝のための登山道が開かれたのもこの頃で、現在伝わる大宮・村山口登山道をはじめ、須山口、須走口、吉田口の登山道が開かれた。長谷川角行は関東を中心に地域の庶民の現世利益を祈り近世富士講の基礎をつくった。18 世紀になると村上光清、食行身禄（じきじょうみろく）へと受けつがれ富士講全盛期を迎えることになる。特に江戸を中心に関東一円に富士講が流行したという。

江戸八百八町に八百八講といわれるほどの講があり、吉田口には御師（富士講の道者たちの世話や指導をした行者）の宿坊が繁栄し全盛期には宿坊86軒が軒を連ねた。

富士山の信仰は山頂を極めて登拝することは勿論であるが、特にその間の「登拝」「富士山禅定」の登拝行為や巡礼行為が宗教的に重視された。また富士山への登山は山頂で「御来迎」（のちの御来光）を拝することにあった。

現在、富士山は年間夏の２カ月の間に30万人以上の人々が山頂をめざすが、これは近代アルピニズムに起源するものではなく17世紀以降の江戸を中心に関東一円に広まった富士講の登拝が、今日まで引き継がれてきたのである。

その富士講では、15、6世紀ごろから密教思想だけでなく富士山浄土思想が芽生え、発展した山岳信仰で、山そのものが神であり、仏であると信じているとともに死者の赴く世界は西方十万億土の浄土といいながら、同時に浄土は我々の身近にある山や森であるのだと信じており、その頂上に浄土はあると想定していた。

その代表的な山として富士山があげられたのである。16世紀前半の曼荼羅図で富士山本宮浅間大社が所蔵している狩野元信が描いた「富士参詣曼荼羅図」（重文）にはそのことが如実に表されている。上部は三つの峰が描かれて、それぞれに仏像が描かれている。中央に阿弥陀如来、右には浅間大菩薩の本地仏大日如来、左は薬師如来である。この曼荼羅図は中央に阿弥陀如来を描き浄土思想を現わしている。

甲州側の富士講の道者たちは、北口本宮冨士浅間神社から馬返しまでを「草山」と呼び馬返しから五合目までを「木山」と呼びそれから頂上までを「焼山」とか「ハゲ山」と呼んだ。この砂礫地帯は神仏の世界であり、地獄又は死後の世界であった。この時代から富士山は浄土思想と結びつき、大日如来に変って阿弥陀如来が安置された。

富士山に登拝するために清浄な白装束をまとい、金剛杖を突いて「慚愧・懺悔六根清浄」と唱え、祈りながら山中に入る。風穴、溶岩樹型、湖沼、湧水、滝などは特に修行の場である。それぞれの霊地を巡礼することによって、心身を清め、治病、除災などの霊力を獲得し罪や穢れを消して人間は生まれかわる

木造役行者像（円楽寺蔵・提供）

ことができる「擬死再生」の思想として富士山信仰および儀礼が確立した。

しかし、明治初年の神仏分離令により、山中の仏像、仏具は下山または廃棄され、神道の施設として再編されたが、富士山そのものが神であり仏であることは変わりなく、特に富士山にはいつの時代にあっても仏教思想が根底に根深く伝わってきた。

こうした富士山に対する日本人の精神性が脈々と今日まで受け継がれていることが、イコモスから認められ、富士山は平成25年に世界文化遺産として登録されたのである。

7　構成資産 史跡富士山〈静岡県〉

小 野　聡

富士山の世界文化遺産登録を目指す過程において、「史跡」として富士山を国文化財とする考え方が生まれ、平成23年（2011）2月、「史跡富士山」が指定された。

「史跡富士山」に関する経緯

平成18年（2006）、富士山の世界文化遺産登録に向けて、古代から現代まで時代を超えて受け継がれている富士山信仰に関する調査研究を進めた。平成19年（2007）6月、各市町から「富士山の価値構築に伴う資産洗い出し作業」により挙げられた富士山の信仰関係要素を整理した（表1）。

同年7月・8月、文化庁調査官による現地調査を実施した。その際、「富士山本宮浅間大社」をはじめとする資産について、過去の調査成果に基づき、すべてを個々単独で国文化財指定するのは困難であるという見解が示され、今後の課題等について指摘を受けた。

同年9月、静岡県学術委員会において、「浅間信仰」「修験道」「富士講」の信仰関係要素と検討調査をして国指定を目指す方針が承認された。これを受け、同年10月、文化庁との協議を行った。各信仰形態を代表する資産の個別指定について協議した際、調査官から史跡として富士山を指定する話があった。その主旨は、「山頂全域を信仰の本質的・象徴的世界としてとらえ、史跡指定できれば、特別名勝としての景観と並び、まさに日本のシンボルとして説明がしやすいのではないか。山梨県の現地調査が未実施であるが、可能であれば、富士山山頂遺跡と登山口（浅間神社を含む）

表１　富士山の信仰関係要素　市町洗い出し一覧（平成19年６月）

<table>
<tr><td rowspan="14">史跡候補</td><td rowspan="8">浅間信仰関係（26）</td><td>須山浅間神社</td><td>裾野市（１）</td></tr>
<tr><td>冨士浅間神社、中日向浅間神社、
古御岳神社、上野浅間神社、
迎久須志之神社</td><td>小山町（５）</td></tr>
<tr><td>三嶋大社、芝本町浅間神社</td><td>三島市（２）</td></tr>
<tr><td>岡宮浅間神社</td><td>沼津市（１）</td></tr>
<tr><td>相沼富士浅間神社</td><td>芝川町（１）</td></tr>
<tr><td>滝川浅間神社、今宮浅間神社、
日吉浅間神社、富知六所浅間神社、
入山瀬浅間神社、米之宮浅間神社</td><td>富士市（６）</td></tr>
<tr><td>富士山本宮浅間大社、山宮浅間神社、
富知神社、若之宮浅間神社、
二之宮浅間神社、金之宮神社、若宮八幡宮、
悪王子神社</td><td>富士宮市（８）</td></tr>
<tr><td>山頂信仰遺跡（含富士山本宮浅間大社奥宮）</td><td>未確定地（２）</td></tr>
<tr><td rowspan="2">修験道関係（５）</td><td>印野の熔岩隧道</td><td>御殿場市（１）</td></tr>
<tr><td>村山浅間神社（含境内水垢離場）、
大宮・村山口登山道、湧玉池</td><td>富士宮市（４）</td></tr>
<tr><td rowspan="4">富士講関係（８）</td><td>須山浅間神社</td><td>裾野市（１）</td></tr>
<tr><td>冨士浅間神社</td><td>小山町（１）</td></tr>
<tr><td>印野の熔岩隧道</td><td>御殿場市（１）</td></tr>
<tr><td>芝山浅間神社、
人穴富士講遺跡（含人穴浅間神社）、
白糸ノ滝、万野風穴</td><td>富士宮市（５）</td></tr>
<tr><td colspan="2">計</td><td>39（36）</td><td>５市３町</td></tr>
</table>

として、両県一括の指定を考えたい」というものであった。

本県としては、山梨県側の意向もあるため、文化庁調査官による山梨県側の調査後に意見交換を行いたい旨を回答した。

平成19年（2007）３月、両県担当者が出席し、文化庁との協議を行った。調査官から、「両県で個別の国史跡指定が可能なものは、「富士山本宮浅間大社」と「北口本宮浅間神社」のみと思われる。山頂全域と登山道、各登拝口にある神社を含め、史跡とするのが妥当である。史跡「富士山」と特別名勝「富士山」を重ねることにより、富士山を信仰・景観の両面から捉え、日本のシンボルとしての説明ができる。また、史跡指定のための報告書の作成が必要である」との見解が示された。静岡県は、この考えに賛成するとともに、史跡指定を視野に入れ、次年度に山頂部の調査を実施することを伝えた。山梨県は、調査官の考え方に賛成であるが、結論は改めて回答することとした。

平成20年（2008）５月、静岡県は、調査官と史跡富士山について意見交換を行い、山梨県に内容を伝えた。同年７月、文化庁に発掘調査等の進捗状況報告書を提出した。また、構成要素として、「大宮・村山口登山道」「須走口登山道」以外に、「須山口登山道」について検討する必要がある旨の指摘を受けた。

同年８月、両県担当者が出席し、文化庁との協議を行った。史跡富士山に関する各県の考え方、構成要素について説明し、静岡県側について了承を得た。この時点では、山梨県側の準備が進まない場合、文化庁として静岡県側の一括指定を先行させたい旨の提案があった。

同年９月、「史跡富士山」は、室町時代から江戸時代までという範囲で整理することとなった[1]。

1　第２章４「構成資産の選定〈静岡県〉」参照

静岡県側「史跡富士山」の構成資産

富士山信仰の歴史を検証し、浅間信仰・修験道・富士講の各要素を取り込むこととした。

富士山信仰の歴史は、浅間信仰から始まると言える。本宮のほかに、浅間大神、すなわち木花之佐久夜毘売命を祀る神社は全国に散在し、浅間神社と称している。浅間神社の分布は、北は北海道から南は九州に及び、官幣大社より境内社に至るまで総計1,300社を超えるとされる。このような浅間信仰の基礎となった山宮浅間神社、富士山本宮浅間大社及び山頂信仰遺跡は重要な資産である。

登山参詣の習俗は、室町時代に早くも成立し、江戸時代に入るとますます盛大になる。静岡県側の大宮・村山、須山、須走は、富士登山の入り口として宿坊が置かれた。村山口登山道跡、須山口登山道、須走口登山道の３つの登山道と、その起点となる旧興法寺（大日寺）・村山浅間神社（水垢離場）、須山浅間神社、冨士浅間神社は、修験道及び富士講の歴史的価値を証明するうえで重要な資産である。

さらに、富士講関連の資産として、富士講の聖地と考えられている人穴富士講遺跡群を加えた上記の資産を、「史跡富士山」の資産候補とした。

国文化財への指定

富士山本宮浅間大社など静岡県の６件（山頂信仰遺跡※、富士山本宮浅間大社、山宮浅間神社、村山浅間神社、須山浅間神社、冨士浅間神社）、山梨県側４件（吉田口登拝道、北口本宮冨士浅間神社、河口浅間神社、冨士御室浅間神社）について、史跡「富士山」として一括で国史跡への指定を意見具申し、平成23年（2011）２月、指定が官報に告示された[2]。

山頂部は県境未確定であるが、富士宮市教育委員会が主に、文化財保護法による指定文化財として、指定地内の現状変更等進達・許可等の法的措置、学術的な調査研究、保存管理を行っている。

なお、文化財指定にあたって、所有者である富士山本宮浅間大社、山室経営者で組織する「富士山頂上奥宮境内地使用者組合」と協議を行い、同意を得た。また、国土交通省及び環境省の所管地があることから、関係機関と交渉し同意を得た。

また、各登山道と人穴富士講遺跡については、追加指定の申請を行い、平成24年（2012）１月、追加指定が官報に告示された。登拝道の指定範囲は、江戸時代から使用が確認されている登山道の部分とした。「大宮・村山口登拝道」は六合目以上を、「須山口登山拝道」は現在の御殿場口登山道の標高約2,050ｍ以上及び現在の須山口下山歩道の「御胎内」から「幕岩」付近まで、須走口登拝道は現在の須走口登山道の五合目以上（八合目から吉田口と合流）とした。なお、富士宮口登山道は、登山道と下山道が同一であるが、須山口及び須走口登山道は、登山道と下山道が一部異なり、下山道は史跡に含めていない。

さらに、同年９月、村山浅間神社の一部（水路部分）と山梨県側の吉田口登拝道の一部（五合目から六合目付近）が追加指定された。

これにより、世界文化遺産富士山の構成資産および構成要素について、すべて国内法による保護が措置されることとなった。

2　八合目以上の各登山道を除く。

富士山と女神信仰

清雲　俊元

富士山の祭神には往古から女神であるという。

平安時代初期の都良香（みやこのよしか）(834-879)『富士山記』(『本朝文粋』巻12) に、「貞観17年11月5日に吏民旧（ふる）きに仍りて祭を致す。日午（ひる）に加へて天甚だ美（よ）く晴れる。仰ぎて山の峯を観るに白衣の美女二人有り、山の嶺の上に双び舞ふ、嶺を去ること一尺余（ひとさかあまり）、土人（くにびと）共に見きと、古老伝へて云ふ、山を富士と名づくるは、郡の名に取れるなり、山に神あり、浅間大神と名づく云々」とある。

このように都良香は山を富士山と名づけ、祭神を浅間大神といった。白衣をまとった二人の美女が山頂で舞い踊る情景を描写しているが、浅間大神を白衣をまとった女神とする認識は平安時代の人々の共通した考えであった。

また仁和年間 (885～889) 頃に成立した『竹取物語』を見ると天女だったかぐや姫が地上の男たちの求婚を、ことごとく斥けて天上界へ帰っていったが、形見として宝を残していった不死の薬を帝が天に最も近い山である富士山の頂で焼かせたという説話が生まれた。こうした物語や説話が富士山の御神体と結びつき、富士山の祭神は女神と言われるようになったのではないかと思う。

平成23年南アルプス市教育委員会で調査をした旧甲西町の江原浅間神社から11世紀に造立されたと考えられる全国で最古の浅間神社の女神像（重要文化財）が発見された。女神像の総高40.0センチメートル、木造で一木造で彫眼、調査された鈴木麻里子調査員によると木像の女神を三方に配し、それらの上に如来像の頭部を表す姿は全国的ににも例を見ない特異な形であるという。女神像はいずれも髪を長く垂らし、両手を胸の下で合わせる。都良香が著した『富士山記』の中に出てくる美女の舞う姿であり、また『竹取物語』のかぐや姫などから想像した女神像として造立したものではなかろうか。当時はおそらく、このような形で富士山を中心に浅間神信仰は広まっていった。

富士山の北面で最も古い女神像は忍野村忍草浅間神社に伝わる「木花開耶姫

木造浅間神像
（江原浅間神社蔵・南アルプス市教育委員会提供）

像」「鷹飼像」「犬飼像」（ともに重要文化財）の三躯の中の女神像である。墨書銘によると鎌倉後期正和４年（1315）に丹後の仏師によって刻まれた女神像と鷹飼、犬飼の神像三躯をみても明らかに竹取物語のかぐや姫と翁と嫗である。

また『甲斐国志』（巻71）によると富士山二合目の御室浅間神社の本宮には鎌倉時代文治５年（1189）と建久３年（1192）の紀年銘をともなう日本武尊像と女神像が伝わったことを記している。また北口本宮冨士浅間神社の明治初年に記された『冨士浅間神社誌』（北口本宮冨士浅間神社所蔵）を見ると社宝の中に神像二躯が見える。その中の一躯は木製女神の立像で丈６寸で貞応２年（1223）と墨書があったことが記録されている。現在その像は行方不明である。また熱海市の伊豆山神社にも男女の神像が伝わっている。明徳５年（1394）に造立された木造の男女神像二躯である。女神像は41.6センチメートルあり、大仏師周慶の造立したものである。

『走湯山縁起』の女体についてみると権現は日金岳山頂に祀られており、火の神として祀られたともいう。走湯山祭神に「正一位千眼大菩薩」と記す史料もあり、女神像は明らかに浅間大神である。このように14世紀頃になると「富士浅間大神明神」は天女であり、その姿は青衣を着て宝珠を持ち白雲に乗ると記されている（『富士縁起』称名寺伝本金沢文庫）。

現在全国の浅間神社の祭神は「木花開耶姫命」と呼称されている。この祭神の起源は『古事記』『日本書紀』に登場するが、富士山の祭神として記録に古くは見られない。

江戸時代初期になって浅間神社の祭神が木花開耶姫と結びついたことになる。こうした思想を主張したのは廃仏毀釈を唱えた人たちであったがとくに、朱子学者の林羅山があげられる。彼は神道の優位性、正当性を唱え『本朝神考』『神道伝授』『丙辰紀行』の中で神道の本旨を明らかにした。元和２年(1616) に著した『丙辰紀行』の中で「富士山の大神をば木花開耶姫と定め申さば日本紀のこころにもかなひ申すべきなり」と自ら定めている。

江戸中期以降は浅間神社の祭神は木花開耶姫に統一された。

8　構成資産　名勝富士五湖を中心に

杉本　悠樹

はじめに

富士山の世界文化遺産登録に際して、名勝富士五湖の指定は最難関の課題であったと言える。水面利用に関する権利関係者が多く、指定にあたっての同意の取得は困難を極めた。世界文化遺産登録が実現するか否かは名勝富士五湖の指定が大きな鍵を握っていたと言っても過言ではないだろう。ここでは、名勝富士五湖の指定に伴う動向について触れたいと思う。

富士山の世界文化遺産登録への取組みの始動と住民の反応

平成17年（2005）に富士山を世界文化遺産に登録しようとする取り組みが始動した当時、登録範囲は富士山の五合目以上で、山麓は対象とならないという方針であった。しかし、有識者による学術委員会において「山麓の湖沼・湧水、芸術・文学作品を生む源泉となった周辺の展望地等、富士山の顕著な普遍的価値を構成する諸要素の取り込みが必要」との意見が出され、山体のみならず富士五湖や三ツ峠といった周辺の範囲も構成資産候補に含めるべきであるという方針が提示されると状況は一変する。平成18年（2006）の段階で富士五湖を構成資産に含める方針が出されると、地元の町村では大きな動揺が生じた。富士五湖の湖面を利用して生計を立てているボート業者、漁業関係者らが名勝の指定による規制強化で営業活動が不可能になるという懸念が広がり、世界文化遺産登録に反対する意見が多く飛び交った。富士五湖が所在する山中湖村、富士河口湖町、身延町は、住民に対し、湖の名勝指定という大きな課題を解決するために長い苦難を乗り越えなければならなかった。反対する業者や関係者の多くは、湖の利用において河川法に基づく河川占用の面積等に不法占拠の案件を抱え、それらが強制的に是正されることを警戒していた。富士五湖の名勝指定への道のりは、単純な同意取得に収まらず、不法占拠の案件をいかに解決するかという重い課題が付随するものであった。これらを踏まえ、山梨県と関係町村は長い期間にわたる住民説明会に臨むこととなった。

混乱の幕開け

筆者が富士河口湖町教育委員会の職員になったのは平成19年（2007）の４月のことである。折しも富士五湖を構成資産候補に加えることに対する不安と懸念が山積し、富士山の世界文化遺産登録への反対の声が高まっていた時期である。文化財を所管する教育委員会生涯学習課の課長と同席して初めて住民説明会に臨んだ際、会場となった町役場コンベンションホールの騒然とした雰囲気は今でも脳裏に焼き付いている。会場からは疑念、不満、反対等の厳しい意見が噴出し、当時の山梨県の世界遺産推進課員、町長、企画課長、生涯学習課長が各々の意見に応答した。世界文化遺産への登録の道のりの険しさを実感するとともに、課題解決に向けて模索する日々が始まった。同年５月には、関係する各市町村が富士山の世界文化遺産登録の構成資産候補を洗い出す作業が行われたが、富士河口湖町は17件の候補を取りまとめたものの、課題や懸念が多い状況であり、富士五湖に含まれ町内に所在する河口湖、西湖、精進湖、本栖湖の４つの湖は候補に掲載されなかった。構成資産候補を取りまとめるのに際して、富士河口湖町は独自に有識者からなる学術委員会を組織して意見や提案を求めたが、世相の状況を鑑みて躊躇したのか富士五湖を候補とする意見は皆無であった。結果として、富士五湖を構成資産の候補に含めるための合意形成を目指して、さらなる住民説明会の開催を重ねることになった。

構成資産候補へ

大きな転換のきっかけとなったのは、平成19年（2007）11月の山中湖村における住民説明会であった。この説明会において、山中湖を構成資産候補として作業を進めることが了承されたのである。富士河口湖町と同様に、関係者の不安や懸念のため難色を示していた山中湖村において急展開ともいえる結果となったが、県及び村の地道な交渉等が功を奏したと考えられる。この結果を受け、世界文化遺産登録への道筋に明るい兆しが見え始めた。しかし、他の４つの湖を抱える富士河口湖町では、山中湖村の状況を踏まえながらも、個別の湖の課題を整理して進める必要もあり即時に追いつくことができなかった。平成20年（2008）3月７日には、地元の有力政治家を介して富士五湖観光連盟からの要請を受けた文化庁記念物課長が、富士河口湖町役場コンベンションホールにて開催された観光業者を対象とした説明会において名勝指定の範囲及びこれに伴う規制等の説明を行うという異例の機会が設けられている。平成20年（2008）5月、11月の湖ごとの住民説明会、７月の湖が所在する地区（概ね合併前の旧町村単位）ごとの住民説明会を経て、ようやく河口湖・西湖・精進湖・本栖湖を構成資産候補として作業を進めることについて住民の合意形成が実現した。同年12月、富士五湖の全ての湖が構成資産候補として位置づけられることになり足並みが揃った。しかし、富士五湖は広大な面積を有し、名勝への指定やその後の保存管理計画の策定のために必要な測量など多くの作業が待ち構えていた。

指定等に向けた体制

名勝富士五湖の指定等に向けた体制は、山梨県の世界遺産推進課と同県教育委員会学術文化財課を中心に、様々な課題に対応するため河川課（河川法所管）、みどり自然課（自然公園法所管）等と出先機関である富士・東部建設事務所、同林務環境事務所が連携して作業に当たった。町村では、名勝指定及び保存管理計画の策定に伴う業務を各々の教育委員会が担い、不法占拠の対処等の課題整理は首長部局の企画課等の機関が作業にあたった。山梨県は核となる世界遺産推進課、教育委員会学術文化財課のスタッフの増員を行い、調査機関で文化財主事として従事してきた職員や教職員で県の調査機関（主に県埋蔵文化財センター）に出向した経歴をもつ職員が集められ、世界遺産登録に向けた業務にあたった。富士五湖の作業分担は、個々の湖のうち、単一の町村域内に所在する湖については当該町村が担当することとなった。山中湖は山中湖村、河口湖、西湖、精進湖は富士河口湖町、本栖湖は湖面の境界が未確定であるものの湖岸は富士河口湖町と身延町にまたがるため、山梨県が主体となって作業を進めた。これは、富士五湖に含まれる湖をそれぞれ独立した名勝として指定することを前提とした初期段階の計画によるもので、作業途上で「富士五湖」としてひとつの名勝に指定することに転換した後においても、基本的には同じ分担で作業を継続した。登山道や山麓の信仰拠点を対象とした史跡富士山の指定は当初から複数市町村にまたがるものとして捉えられていたため山梨県が作業を行ったが、富士五湖も当初から一括で名勝指定する方針であれば山梨県が作業の主体となった可能性がある。町村の体制は、身延町と富士河口湖町が平成19年（2007）から文化財担当の専門職員（学芸員、文化財主事等）を配置しており、県と連携して作業を進めた。一方、山中湖村は文化財専門職員が未配置であり、教育委員会の社会教育担当の職員が県の助言により作業を進め、富士五湖全体に共通する作業は山梨県、身延町、富士河口湖町と綿密な連絡調整を行って対処した。住民説明会は、県と関係町村が連携して開催し、出された意見や質問には担当部署の職員が応答する形態をとった。しかし、県と町村の連携は必ずしも順調であったわけではなく、課題への回答、作業スケジュールなどについて、たびたび意見が対立した。当初富士山は平成23年（2011）に世界文化遺産に登録する計画であったが、様々な事情から２度にわたる延期を行っている。とりわけ、名勝指定に向けた作業のうち、事前に指定の同意を取得すべき所有者及び権原に基づく占有権者は富士五湖全体で数百件にものぼり、当初から作業が難航することが予想された。世界文化遺産登録の全体のスケジュールに影響が及ぶことを懸念した山梨県は、両県の推進協議会において町村の対応の遅れが原因であるとし、作業が進捗しないため計画の延期が必要との見解を示し、町村関係者から多くの反感を買った。この結果、県と町村の確執を解消する目的も含めて山梨県の世界遺産推進課に対外調整室が設けられ、新たに配置された室長が世界遺産推進課長に代わり町村の諸問題に対応するという措置がとられた。

指定地域の設定

富士五湖を名勝に指定するのにあたり、どの範囲を指定地域として設定するのかが大きな議論となった。河口湖を例に挙げると、湖面の基準水位は標高833.525 mと定められており、この水位標高を保った状態が元来の湖の姿であった。しかし、これは東京電力の鹿留発電所嘯放水路の呑口部の標高に合わせたものであり、昭和57・58年（1982・1983）の台風時の増水によって湖畔の浸水被害等の教訓を踏まえ、約２メートルほど水位を低く抑えるようになっていた。水位が下がったことにより、河川を占用して設置された桟橋等の工作物が当初の面積（長さ）では機能を果たさなくなり、結果的に許可面積よりも大きく延伸せざるを得ない状況になってしまった。基準水位の標高を用いたラインで湖に名勝の指定地域を設定した場合、湖畔の桟橋等の工作物の大半が含まれ、同意取得の対象となる関係者の数が多くなると予想された。このため、平成6年（1994）から平成18年（2006）までの12年間の水位の計測値を基に算出された平均水位のラインを指定地域の範囲とすることでまとまった。河口湖の場合の平均水位は831.46 mであり、基準水位よりも2.065 m低くなる。西湖、精進湖、本栖湖も平均水位を採用することとし、三湖は共通の基準水位899.23 mに対し、西湖は899.84 m、精進湖は899.47 m、本栖湖は899.17 mの平均水位のラインが指定地域の境界線となった。本栖湖は基準水位よりも低い標高になっているが、西湖、精進湖は基準水位よりも高い標高になっている。山中湖は、基準水位は978.48 mであるが、平均水位が980.83 mであり、平均水位では関係する河川占用等による桟橋等の工作物が多くなり、同意取得が難航することを避けて基準水位の標高を指定境界線とした。本来、湖は湖岸の景観も含めて保護されることが望ましいが、世界文化遺産登録のスケジュール等を勘案して最小限の範囲を指定地域とする方法が取られた。河口湖、西湖、精進湖、本栖湖については、湖の成因を表す富士山の溶岩流の露頭など、風致景観の価値が高く不可欠な陸地も指定地に含めることとした。平成21年（2009）に行われたイコモスの委員などによる国際専門家会議の現地視察に際し、世界文化遺産の構成資産の範囲として水面を基本とした範囲では価値を証明することができないとの意見が出され、名勝の指定地拡大の必要性が指摘された。しかし、回を重ねてきた住民説明会などでは前述の指定範囲を前提としており、拡大することは困難な状況となっていた。平成22年（2010）には、その解決策として名勝の指定地だけを構成資産の範囲にするのではなく、自然公園法により富士箱根伊豆国立公園の特別地域（第2種以上）に指定された範囲、概ね湖畔の周遊道路の内側を構成資産に加える案が提示された。世界文化遺産登録にあたって構成資産の範囲は文化財保護法により史跡名勝天然記念物に指定された地域を充てることが原則であったが、富士五湖を含む富士山については異例の方法がとられることになった。これは、自然公園法に基づく国立公園の第２種特別地域では開発等に際して許可が必要であることから、文化財保護法と同様に湖岸の自然風景地としての景観保護が図られているという考え方による。従来の住民説明会において名勝指定の範囲を拡大する必要がなくなったが、構成資産の範囲が広がることに関しては難色を示す関係者も少なくなかった。名勝の指定地と世界文化遺産の構成資産の登録範囲は文化財保護法と自然公園法を組み合わせることから、名勝として新たな指定を行わなくても、既に国立公園の第２種特別地域の指定地としての位置付けで十分ではないかという意見が出るなど、名勝に指定する意義を改めて説明し、理解を得る必要もあり、平成 22 年（2010）の秋になってようやく関係者からの同意取得の作業に取りかかった。

難航を極めた名勝指定の同意取得

富士五湖には様々な権利関係が混在し、名勝指定の同意取得は最も難航を極めた作業であった。湖自体は国有地であり、一級または二級河川に位置づけられて山梨県が河川管理者となっている。発電等のための取水に伴う水利権、漁業協同組合がもつ漁業権、河川法に基づく河川占用の既得権、指定地域に含める湖岸の陸地の土地所有権など複数の権利が絡み、権利関係者の数は概算で数百にのぼった。その中でも、先述のとおり河川法に基づく河川占用の権利は桟橋やボート係留場が大半を占め、不法占拠状態にあるものが多く、是正指導を警戒して同意に応じられないとする関係者が目立った。不法占拠状態の権利者がマスコミを通して県や町村の対応を投げかける事例も発生した。また、河川占用の権利は単独名義に限らず、複数名の連名となっている場合も多かった。これは、元々単独で小規模だった権利を統合したことによるもので、1件の河川占用に10名前後の権利者が存在する事例なども少なくなかった。また、河川占用の権利者の名義が既に死亡した者の名義となっているなど、地位承継の手続きが完了していない場合もあった。湖を利用して営業する同業者組合などと不法占拠の個人が対立するなど、湖を取り巻く課題は単純ではなかった。このような事例に対して、河川管理者である山梨県は、知事による文書により「法治国家である以上追認はできないが、直ちに是正を求める措置は取らない」との方針を示し理解を求めた。山中湖村、富士河口湖町では、首長部局と教育委員会の職員が手分けをして同意の取得のため関係者のもとを訪ねるなどの業務に臨んだ。山梨県は世界遺産推進課の職員を一時的に町村に派遣して作業の後押しをした。平成23年（2011）2月の文部科学大臣に対する名勝指定の意見具申書の提出に向けて大詰めの作業が続いた。同意取得件数は毎日町村から県世界遺産推進課に報告され、同意取得率が算出された。権利者が多く143件にものぼる河口湖では、同意の取得が難航し全件の取得は不可能であろうとの声も聞かれた。しかし、類似した条件にあった山中湖村において同意が100%に達したとの情報が入り、富士河口湖町もこれに呼応して同意取得作業に邁進した。終盤になると県世界遺産推進課の職員が町で待機し、新たに得られた同意書を受け取って県庁に引き揚げるという場面もあった。そうした難関を克服して河口湖も100%の同意を得ることができた。意見具申書に添付された富士五湖の同意書は362枚（山中湖151件、河口湖143件、西湖32件、精進湖16件、本栖湖20件）にのぼり、厚さは6 cmを超えていた。時折、町で保管している意見具申書（控）の書類ファイルに綴られた同意書の写しを見ると、当時の苦労が思い出される。

名勝指定とその後

平成23年（2011）9月21日に富士五湖は官報告示をもって名勝に指定された。筆者が富士河口湖町の文化財担当職員となって、既に4年半の歳月が流れていた。富士山の世界文化遺産登録に向けた取り組みの中で、最大の難題とも言われた富士五湖の名勝指定は実現したが、当初の段階ではここまでたどり着けるか不安であった。名勝指定は夢のような話であったが、山梨県と関係町村が大きな課題を乗り越えて実現させることができたのである。平成24年（2012）1月には保存管理計画の策定を完了し、構成資産として位置づけられる条件が整った。そして、世界遺産登録推薦書の提出、イコモスの現地調査を経て平成25年（2013）6月に富士山は晴れて世界文化遺産に登録され、富士五湖はその構成資産となった。しかし、筆者自身、名勝指定と保存管理計画の策定、世界文化遺産登録がゴールであるかのような錯覚に陥っていた。名勝の指定までに取り上げられていた多くの課題の中には、未だに解決に至っていないものも見られる。湖が抱える諸問題を解決するために「明日の富士五湖創造会議」が設けられ、徐々に課題が整理されてきた。富士五湖は名勝として保存されるのであり、その望ましい姿を今後も模索していく必要がある。名勝指定から8年が過ぎようとしている現在、日々の業務の中で名勝富士五湖について文化財保護法第125条第1項の規定に基づく現状変更の許可申請の対応を当然の如く行っているが、あの名勝指定に向けた困難な作業の延長線上に立脚していることを忘れないように心がけたい。

名勝富士五湖の世界文化遺産としての価値

名勝富士五湖の指定は富士山の世界文化遺産の推薦に不可欠な条件を整える作業であるかのように、スケジュールに追われ名勝としての本質的な価値を十分に掘り下げることができなかったように感じる。富士山と湖は独特の景観を生み出し、日本を代表する風景として多くの芸術作品に取り上げられてきた。それが故に「芸術の源泉」としての世界文化遺産富士山の価値を証明する構成資産に位置づけられているが、一方の「信仰の対象」としての富士五湖については、十分に調査研究が煮詰められないまま世界文化遺産に登録された感が否めない。江戸時代に富士講の内八海巡の巡礼地とされ、水垢離などの信仰行為が行われてきた場所であるが、世界文化遺産の登録時には水垢離を行った地点やそれぞれの湖を結ぶ巡拝路の特定には至っていなかった。世界遺産委員会が登録を決定した際の決議には、「山麓の巡拝路の特定」が課題として勧告されたが、この指摘はまさに富士五湖の研究の現状に符合するものであった。登録に向けた殺伐とした作業の中ではできなかったのだが、その後、湖の周辺に居住する地元の年配者への民俗学的な聞き取り調査を行う機会があり、昭和の戦前から戦後の時期における富士講の内八海巡の記憶をうかがうことができた。具体的に水垢離や水行を行った場所、撒き銭を行った場所、湖と湖との間の陸地の経路など、これまで全く知り得なかった情報が導き出された。また、経路には地上の道だけでなく船舶による水上交通が用いられていたことも判明した。これらの成果は、紛れもなく富士五湖が富士山の信仰の拠点としての歴史を歩んできたということの証であり、このような調査研究を引き続き行う必要があると考えている。文化財の種別では富士山を映す鏡のような湖面の風致景観を評価の対象とした名勝としての指定であるが、信仰遺跡のような史跡としての歴史上の価値も包含していることを再認識した。「信仰の対象」としての富士山の文化的価値、富士山信仰の形態や歴史を明らかにするうえで富士五湖は重要な意義をもっている。このことこそ、世界文化遺産の登録がゴールではなく、価値の裏づけを恒久的に追求し続けることが必要なのだということを明確に示しているのだと思う。富士五湖は内八海（麓八海）を構成してきた８つの巡拝地のうちの５つの湖であり、他の３つの湖（水場）は世界遺産の構成資産に位置づけられてはいない。時代による変遷や異動、現状の問題点などの観点から構成資産には含まれなかったが、これらの湖（水場）は富士五湖と切っても切り離せない関係をもち、富士山の世界文化遺産としての価値、特に「信仰の対象」としての側面を意義付ける物証であることは言うまでもなく、富士五湖とともに今後の調査研究の対象とする必要があると言えよう。

むすびに

名勝富士五湖の指定は、県とともに町村の枠を超えて取り組んだ一大プロジェクトであった。「できない理由を探すのではなく、どうすればできるのかを考える」。指定作業当時の県職員のひとりが頻繁に使っていた言葉が印象に残っている。

9 世界文化遺産登録に向けた「白糸ノ滝」の課題と整備

佐藤 和幸

位置と自然環境

位 置

国指定の名勝及び天然記念物「白糸ノ滝」は、富士宮市の北端近くにあり、富士山本宮浅間大社を中心とする市街地から北上しておよそ10 kmの地点にある。北に向いては約9 kmで山梨県境に至る。

その範囲は概ね白糸ノ滝と音止の滝及びその周辺が指定地域となっている。このうち、平成22年（2010）3月に策定された「名勝及び天然記念物『白糸ノ滝』第二次保存管理計画」[1]において第一種保護地区とした白糸ノ滝を中心とする滝つぼ、両岸の崖、滝から流出する河川及びその河川敷を含む区域が、平成25年（2013）に世界文化遺産「富士山」の構成資産となった。

なお、本文化財指定地域は、富士箱根伊豆国立公園の区域にも含まれている。

地形・地質

白糸ノ滝及び音止の滝は、共に芝川により発達した地形である。白糸ノ滝は支流、音止の滝は本流にかかる滝で、両滝を挟む川中島の幅は、最

1 富士宮市ホームページ参照
（http://www.city.fujinomiya.lg.jp/fujisan/llti2b00000010q7.html）

も狭い場所で 20 m 程度であり、売店が立ち並んでいる。(図 1)

図１

白糸ノ滝は、馬蹄形にえぐられた滝つぼとそれに続く峡谷からなり、その最奥部に流下する芝川の水と伏流水の噴出する水が、高さ 20 ~ 25 m、幅 150 m に渡って落下している（図 2)。一方、音止の滝は白糸ノ滝の東側にある芝川本流が流れ落ちる落差 25 ~ 30 m の雄大な滝で、現在も常時、轟音を響かせている。この辺りの新富士火山溶岩流（白糸溶岩流）は、約１万４千年前に噴火したマグマが固化して地層を形成し、直下の古富士泥流が緻密な不透水層であるのに対してこの上部の新富士火山溶岩流が透水層であることから、富士山麓に降った雨水や雪は上部の溶岩流を透過して、古富士泥流堆積物との境界を流れ下り、白糸ノ滝を形成していると考えられている。

図２

なお、白糸ノ滝の湧水の水温は年間を通じて 13 ~ 14℃で、水量は日量 13 万トンと見積もられている。

構成資産候補となった白糸ノ滝

「白糸ノ滝」は、数多の白い糸を垂らしたように流れ落ちる優美な景観と共に地質学的にも特異な構造を持つ白糸ノ滝と、そのすぐ東側に位置し勇壮な景観を持つ音止の滝からなり、市内随一の観光地として、昭和末期には年間200万人を超える観光客が訪れるようになった。

一方、観光地化が進むにつれ、滝周辺に売店、食堂、民宿、ホテル、駐車場等の観光施設が増加し、指定当時の面影が減少するとともに、滝の後退や崖面の浸食による土地の流失や崩壊、土地所有者の移動、土地の分筆等により、風致景観保護並びに文化財保護、さらには来訪者や店舗経営者の安全性等にも支障をきたすようになってきた。

このことから、長期的視野に立ち、保護・保存を図るとともに、現状変更等に適切かつ迅速に対応するため、昭和63年（1988）3月に第一次保存管理計画を策定した。

また、当計画策定後、周辺景観の改変や崖の崩壊など、地勢や社会環境がさらに変化したことから、平成22年（2010）3月に第二次保存管理計画を策定し、本質的な価値を改めて明らかにするとともに、その価値を次世代に継承していくための適切な保存管理の方法を定め、現状変更等の取扱基準、周辺景観を含めた整備・活用の基本方針を示すこととした。

しかしながら、これら保存管理計画は、周辺景観の改変などに端を発する現状の危機的状況を改善するという点では、即効性がなかったと言える。事実、保存管理計画策定後、白糸ノ滝の滝つぼには老朽化した2軒の売店、倉庫、落石防止柵などの人工物や豪雨により破損した橋が存置されていたばかりでなく、改善に向けた取り組みさえも動き出していなかったのである。

このような中、「白糸ノ滝」は世界文化遺産「富士山」の構成資産候補にノミネートされた。

世界遺産登録事務を所管する文化庁からは、「白糸ノ滝」は富士講の道者にとって禊の場として重要な水辺であり、富士山の「信仰の対象」として強力に関係するものとして評価が得られる一方、禊の場としての神聖なる雰囲気、さらには名勝としての優れた風致景観を感じられないなど、保全環境が不適切であることから、現状では構成資産として含めるのは困難との指摘を受けた。

「白糸ノ滝」が構成資産となるために

文化庁からの指摘後、構成資産にふさわしい「白糸ノ滝」を念頭に、「白糸ノ滝」整備基本計画（以下「整備基本計画」という。）[2] を策定することとしたが、すでに開発されている構成資産候補地内の整備をどのように、どの程度行うべきなのか、おそらく誰も経験したことのない課題に立ち向かうことになった。

当時の打合せ記録には、当初、文化庁からの指摘事項など、目先の課題への対応策を中心に議論していたが、白糸ノ滝の素晴らしさを甦らせる千載一遇の好機だと思えるようになってからは、専門家や整備に無関心であった地権者等との議論が深まり、課題の克服とともに風致景観の素晴らしさと安全性、快適性を無意識に享受できる技術的工夫が次々と生まれ、整備に向けて前進していったことが記録されている。

なお、整備に向けて前進することができた要因として、文化庁や地権者等との協議の最中に、平成23年（2011）3月15日の静岡県東部地震（震源富士宮市震度6強）や同年9月21日に日本列島を縦断した台風15号による滝つぼ近くの売店における床上浸水等の災害が生じ、物損だけではなく、人的被害の可能性が増したことがあったことも事実である。

2　脚注1に同じ

課題の解消に向けた整備

構成資産候補地である滝つぼ周辺の景観を阻害している大きな要因は、売店２軒、落石防止柵と滝見橋の存在であった。

売店は、当地で100年ほど営業しており、現存する建物は築後50年程度で、老朽化等により景観性、安全性に支障があったが、それぞれ鉄骨造、鉄筋コンクリート造であるため容易に取り壊しのできる構造ではなかった。(図３)

落石防止柵は、崖上からの落石事故（昭和60年（1985））を受け、来訪者が安全に散策するために設置されたもので、150ｍの幅で流れ落ちる滝の一部を覆っているなど、景観性に欠けるものであった。(図４)

いずれも、滝つぼの風致景観の回復による本質的価値の顕在化を目指すうえでは撤去以外の選択肢はないと判断し、文化庁にもすんなりと了承された。

図３

図４

次に、豪雨等により欠損した滝見橋である。当初、滝見橋の架け替えは既定方針で、同じ位置に利便性、安全性の高いものを架橋すればよいと安易に考えていた。

しかし、文化庁との最初の打ち合わせで、名勝、天然記念物であり、構成資産候補である当地に、橋を存続させる妥当性があるのかという問いに絶句した。我々技術職員にとって、公共性・公益性の高い施設である橋の存在の是非を考える習慣がなかったからである。この指摘は、橋梁の架け替えばかりでなく、種々の整備において実施の是非や工法等を考える試金石となったのであるが、この時にはそのことの重要性に気付く余裕はなかった。

その後、風致景観に最も影響のある橋の架け替えをどのように考えていくべきなのか。様々な疑問や元に戻すことのできない自然が相手という不安と闘いながら答えを探すこととなった。

そこで、立ち返ったのが、「白糸ノ滝の価値を次世代に継承していくため、本質的な価値を改めて明らかにし、適切な維持管理を行う。」という第二次保存管理計画における保存管理の基本方針である。

「次世代への継承」の動機づけを誰にどのようにするかが明確になれば、架け替えに向けての糸口が摑めるのではないかと考えた。

そこで、「文化的・歴史的背景」、「景観性」、「安全性」について整理してみることにした。

文化的・歴史的背景

白糸ノ滝は、富士講の道者にとって禊の場であったことから、切り立った崖を下り、川面に近づき両岸を往来していたと考えられる。このことは、明治35年頃の写真からも確認できる。その後、豪雨等の影響で滝つぼの形状や川幅、流速、深さが変化し、川面を往来することが非常に危険になるとともに、多くの人が訪れるようになったことが契機となり、昭和初期には橋が架けられていることが確認でき（図5）、その後架け替え等を行いながら現在に至っている。

景観性

整備基本計画の課題で列挙したとおり、滝見橋の一部破損や老朽化等が滝つぼ周辺の景観を著しく阻害しており、禊の場としての神聖なる雰囲気、名勝としての優れた風致景観が乱されている。

安全性

滝つぼ周辺の峡谷内にいる来訪者が地震や豪雨などの非常時に適切な方向に避難できるよう、2方向避難経路の確保が必要である。

これらを踏まえ、安全性、快適性等に不満がなく、白糸ノ滝の文化、環境の素晴らしさに没頭できる空間形成が、「子や孫、友人などを伴って再度訪れたいと感じる。」＝「白糸ノ滝を末永く守っていきたい（「次世代への継承」）。」に繋がると考え、既存橋の撤去、新橋の架橋が不可欠であると結論づけた。これらの議論を経て、ようやく橋の架け替えについて文化庁の了承が得られた。

新橋架橋

構成資産となれば、さらに多様の人々が訪れるとともに、今後再整備や改修を安易に行うことができないことから、次の点に配慮し設計することとした。

⑴ 維持管理が負担なく適切に行えるようにする。(メンテナンスフリーを目指す。)

⑵ 円滑で安全な歩経路動線、幅員を確保する。

⑶ 重厚な構造物とならないように風致景観に配慮したシンプルな形式、意匠、色、高さ等とする。

これらを踏まえ、架橋位置、橋種、修景について検討を行い、決定した。

おわりに

平成24年(2012)9月2日、国際記念物遺跡会議(International Council on Monuments and Sites 略称ICOMOS)の専門家による現地調査が実施された際は、整備に着手しておらず、整備基本計画で作成した完成イメージパースを基に事業計画を説明した。この事業計画の説明は、一部筆者が行ったが、前述した文化庁の的確な指示・指摘と関係者との深い議論のおかげで何事もなく終えることができた。(既存橋から下流側上方を見上げた際に、既存売店の一部の存在を指摘され、「あの売店もいずれは移転する(筆者)」、「Very hard(調査員)」というやり取りをするとは思

図５　昭和初期の眺め

わなかったが…。なお、既存売店の移転事業として、令和元年（2019）度には一部店舗の移転及びこれに伴う既存店舗の解体が完了する。

ICOMOSによる現地調査後、整備中の平成25年（2013）6月には、「富士山」が世界遺産に登録され、「白糸ノ滝」が構成資産となり、同年12月21日には整備が完了した。この整備は、売店を経営している方等関係者の理解と協力がなければ、1年半もの間滝つぼ周辺への通行を閉鎖して実施することができなかったと感じている。

その後、平成26年（2014）度、平成27年（2015）度には、富士山と白糸ノ滝を同時に眺められる唯一の展望場や案内サインの拡充等を行い、「白糸ノ滝」を中心とした様々な環境を向上させることができた。

生まれ変わった「白糸ノ滝」は、季節や時間によって様々な表情を見せてくれることから、家族や友人を誘って訪れ、その素晴らしさ、心地よさを多くの方に伝えていただき、より多くの人が「白糸ノ滝」を体感していただきたいと思う。

我が国において、名勝及び天然記念物であり、世界遺産の構成資産でもある文化財について、これほど大がかりな改修・整備を行った事例はなく、一つ一つの決断が重い責任を負うものであった。

本文は、こういった整備を進める上での経緯や考え方の代表的な例を記したものであり、今後実施される保存・管理・活用に向けた整備事業のお役にたてれば幸甚である。

富士の絵画

井澤　英理子

富士ほど長きにわたって様々に描かれ続けた山は、世界でも他に例がない。古代から現代に至るまで、時代によって芸術文化の拠点が移ったり、絵画表現が変化するのにあわせ、富士のイメージも実に多様な展開を見せた。

富士を描いた絵画についての最古の記録は、平安時代10世紀にさかのぼる。平安時代には、諸国の名所は歌枕にもなって親しまれ、それを絵画化した名所絵屏風が、藤原氏など貴族の邸宅を飾った。都人にとって、富士は遠く離れた東国の見たことのない山で、「日本一高い」「雪を戴く」「噴煙を上げる」といった概念的知識をもとにして歌が詠まれ、そのイメージが絵画にも託されたものと推測される。

この名所絵的な富士の姿は、物語や伝記を絵画化した物語絵や絵伝においても取り入れられ、東国を舞台とした場面で用いられた。平安期に成立したとされる「竹取物語絵巻」には、かぐや姫の形見「不死の薬」を富士山頂で焼く場面が、「伊勢物語絵巻」には、在原業平が富士を見上げる「東下り」が描かれていたと考えられる。

現存最古の富士の絵画は、延久元年（1069）の「聖徳太子絵伝」（法隆寺献納宝物、東京国立博物館蔵）で、27歳の太子が甲斐の黒駒に乗って富士を駆け上る場面に登場する。富士の山容は、切り立った崖と幅広い山頂からなるごつごつとした形状で表現されている。この他、正安元年（1299）の「一遍聖絵」（清浄光寺蔵）においては一遍の布教の足跡を辿る中で、「曽我物語図」においては敵討ちの舞台となった「富士の巻狩図」の中で、富士が描かれている。

これらはいずれも駿河国側（南面）をとらえていることになるが、甲斐国側（北面）のいわゆる「裏富士」を描いた現存最古例は、14世紀初めに成立した「遊行上人縁起絵」（真光寺本など）である。遊行二祖の他阿が甲斐から相模に向かい、御坂峠と河口の駅を通過する場面に雄大な富士の景観が展開し、本絵巻のハイライトの一つとなっている。鎌倉時代には幕府が鎌倉に置かれたことから、文化の担い手が富士を実見する機会も増え、絵画に登場する富士の稜線もなだからになって実際の傾斜に近づいている。一方で様式化も進み、山頂を三峯で表現することも鎌倉期に定着した。

鎌倉時代には禅宗の流入とともに水墨技法が日本にもたらされたが、室町時代になって関東の禅林を中心に、水墨による「富嶽図」が描かれるようになった。これは、中国伝来の水墨技法を消化吸収した上で、自国の風景を描くようになったことを象徴し、富士が説明的な添景としてではなく、主題となったことも意味している。東海道を行き来する際に目にする清見寺、三保の松原とともに描かれることが多かったが、特に雪舟が描いた「富士清見寺図」(摸本、永青文庫蔵)は、多くの絵師が富士図の手本として描き継いだことが知られている。さらに注目されるのが、季節や時間で表情を変える姿をとらえた式部輝忠筆の「富士八景図」(静岡県立美術館蔵)で、北斎を300年ほどさかのぼる現存最古の富士の連作である。

富士を主題とする絵画として特筆すべきものに「富士参詣曼荼羅」(富士山本宮浅間大社蔵)がある。富士信仰の本尊としての富士の山容と、浅間神社から山頂までの聖域と登拝ルートを描いた礼拝画である。画中に狩野元信印があり、正系の狩野派が手がけた豪華な大幅の本図は、しかるべき権力者が富士信仰を支えていたことを物語る点でも貴重である。さらに信仰に関わる富士図として、「黒駒太子像」についても触れておきたい。前述の聖徳太子絵伝の27歳の事蹟が独立した、甲斐の黒駒に騎乗して富士を越える太子の図像で、室町末期から江戸初期に制作され、同族縁者が集まって仏事を行う「まいりの仏」で懸用された素朴な作風の礼拝像である。葬送の際に死者を極楽へ引導する役割も担っていたとされる。

江戸時代になると、幕府が江戸に開かれて、文化芸術の担い手も享受者も、富士を日々のくらしの中で目にすることができるようになるとともに、富士講が盛んになったことで実際に富士登拝を経験する機会も増え、富士は身近な存在となった。富士の絵画も、狩野派、文人画派、円山派、琳派など様々な画派の絵師によって、大和絵や漢画、浮世絵など多様なジャンル、技法、作風で描かれ、膨大な数の富士図が制作された。刻々と姿を変える富士の様子を写実的に捉えた作品や、富士登拝や旅の途中で見た富士を記録した絵画も描かれた。また、江戸参府の際に富士を目にしたオランダ人、朝鮮人、中国人などの外国人も富士図を遺していることが注目される。

江戸期の富士図には画家の個性が横溢するようになったが、中でも葛飾北斎の錦絵連作「冨嶽三十六景」は、北斎の圧倒的な画技と斬新な発想によって、多彩な富士の姿と、人々の生き生きとした暮らしを描き出した、富士図の白眉である。世界で最も親しまれている富士の絵画と言っても過言ではない。

明治時代になると、富士には「日本らしさ」「日本の国体」を象徴するという役割が与えられた。高橋由一など西洋画法を学んだ画家たちは、伝統的な富士という画題に新しい「洋画」という油彩技法で挑戦した。また、万国博覧会の出品作や輸出用の工芸品、国威や愛国心を示す広報物などに、富士の意匠が多く用いられた。

そして現代においては、これまでにあまりに様々な画家によって多種多様の富士図が描かれてきた上に、富士のイメージが大衆化、通俗化したことによって富士という画題に古臭く陳腐なものというイメージが加わり、画家にとって富士図を描いて新奇性や個性を確立することは非常に難しい課題となった。だからこそ、富士は独自性を主張することのできる恰好の題材であり、今もなお多くの画家が挑戦をし続けている。過去に描かれた富士の図像が積み重なり、イメージの源泉となって、後世の芸術家を刺激し、また新たな富士山像を創出する。富士は、芸術文化に多大な影響を及ぼす極めて特異でかけがえのない存在である。

10 富士山総合学術調査と学術委員会の役割

清雲　俊元

世界遺産登録への準備 —専門委員会のスタート—

平成4年（1992）に日本が世界遺産条約に加盟し、日本最初の暫定一覧表として12件の資産が記載されたが富士山は選外となった。平成6年6月14日「富士山を世界遺産とする連絡協議会」が240万人余りの署名を添えた「富士山の世界遺産リストへの登録に関する請願」を衆参両院議長へ提出したが、第129回国会環境委員会において審議未了となり保留となる。同年12月「富士山の世界遺産リストへの登録に関する請願」が、第131回国会衆参両院において採択され、平成7年5月19日、閣議決定された。同年9月静岡新聞社主催の国際専門家の参加のもとに議論が行われる。平成12年（2000）11月 文化財保護審議会世界遺産条約特別委員会が、「富士山について早期に世界遺産に推薦できるように強く希望する」とする意見書を国の文化財保護審議会に提出される。平成13年9月 ユネスコ世界遺産センターと日本政府の共催で「「信仰の山の文化的景観」に関する専門家会議」が和歌山県で開催され、富士山の将来的な世界遺産登録の可能性について紹介された。

平成14年11月 世界遺産条約採択30周年記念会議のプレ企画として開催された文化的景観の国際専門会議において富士山の神聖性と芸術性の両面からの顕著な普遍的価値の可能性について報告がなされた。

平成15年5月26日、環境省・林野庁が共催する「世界自然遺産候補地に関する検討会」において詳細は検討対象地域に選定されるも世界自然遺産候補地としては富士山は選外となる。

平成17年4月25日、中曽根康弘元総理大臣、故成田豊電通名誉相談役、山梨、静岡両県知事などが発起人となりNPO法人「富士山を世界遺産にする国民会議」が発足する。

同年7月、山梨、静岡両県が「富士山の世界遺産登録についての要望書」を文部科学省及び文化庁に連名で提出した。ここに富士山は自然遺産でなく文化遺産として世界遺産登録に向かって進められたのである。9月16日、山梨、静岡両県が「富士山世界遺産登録プロジェクトチーム」を設置した。10月17日、山梨、静岡両県が「世界文化遺産登録推進本部」を設置した。

両県（静岡、山梨）の学術委員会が設置

筆者が学術委員会に関わったのは平成17年頃であったと記憶している。当時は山梨県では、文化財保護審議会で富士山部会を設置して「特別名勝富士山保存管理計画」を策定した。富士山は、その貴重な自然と日本最高峰を誇る標高、秀麗な形姿から、人々に畏敬され、愛され、信仰、芸術と深い関わりを持ってきた。そのため、富士山は昭和27年10月7日に名勝として指定を受け、11月22日に特別名勝に指定されて保護されてきた。しかし一方で、特別名勝富士山は指定地の範囲が広く私有地も多いことから指定地内における建築物の建設案件も多数発生し、その適切な保存の在り方について再確認することが必要となった。また戦後は信仰の山だけでなく、観光の山として世界中から膨大な数の観光客が訪れる山となり、集客施設も増えたことから、富士山の適正な活用の検討も必要となってきた。この状況に鑑み、富士山の文化的価値を明らかにしつつ、その適切な保存と活用の方針を定めることを目的として、計画が定められた。この目的に適切に対応するため、昭和53年に最初に保存管理計画が

進められ、第1次改定が平成11年1月、第2次改定が平成17年8月の専門家部会で県が富士山世界遺産登録につき前向きに考えたことが知らされたためプロジェクトチームをつくり、私どもが策定してきた富士山保存管理計画もその一環として充実したものにしたい旨が提出された。平成18年（2006）4月 山梨県でも「世界文化遺産登録」へ本格的に取り組むことになる。

平成18年5月 に両県ともに世界遺産担当を置き諮問機関として富士山世界文化遺産山梨県学術委員会と富士山世界文化遺産静岡県学術委員会が設置された。山梨県学術委員会には委員長清雲俊元（山梨郷土研究会理事長）、副委員長田畑貞壽（千葉大学名誉教授）ほか10名の委員が選任された。また静岡県学術委員会では木村尚三郎（静岡文化芸術大学学長）、副委員長には土隆一（静岡大学名誉教授）ほか10名が選任された。山梨県学術委員会には石田千尋（古典文学）、薄木三生（自然公園、自然地理）、清雲俊元（中世近世、宗教史）、高山茂（民俗）、田中収（地質）、田畑貞壽（景観、世界遺産）、中込司郎（植物学）、西村幸夫（世界遺産、都市景観計画）、濱田隆（絵画）、渡辺洋子（建築学）が選任される。

静岡県学術委員会には土隆一（地質学、地下水）、安田喜憲（環境考古学）、稲葉信子（世界遺産、建築学）、片桐弥生（日本絵画史）、児矢野マリ（国際法、国際環境法）、高橋進（自然環境保全政策、自然保護地域政策論）、建部恭宣（建築学）、中村羊一郎（民俗学、日本文学、文化人類学）、東恵子（景観論、環境デザイン）、増沢武弘（植物生態学、極限環境生物学）の10名である。

この年の6月27日「富士山世界文化遺産二県学術委員会」が設置され、委員長に遠山敦子元文部科学大臣、副委員長に高階秀爾大原美術館長が選任された。

二県学術委員会は、両県学術委員会で作成された資産の評価を基にして登録方針、ストーリー、登録資産、バッファーゾーンの検討、普遍的価値等の証明、暫定リストなどの原案の作成を行った。委員には専門分野の学識経験者そして各県学術委員会正副会長が選任された。

二県学術委員会の委員には遠山敦子（文化行政）、高階秀爾（美術史）、荒牧重雄（火山学）、木村尚三郎（ヨーロッパ史、現代文明論）、清雲俊元（中世、近世、宗教史）、久保田淳（文学）、鹿野久男（自然公園）、田中優子（江戸文化、民俗）、田畑貞壽（景観、世界遺産）、土隆一（地質学、地下水）、西村幸夫（世界遺産、都市景観計画）の11名が選任される（なお、静岡県の木村尚三郎委員については平成18年10月18日に逝去されたので、後に川勝平太、安田喜憲各委員に変更される）。

この学術委員会を中心に構成資産の選定、推薦書原案の作成、包括保存管理計画の策定を進めていった。

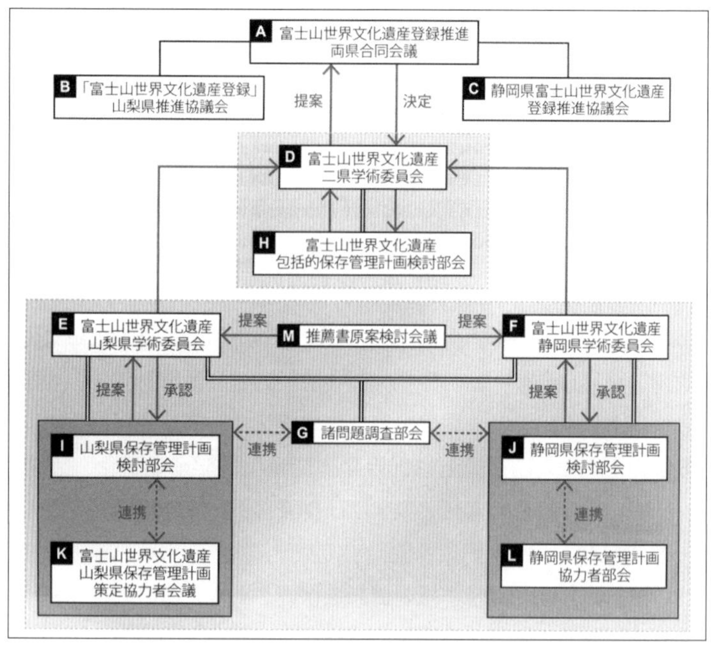

『「富士山─信仰の対象と芸術の源泉」世界文化遺産登録記念誌』
（富士山世界文化遺産登録推進両県合同会議　2014より）

現地調査と地域市民団体との意見交換

山梨県学術委員会による現地調査が平成18年7月31日よりはじまった。この時、富士山頂に登拝したのは、清雲、薄木、高山、西村の4名と事務局であった。周辺調査班は田畑、石田、田中、中込、濱田、渡辺の5名と事務局によって実施され、以後数回にわたって調査された。その間9月15日、第61回文化審議会文化財部会において世界文化遺産特別委員会が設置され、世界遺産暫定一覧候補の「公募」が行われた。静岡県からは富士宮市、富士市、御殿場市、裾野市、小山町、三島市、清水町、静岡市に依頼した。また山梨県では富士山に関係している富士吉田市、身延町、西桂町、忍野村、山中湖村、鳴沢村、富士河口湖町に依頼し、富士山にかかわる構成資産の洗い出しを行った。その結果、静岡側で198件、山梨県側で121件の資産が報告された。

ここで構成資産に対して問題となったのが、洗い出された資産に該当する資産の評価基準と国の文化財指定にかかわる問題があった。

世界遺産リストに登録するには、各国政府から申請された物件が世界遺産条約に定められた登録基準のいずれかを満たす必要があった。その世界遺産評価基準は下記の表の通り（i)～(x）があり、(i)～(iv）が文化遺産の評価基準で、(iv)～(x）が自然遺産の評価基準である。

世界遺産評価基準

(i)　人間の創造的才能を表す傑作である。
(ii)　建築、科学技術、記念碑、都市計画、景観設計の発展に重要な影響を与えた、ある期間にわたる価値観の交流又はある文化圏内での価値観の交流を示すものである。
(iii)　現存するか消滅しているかにかかわらず、ある文化的伝統又は文明の存在を伝承する物証として無二の存在（少なくとも希有な存在）である。
(iv)　歴史上の重要な段階を物語る建築物、その集合体、科学技術の集合体、あるいは景観を代表する顕著な見本である。
(v)　あるひとつの文化（または複数の文化）を特徴づけるような伝統的居住形態若しくは陸上・海上の土地利用形態を代表する顕著な見本である。又は、人類と環境とのふれあいを代表する顕著な見本である（特に不可逆的な変化によりその存続が危ぶまれているもの）。
(vi)　顕著な普遍的価値を有する出来事（行事）、生きた伝統、思想、信仰、芸術的作品、あるいは文学的作品と直接または実質的関連がある（この基準は他の基準とあわせて用いられることが望ましい）。
(vii)　最上級の自然現象、又は、類まれな自然美・美的価値を有する地域を包含する。
(viii)　生命進化の記録や、地形形成における重要な進行中の地質学的過程、あるいは重要な地形学的又は自然地理学的特徴といった、地球の歴史の主要な段階を代表する顕著な見本である。
(ix)　陸上・淡水域・沿岸・海洋の生態系や動植物群集の進化、発展において、重要な進行中の生態学的過程又は生物学的過程を代表する顕著な見本である。
(x)　学術上又は保全上顕著な普遍的価値を有する絶滅のおそれのある種の生息地など、生物多様性の生息域内保全にとって最も重要な自然の生息地を包含する。

二県が設置した国内の専門家員会及び文化庁内の世界遺産特別委員会の下、専門家においても、外国人専門委員の意見も一致した富士山の表の基準は（iii）（iv）（vi）の下に再構築することになった。その構図は次図に示すとおりで、富士山の顕著な普賢的価値を守るものである。

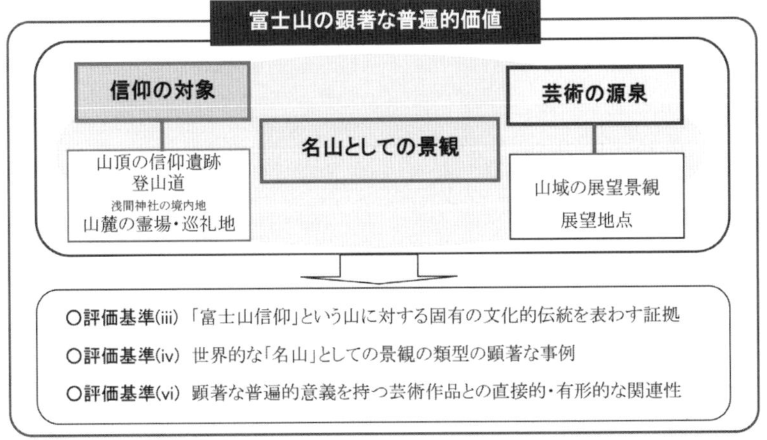

ここに評価基準をもとに整理され、山梨、静岡両県は42件の構成資産をもって富士山の暫定一覧表に記載するための提案書が作成された。平成18年11月10日、両県知事によって文化庁に提出された。

平成19年1月23日 文化審議会文化財分科会 世界遺産特別委員会において、構成資産42件が了承される。平成19年1月30日 ユネスコ世界遺産センターにおいて「富士山」が暫定一覧表に記載される。平成20年11月6～9日 クリスティーナ・キャメロンG（カナダ）、ノーラ・ミッチェル氏（アメリカ）を招いて意見交換会を行う。平成21年7月14日 稲葉信子 筑波大学大学院教授、岡田保良 国士館大学教授、西村幸夫 東京大学先端科学技術研究センター教授を委員とする推薦書原案検討会が平成23年2月24日まで7回開催された。

9月1日～6日 イコモス、文化的景観国際学術委員会を日本で開催し、同委員会委員長 モニカ・ルエンゴ氏（スペイン）、呂舟氏（中国）他の海外専門家との意見交換会、国際フォーラムを開催する。

平成23年７月27日 山梨・静岡両県が推薦書原案を文化庁へ提出する。９月16日 第118回文化審議会 文化財分科会において推薦書案が了承された。９月28日 日本国政府がユネスコ世界遺産センターに推薦書暫定版を提出する。名称は「富士山」構成資産25件であった。

平成24年１月26日 日本政府がユネスコ世界遺産センターに推薦書を提出する（名称は富士山　構成資産25件）。

構成資産は国の文化財

その中の構成資産に含まれる文化財が統一されておらず、国指定のもあれば、県市町村指定もあり中には無指定の資産も含まれていた。日本では文化遺産登録の場合、その資産が文化財保護法などによって保護され、国宝、重要文化財、史跡、名勝、天然記念物、重要伝統文化的建造物群などに指定されることが世界遺産への前提となるので、県指定、市町村指定、無指定の資産については国指定文化財にすることが先決であった。

学術委員会で問題になったのは「史跡」問題である。当時富士山の山体は国の特別名勝に指定されていたので何の問題もないと思っていた。ところが富士山の構成資産としては、富士山の信仰、芸術に関する場所は新たに史跡指定する取り組みが必要であることが指摘された。当時富士山そのものは特別名勝であったが、山梨県教育委員会 学術文化財課が主体となり、山梨県富士山総合学術調査会の支援を得て平成23年２月７日に国史跡に指定された。

史跡指定によって例えば八合目以上の富士山頂域や麓の構成資産として加えようとする浅間神社はすべて史跡に指定された。両県共に必死の思いで史跡指定に取り組み、それまで市町村指定、無指定の浅間神社を国指定の史跡にすることができた。また暫定一覧表から除外されていた富士五湖についても富士山の景観上、名勝に指定することになった。最初は2湖のみ入れるといったことが、5湖を構成資産に加えることになった。そのためには、5湖の水面だけを名勝指定にすることにしたが、指定に先立ち、湖面で漁業、観光業を営む355件の住民の同意が必要となり、これまた大変な作業となった。住民からの同意取得は困難を極め、25年の登録が危ぶまれ険悪な状態となった。山梨県では、知事を先頭に県職員、市町村職員が昼夜奮闘し、地元との交渉を重ねようやく平成25年12月末にほぼ100パーセントの同意を得ることができ、国の名勝指定及び構成資産としての推薦書の記載に間に合わせることができたのである。この時、有形文化財でも富士吉田市の御師の住宅、旧外川家も手続きが進まず紆余曲折あったがやっとのことで重要文化財の指定を受け、構成資産に加えることができた。

推薦書の提出

こうして専門家で構成する富士山世界文化遺産二県学術委員会で決めた25件の構成資産がようやく出揃い、平成24年1月26日に推薦書を提出することができたのである。登録にかかわる様々な仕事は、行政的に携わる方々の努力は勿論のこと、地元の関係者の理解と協力がなければ到底果たすことができない仕事だった。

富士山域を中心に計25件の構成資産からなる富士山が持つ「信仰の対象」「芸術の源泉」のいずれかの性質を表す構成資産及び構成要素の全てを包含している。これらが個々の性質により「登拝、巡礼の場」、山梨県側の馬返より上方の富士山域、山頂の信仰遺跡群、山麓から山頂まで延びる伸びる登山道、山麓に所在する浅間神社の境内、社殿群、御師住宅、霊地・巡礼地となった風穴・溶岩樹型、湖沼、湧水地、滝及び富士山域に対する代表的な「展望地、展望景観」に区分できる。

また富士山に対する信仰は、山域から山頂への登拝及び山麓の霊地への巡礼を通して、富士山を居処とする神仏の霊力を獲得し、自らの擬死再生を求めるという独特の性質を持つ、そのような信仰の思想及び儀礼、宗教活動の進展に伴い、火山である富士山への畏怖の念は自然との共生を重視する伝統を育みさらにそれは荘厳な形姿を持った富士山を敬愛し、山麓の湧水等の恵みに感謝する伝統へと進化を遂げた。

その伝統の本質は時代を超えて今日の富士山及び巡礼の形式、精神にも継承された。

このように富士山は往古以来からの山岳に対する信仰活動及び山岳への展望に基づく芸術活動を通して日本人のもつ神聖のある、世界的「名山」とした地域を確立した。それは顕著な普遍的価値を持っている。

平成25年6月22日、第37回世界遺産委員会において「富士山」が審査され、三保松原を含めて世界遺産として登録することが決定された。6月26日、第37回世界遺産委員会の決定が採択され「富士山―信仰の対象と芸術の源泉」という名称でも登録が確定した。

山梨県富士山総合学術調査研究委員会の設置

平成19年1月30日、ユネスコ世界遺産センターにおいて「富士山の暫定一覧表」に記載される。4月1日山梨県企画部に「世界遺産推進課」を設置する。このころになって文化遺産登録に対して県民からも関心を寄せられたが、特に有識者からの反対の声も多かった。それは富士山の普遍的な価値について確実に証明することが求められていることに対して静岡県、山梨県は懐疑的であり、物事を簡単に考えていた。とくに県内外の専門家からは静岡、山梨は富士山の世界遺産登録に対して上滑りであり、これでは登録できないとの指摘もあった。

それは山梨県自体をみても、1996 ~ 2008年に刊行された『山梨県史』でも、富士山については別に事業を考えていた。また「山梨県立博物館」の建設においても「武田氏関係」と「富士山」については開館10周年を目途に別に展示室を考えていたことなどあり、富士山に関する研究室も、資料室もなく、県内では富士吉田市の「歴史民俗博物館」が唯一の施設であった。そのために登録に際し富士山に関連した基礎資料の調査、研究が叫ばれると共に調査機関の設置が関係者から望まれた。

そうした背景に山梨県では、平成20年度に「山梨県富士山総合学術調査研究委員会」を設置した。平成23年度の調査報告書作成発刊を目指し、事業に着手した。この会が目指した調査研究は具体的に次のとおりである。

・自然環境、歴史考古民俗、有形文化財、文学など各分野にわたる総合学術調査の実施
・富士山関連の文献目録作成
・富士山の価値を見いだすことのできる基礎資料収集
・今後の調査研究への指針と検討課題の整理
・調査成果のまとめ（報告書の刊行）

経過と調査項目

調査は、山梨県教育委員会が委嘱、任命した学識経験者から構成される「山梨県富士山総合学術調査研究委員会」が実施した。なおこの委員会設置要綱には専門的な調査委員から成る研究部会を置くことができるとし、実際の調査は各研究部会の調査員を含む中で進められた。調査研究委員会は人文科学、社会科学、自然科学等の各分野の学識経験者7名から構成され、次の専門部会を統括した。

○自然環境部会　　　上杉　陽

○歴史考古民俗部会　秋山　敬　　清雲俊元　　萩原三雄
　　　　　　　　　　堀内　眞　　濱田　隆　　石田千尋

秋山敬委員長を中心に各部会には調査研究班が属し、各調査委員を含め実際の調査、研究が行われた。

平成24年３月「山梨県富士山総合学術調査研究報告書」が刊行された。

紆余曲折したこの会も、山梨県教育委員会をはじめ多くの研究者をはじめ関係者の支援を経て報告書の発刊に至った。本文編109頁、資料編437頁の膨大な資料集が刊行された。特に平成23年７月に文化庁に提出した推薦書原案に反映されるなど、富士山の世界文化遺産登録に当たって本報告書のデータが活かされた。またこの研究成果が推薦書の提出を早めることに寄与したことを自負もしている。

山梨県は平成28年６月に富士山世界遺産センターを河口湖町に開館し、前記の山梨県富士山総合学術調査研究委員会の事務局を統括し、総合学術調査研究委員会の研究成果も山梨県立富士山世界遺産センターの研究紀要『世界遺産富士山』の中に上梓されることになった。

調査研究会は萩原三雄委員長を中心に調査研究が続けられ、平成29年から年一度報告書が発刊されている。

委員会の組織

委 員 長　　萩原三雄

副委員長　　紙谷成廣

委　　員　　石田千尋　内山　高　北原糸子　清雲俊元　濱田　隆

この中に自然環境部会、歴史考古民俗部会、有形文化財部会、文学部会の調査委員によって調査研究が進められている。

第3章
富士山ヴィジョンの展開

1　世界文化遺産富士山ヴィジョン

本中　眞

平成25年（2013）7月にカンボジアのプノンペンで開催された第37回世界遺産委員会において、「富士山—信仰の対象と芸術の源泉」が世界文化遺産に登録された際の決議（37COM 8B.29）には、富士山が持つ「顕著な普遍的価値の言明」(Statement of Outstanding Universal Value）に続いて、今後の課題としてa）からf）までの6つの勧告が示された。同時に、平成28年（2016）の第40回世界遺産委員会において再び審議するために、勧告の実施に関する進捗状況をまとめた保全状況報告書（State of Conservation Report）を同年2月1日までに提出するよう日本政府に要請が行われた。

それから足掛け3年をかけて、日本政府が山梨県・静岡県、関係市町村との連携のもとに作成した保全状況報告書は、トルコのイスタンブールで開催された第40回世界遺産委員会において多くの委員国から賞賛の声を集めた。特に、今後、文化的景観の類似分野に属する資産にとって、保全管理の手本となるとの決議案に賛同する旨の発言が相次いだ。

本節では、富士山の世界文化遺産登録時の決議において世界遺産委員会が示した勧告の内容とそれに対する日本の取り組み、その中でも特に「世界文化遺産富士山ヴィジョン」の意義についてふり返り、その将来への活かし方等について記すこととしたい。

世界遺産委員会決議に示された勧告

第37回世界遺産委員会が採択した決議のうち、末尾に付されたa）からf）までの6つの勧告及び保全状況報告書の提出期限は、以下の囲みに示すとおりである[1]。

決議　37 COM 8B.29

1.～3. 省略（3については、第2章2　図5-2（87～91頁）を参照）

4. 締約国が、以下の点に関し、資産をひとつの存在として、またひとつの（一体の）文化的景観として、管理するための管理システムを実施可能な状態にするよう勧告し、
   a）進入（アクセス）・行楽（レクリエーション）の提供及び神聖さ・美しさの品質維持という相反する要求に関連して、資産の全体構想（ヴィジョン）を定めること
   b）神社・御師住宅及びそれらと上方の登山道との関係に関して、山麓の巡礼路の経路を描き出す（特定する）こと
   c）上方の登山道の受け入れ能力（収容力）を研究し、その成果に基づく来訪者管理戦略を策定すること
   d）上方の登山道及びそれらに関係する山小屋、トラクター道のための総合的な保全手法を定めること
   e）個々の構成資産において来訪者施設（ビジターセンター）を整備し、情報提供を行うために、構成資産のそれぞれが資産全体の部分を成し、山岳（富士山）の上方及び下方（山麓）における巡礼路全体の部分を成していることについて、認識・理解の方法を周知するための情報提供戦略を策定すること
   f）景観の神聖さ及び美しさの各側面を反映するために、経過観察指標を強化すること

5. 締約国に対し、2016年2月1日までに世界遺産センターに保全状況報告書を提出するよう要請する。報告書には、2016年の第40回世界遺産委員会において審査できるようにするために、文化的景観の手法を反映した資産の総合的な構想（ヴィジョン）、来訪者戦略、登山道の保全手法、情報提供戦略、危機管理戦略に関する進展状況を提示するとともに、管理計画の総合的な改定をも含める。これらの手法に関してイコモスに助言を求めるよう推奨する。

---

1 決議の全文の英語版はユネスコ世界遺産センターのホームページ（http://whc.unesco.org/en/decisions/5157）を、同じく日本語版は富士山世界文化遺産協議会のホームページ（http://www.fujisan-3776.jp/history/documents）を、それぞれ参照されたい。

決議の４番の冒頭では、まずa）からf）の６つの勧告に関し、資産を「ひとつの存在」(an entity）及び「ひとつ（一体）の文化的景観」(a cultural landscape）[2]の双方から管理するために、管理システムを実施可能な状態とすることを求めている。６つの勧告は、a）富士山の将来に向けた全体構想（ヴィジョン）を策定すること、b）下方斜面における巡礼路を特定すること[3]、c）来訪者管理戦略を策定すること、d）上方の登山道[4]等の総合的な保全手法を策定すること、e）情報提供戦略[5]を策定すること、f）経過観察指標を拡充・強化することから成る。さらに決議の最後の５番では、危機管理戦略を策定することについても言及したほか、世界遺産委員会決議の元となったイコモスの評価書では、山麓の開発の制御についてさらなる強化を求める旨の指摘があった[6]。これらの合計８点の指摘事項に基づき、私たちは各種の戦略・方法を策定しつつ、それらの前提として「世界文化遺産富士山ヴィジョン―その「神聖さ」と「美しさ」を次世代へと伝えるために―（ユネスコ世界遺産委員会の指摘・勧告に応えて）[7]」(以下「富士山ヴィジョン」という。）を並行して策定することとしたのであった。６つの勧告を含む８点の指摘事項の相互の関係、そして

2　勧告の冒頭に記述された“a cultural landscape”の訳語「ひとつの文化的景観」には、複数の構成資産から成る資産とそれらの緩衝地帯が「ひとつ」を成すという観点から、「一体の」の訳語を併記することとしている。

3　勧告b）は、かつて五合目以下の山麓に存在した霊場・巡礼地及びそれらを結んでいた巡礼路について、調査研究により明らかにすることを意味している。

4「上方の登山道」とは、五合目以上の登山道を指す。

5　英語では“interpretation strategy”であり、展示・サイン等を含め、価値に関する説明戦略のことを指している。

6　イコモス評価書の全文の英語版はユネスコ世界遺産センターのホームページを、同日本語版は富士山世界文化遺産協議会のホームページ（http://www.fujisan-3776.jp/history/documents/icomos_evaluationsbooks.pdf）を参照されたい。

7「世界遺産富士山ヴィジョン」の全文は、富士山世界文化遺産協議会のホームページ（http://www.fujisan-3776.jp/plan/plan/documents/vision.pdf）を参照されたい。

保全状況報告書に盛り込んだ勧告・指摘事項の各々に対する応答の要点を整理したものが図１である。

勧告	項目	応答の要点
勧告 a)	ヴィジョンの策定	▶ 資産を一体のものと捉え、文化的景観としての管理手法を反映
		▶ 地域社会が保存活用に積極的に参画・貢献

実現のための方針・手法

勧告	項目	応答の要点
勧告 b)	下方斜面における巡礼路の特定	▶ 調査研究体制を確立・充実し、構成資産間のつながりを明確化
		▶ 調査・研究成果を情報提供戦略へ計画的・段階的に反映
勧告 c)	来訪者管理戦略の策定	▶ 登山者数を中心とした調査研究を実施(平成27年から３年間)
		▶ 登山者数を含めた複数の指標を設定(平成30年７月までに)
		▶ 登山者の平準化、安全対策等の施策を実施
勧告 d)	上方の登山道等の総合的な保全手法の策定	▶ 登山者による影響の抑制（来訪者管理戦略の確実な実施）
		▶ 景観に配慮した維持管理・整備を推進
勧告 e)	情報提供戦略の策定	▶ 世界遺産センターを中心とした調査研究成果の蓄積及び公開活用の推進
		▶ 顕著な普遍的価値・富士山の保全・安全登山に関する情報提供
	危機管理戦略の策定	▶ 各種防災計画等に基づく対策の推進、伝達方法・避難ルート等を検討
		▶ 構成資産の災害予防及び安全対策の実施
	開発の制御	▶ 緩衝地帯内における行政手続の充実・強化
		▶ 個別事項（白糸ノ滝の整備、三保松原の保全など）への対応

資産への負の影響・施策の効果の把握

勧告	項目	応答の要点
勧告 f)	経過観察手法の拡充・強化	▶ 各種戦略等の評価・見直し
		▶ 展望景観の定点観測地点の追加（2 箇所→ 36 箇所）

図１　６つの勧告と指摘事項の相互関係及び各勧告・指摘事項に対する応答の要点

富士山ヴィジョンの構造

さて、勧告 a）に係る富士山ヴィジョンの構造は以下の４つの柱に整理することができる。

1	相反する要請の融合	「アクセス・観光の提供」の側面と「顕著な普遍的価値の維持」の側面とを相互に融合させる。
2	ひとつの存在	世界文化遺産である 25 の構成資産間の緊密な関係を明示し、相互のつながりへの理解を促進する。
3	ひとつ（一体）の文化的景観	世界遺産のみならず、緩衝地帯を含めた全体を文化的景観の観点から管理する。
4	コミュニティの果たす役割	地域住民・関係機関の相互連携の下に、緊密な情報共有と役割分担の体制を充実させる。

上の整理表のうち、１番は勧告 a）において言及された事柄である。ここには、相反する２つの要請を互いに融合させる観点こそが、富士山ヴィジョンを策定するうえでの前提だとの意図が示された。富士山には、山とその山麓が日本を代表する観光地として利活用されてきたという近代以降の歴史的経緯があり、登山とそれを支える交通網という山へのアクセスの手法は常に確保される必要があった。その一方で、世界文化遺産として登録されたからには、「信仰の対象」と「芸術の源泉」の両側面から成る顕著な普遍的価値を、将来に向けて確実に維持していくことも必要となった。これらの２つの要請には常に相反する側面をはらんでおり、富士山ヴィジョンを策定する際には双方を融合させて捉える視点が不可欠だということである。

整理表のうち２番と３番は、決議の４番（241 ページ参照）の冒頭において言及された事柄であり、整理表のうち１番の前提を成している。「ひとつの存在」と「ひとつ（一体）の文化的景観」の双方を踏まえた管

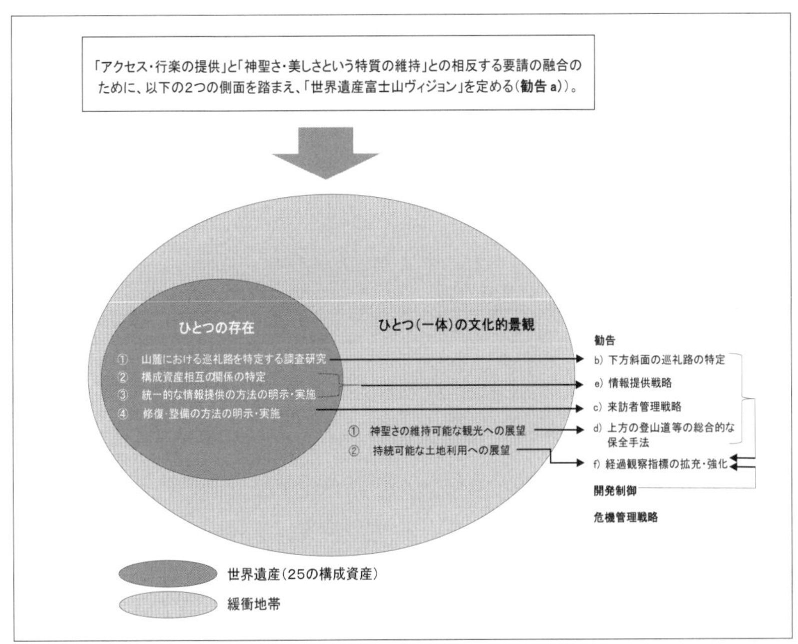

図２「ひとつの存在」と「ひとつ（一体）の文化的景観」との関係

理のシステムを実現するために、相反する２つの要請を融合する観点から全体構想（ヴィジョン）を定めるよう求めているのである。

また、整理表の４番は同表の１～３番を支える最も重要なポイントであるといってもよい。現在の富士山世界文化遺産協議会を中心として関係者間の相互連携と役割分担を確実に進めることは、緩衝地帯も含めた25の構成資産の一体の保全管理を進めるうえで前提を成すものである。

これを図示したものが図２である。世界文化遺産の構成資産は25存在するが、それらは「馬返」（標高約1,500 m）以上の広大な富士山域を中心としつつも、山麓に散在する小さな霊地・巡礼地から成る。それらは、相互の物理的なつながりが確保されていないため、一見してバラバラに存在しているかのような印象を与える。しかし、個々の構成資産は１枚の絵のパーツを成しており、それらのどれが欠けても世界遺産富士山という全体の絵を描き出すことはできない。全体が持つ顕著な普遍的価値への理解を確実にするうえで、「ひとつの存在」というキーワードは重要であった。

また、富士山の全体は山頂から山麓に至るまでの広い範囲に広がっているが、世界文化遺産として登録された範囲はその一部にしか過ぎない。登録された構成資産群の相互の隙間を埋めているのは、緩衝地帯の範囲である。緩衝地帯には世界遺産としての価値はなく、あくまで世界遺産の範囲を守るために保全すべき「環境」でしかない。つまり、勧告a）は、一群の構成資産から成る世界文化遺産の範囲と山麓を広く覆う緩衝地帯の総体を一体として捉え、その全体を人間と自然との良好な関係を維持する文化的景観の観点から保全管理していくことが必要だと指摘しているわけである。顕著な普遍的価値の保全環境を良好に維持するうえで、「ひとつ（一体）の文化的景観」のキーワードもまた大きな意味を持っていたわけである。富士山ヴィジョンに述べている「「ひとつ（一体）の文化的景観」としての管理手法を反映した保存・活用」とは、『人間と自然との調和的な共存』の観点を踏まえ、25の構成資産が現在までの長い歴史の中で『信仰の対象』と『芸術の源泉』の両側面において地域社会の生活・生業（観光を含む。）とどのような関係を保持し進化してきたのか、さらには将来的にどのような関係に進化・発展していくべきなのかを導き出すことである。」というくだりは、このキーワードの本質的な意味を明確に言明している点で重要である。

以上のような富士山ヴィジョンの基本的な考え方とフレームは、富士山の顕著な普遍的価値とその保全環境を全体として維持し、公開・活用していくうえでの指針となるものであり、b）からf）までの勧告に基づき策定した各種の戦略・方法の前提を成すものである。

富士山ヴィジョンの精神をいかに将来に活かすか？

富士山ヴィジョンの考え方を他の計画に活かす

自明のことだが、富士山ヴィジョンは、その副題にも表れているように、世界遺産委員会の指摘・勧告に応えて作成されたものである。したがって、そこに盛り込んだ富士山の保全管理と公開・活用の考え方・方法は、あくまで世界遺産に軸足を置いたものであり、富士山に関するすべての事象にとってオールマイティの性質をもつものではない。しかし、富士山ヴィジョンには、「山頂・山中・山麓へのアクセス及びそこでのレクリエーションに対する社会的要請と、顕著な普遍的価値の側面を成す「神聖さ」・「美しさ」の維持とを融合させ、構成資産のみならず、その周辺環境も含め、両者間の相反する課題を調和的に解決していくための考え方・方法を示すこと」が重要だとうたっている。そして、そうすることが、「構成資産のみならず緩衝地帯を含め、地域社会（コミュニティ）の積極的な関与の下に望ましい土地利用の在り方を展望することにつながる」とし、「山麓における望ましい土地利用の在り方と良好な展望景観を維持するために阻害要件の改善及びその発生の確実な回避を目指すことにもつながる」としている。つまり、観光事業も含め、地域住民が営む生活（くらし）・生業（なりわい）と、世界文化遺産富士山が持つ顕著な普遍的価値との関係を、バランスよく進化・発展させる視点こそが富士山ヴィジョンの根幹であり、富士山ヴィジョンの下に定める各種の戦略・方法の目的だと述べているわけである。

しかし、私たちは富士山を世界文化遺産の候補として推薦するにあたり、緩衝地帯も含め推薦資産の全体をどのように保存管理していくのかをまとめた「富士山包括的保存管理計画」を提出したわけであるが、それは富士山ヴィジョンの主旨を前提として策定したものではなかった。さらに、登録時の決議に示された勧告を受けて、平成28年（2016）に保全状況報告書に添付して提出した改定後の包括的保存管理計画にも、富士山ヴィジョンの主旨が明確に反映されたとは言い難い状況にある。したがって、今後は両者の整合を図るために、包括的保存管理計画を再改定するなどのさらなるブラッシュアップが求められるであろう。

世界文化遺産の価値（顕著な普遍的価値）を表す場所やモノ・コトの再確認

各々の構成資産の範囲内に含まれ、顕著な普遍的価値を表す場所やモノ・コトがどこなのか、もう一度確認する作業が求められる。それは、世界遺産としての富士山が持つ顕著な普遍的価値とは何か、それを明確に表す場所やモノ・コトが構成資産のどの位置に表れているのか、さらにはそれらを将来にわたり適切に継承していくための方向性や具体的な保存・活用の手法が何なのかを再確認する作業でもある。富士登山に軸足を置く「信仰の対象」としての富士山、そして数多の芸術作品の対象となった「芸術の源泉」としての富士山。これらの２つの特質から成る富士山の顕著な普遍的価値は、構成資産内の特定の場所やモノ、構成資産内で行われる特定のコトなどによって証明されるわけだが、それらが構成資産内のどこに濃度高く存在し、どのような時間に濃度高く表れるのかを見極める作業だと言ってもよい。

これらの作業を確実に行うためには、平成25年の富士山の世界文化遺産登録時に世界遺産委員会が採択した「顕著な普遍的価値の言明」[8]の文章に立ち戻って検証することが有効である。「顕著な普遍的価値の言明」(Statement of Outstanding Universal Value）には、価値評価に関わるすべてのキーが込められているからである。

図３は、「顕著な普遍的価値の言明」に基づき、富士山の顕著な普遍的

8　登録時の世界遺産委員会決議（Decision: 37 COM 8B.29 ）の３に示された「顕著な普遍的価値の言明」(Statement of Outstanding Universal Value)（日本語版）は、本書の第２章２ 図5-2（87 ~ 91ページ）を参照されたい。

価値の（「属性」（アトリビュート／attribute）を再整理したものである。すでに第二章第２節で述べたように、25の構成資産のすべては、「信仰の対象」と「芸術の源泉」の２つの属性に基づき評価基準（iii）と評価基準（vi）の説明文に各々結びついている。「固有の文化的伝統の表象」の観点から評価基準（iii）の説明文において記述された「信仰の対象」と「芸術の源泉」の２つの属性は、それぞれ「登拝」という宗教的な登山の行為にまつわる神社境内・登山道・山頂信仰遺跡・溶岩樹型・湖沼・池沼・滝・松原などの霊場・巡礼地（溶岩樹型）に表れるとともに、南麓・北麓の代表的な展望地点からの富士山の展望景観にも表れている。また、「顕著な普遍的意義を持つ芸術作品との直接的・有形的な関連性」の観点から評価基準（vi）の説明文において記述されたのは、25の構成資産を含む富士山の存在そのものが、葛飾北斎や歌川広重の著名な作品群を通じて世界にあまねく知られるようになり、日本のみならず世界の名山となったという事実である。私たちが富士山の顕著な普遍的価値が表れている各構成資産内の場所やモノ・コトを再確認する場合には、世界遺産委員会の決議に示された富士山の「顕著な普遍的価値の言明」に立ち返る視点が欠かせないと思う。

ひるがえって、そのような各構成資産内の場所やモノ・コトが、これまでにまったく特定されてこなかったのかと言えば決してそうではない。構成資産が所在する各々の市町は、世界文化遺産への推薦に先立って史跡・名勝・天然記念物・重要文化財の観点から各構成資産の文化財としての保存管理計画を策定した。これらの一群の計画は、世界文化遺産富士山の全体をカバーする「世界遺産富士山包括的保存管理計画」の分冊として、推薦書にも位置づけたものである。これらの個別の保存管理計画では、文化財の類型ごとに指定地内の本質的価値を表す場所やモノをすべて特定したはずであった。しかし、世界文化遺産の顕著な普遍的価値とは何であり、それを表す場所やモノ・コトを明確にしたかと言えば、必ずしもそうとは

評価基準（iii）

独立成層火山としての荘厳な富士山の形姿は、間欠的に繰り返す火山活動により形成されたものであり、古代から今日に至るまで山岳信仰の伝統に息吹を与えてきた。山頂への登拝と山麓の霊地への巡礼を通じて、巡礼者はそこを居処とする神仏の神聖な力が我が身に吹き込まれることを願った。
これらの宗教的関連性は、その完全な形姿としての展望を描いた無数の芸術作品を生み出すきっかけとなった富士山への深い憧憬、その恵みへの感謝、自然環境との共生を重視する伝統と結び付いた。一群の構成資産は、富士山とそのほとんど完全な形姿への崇敬を基軸とする生きた文化的伝統の類い希なる証拠である。

芸術の源泉（属性-２）

- 14世紀以降、芸術家は多くの富士山の絵を製作した。17世紀から19世紀にかけての時代には、富士山の形姿が絵画のみならず文学、庭園、その他の工芸品において重要なモチーフとなった。
- 特に「富嶽三十六景」などの葛飾北斎の木版画は19世紀の西洋芸術に重大な影響を与え、富士山の形姿を「東洋」の日本の象徴として広く知らしめた。
- ほぼ完全で、頂上が雪に覆われた富士山の円錐形の形姿が、19世紀初頭の画家に対して、霊感を与え、絵画を製作させ、それが文化の違いを超え、富士山を世界的に著名にし、さらには西洋美術に重大な影響をもたらした。

信仰の対象（属性-１）

- 富士山の荘厳な形姿と間欠する火山活動が呼び起こす畏怖の念は、神道と仏教、人間と自然、登山道・神社・御師住宅に様式化された山頂への登頂と下山による象徴化された死と再生を結び付ける宗教的実践へと変容した。

自然

独立し、時に雪を頂く富士山は、集落や樹林に縁取られた海、湖沼から立ち上がり、芸術家や詩人に霊感を与えるとともに、何世紀にもわたり巡礼の対象となってきた。富士山は、東京の南西約100kmに位置する標高3，776mの独立成層火山である。南麓のふもとは駿河湾の海岸線に及ぶ。

顕著な普遍的意義を持つ図像
（とりわけ北斎・広重の浮世絵）

評価基準（vi）

湖や海から立ち上がる独立成層火山としての富士山のイメージは、古来、詩・散文その他の芸術作品にとって、創造的感性の源泉であり続けた。
とりわけ19世紀初頭の葛飾北斎及び歌川広重による浮世絵に描かれた富士山の絵は、西洋の芸術の発展に顕著な衝撃をもたらし、今なお高く評価されている富士山の荘厳な形姿を世界中に知らしめた。

世界遺産「富士山—信仰の対象と芸術の源泉」には、文化遺産の6つの評価基準のうち、**評価基準(iii)と評価基準(vi)**の2つが適用されている。
これらの評価基準をともに満たしていることから、世界遺産としての顕著な普遍的価値を持つことが証明された。

評価基準(iii) → ある文化的伝統の類い希なる証拠

現存するか消滅しているかにかかわらず、ある文化的伝統又は文明の存在を伝承する証拠として無二の存在（少なくとも希有な存在）であること。

評価基準(vi) → 顕著な普遍的意義を持つ図像との直接的・有形的な関連性

顕著な普遍的意義を持つ出来事(行事)、生きた伝統、思想、信仰、芸術的作品若しくは文学的作品と直接的又は有形的に関連性を持つこと。（この評価基準は他の基準とあわせて用いられることが望ましい）。

世界遺産の構成資産

1 2 3 4 5 6 7 8 9 10 11 12 13 14 15 16 17 18 19 20 21 22 23 24 25

連続性を持つ資産（シリアルプロパティ）は、山頂部の区域、それより下の斜面やふもとに広がる神社、御師住宅、湧水地や滝、溶岩樹型、海浜の松原から成る崇拝対象の一群の関連自然事象により構成される。それらはともに富士山に対する宗教的崇拝の類い希なる証拠を形成しており、画家により描かれたその美しさが西洋芸術の発展にもたらした重大な影響の在り方を表す上で、その荘厳な形姿を十分に網羅している。

図３「顕著な普遍的価値の言明」に示された価値評価の構造[9]

言えない。より厳密に言えば、登録を目指して策定した計画であったため、のちに世界遺産委員会が登録時に採択した富士山の「顕著な普遍的価値の言明」に基づき特定したわけではなかったということである。

また、特定した場所やモノ・コトに過不足がないかどうかについても再確認する必要があろう。構成資産の範囲内には、さまざまな場所やモノ・コトが展開する。それらの中から、「信仰の対象」と「芸術の源泉」の両面に関係の深い場所やモノ・コトに焦点を絞って光を当てる作業である。もちろん、形のあるものだけではない。そこで行われてきた信仰や芸術に関係するさまざまな人間の営みも視野に入れなければならない。顕著な普遍的価値のフレームを再確認し、顕著な普遍的価値に貢献する場所やモノ・コトを再整理することにより、それらを将来に継承していくための適切な方向性と具体的な手法を合理的に示すことが可能となる。これらの作業の多くはすでに推薦時に行ったはずであるから、今後の課題は世界遺産委員会の決議のもとに確定した富士山の「顕著な普遍的価値」の言明に基づき、既往の方向性・手法について再検証・再整理を行うことだと言ってもよいであろう[9]。

調査票（モニタリング・カルテ）による経過観察

世界文化遺産への登録後、山梨県・静岡県では、富士山の遠景・近景の展望景観に顕著な変化が生じていないかどうかをチェックするために新たに展望地点を増やし、それぞれに調査票（モニタリング・カルテ）を用いて定期的な観察を行うこととした（図 4-1、4-2）。顕著な普遍的意義を持つ岡田紅陽の写真の撮影ポイントとなった本栖湖北西岸の中之倉峠、同

9　平成 31 年 4 月現在、富士山世界文化遺産協議会では、平成 25 年 7 月の登録から 5 年が経過したのを契機として、推薦書に添付してユネスコに提出した富士山包括的保存管理計画の内容を見直し、必要箇所の改定を目指して作業を既に進めているところである。図 3 は、その過程で検討中の案である。

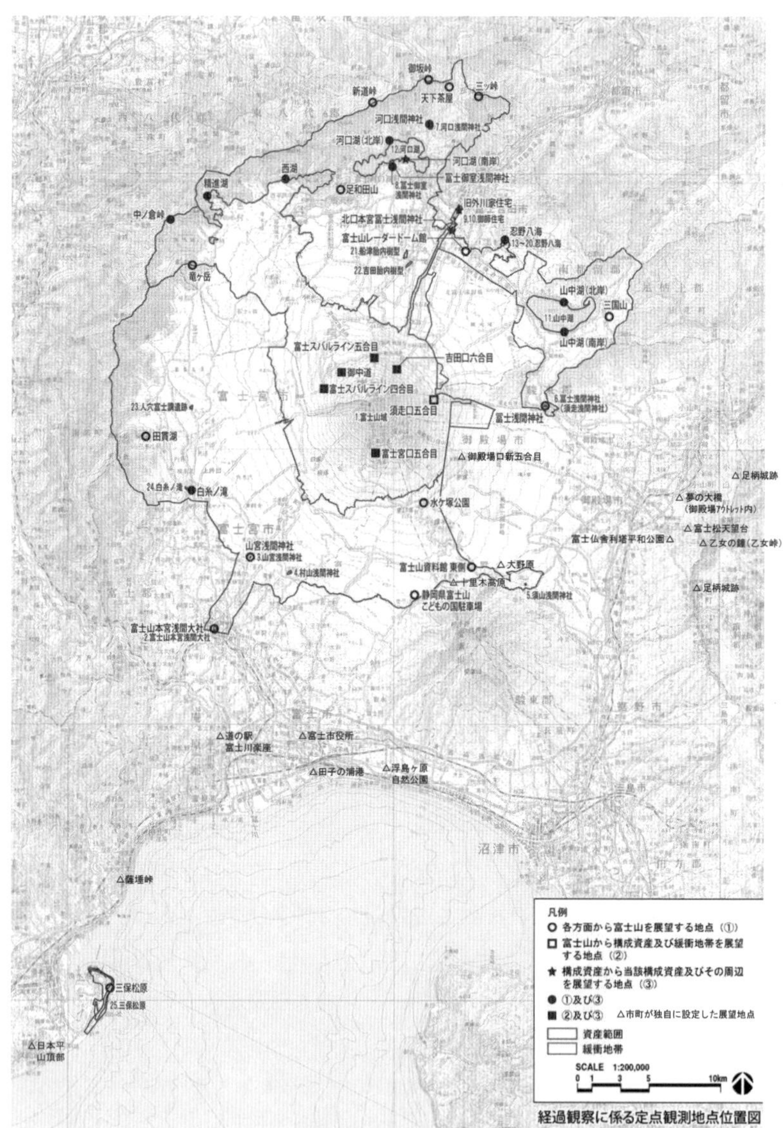

図 4-1　経過観察（モニタリング）のための 36 の展望地点

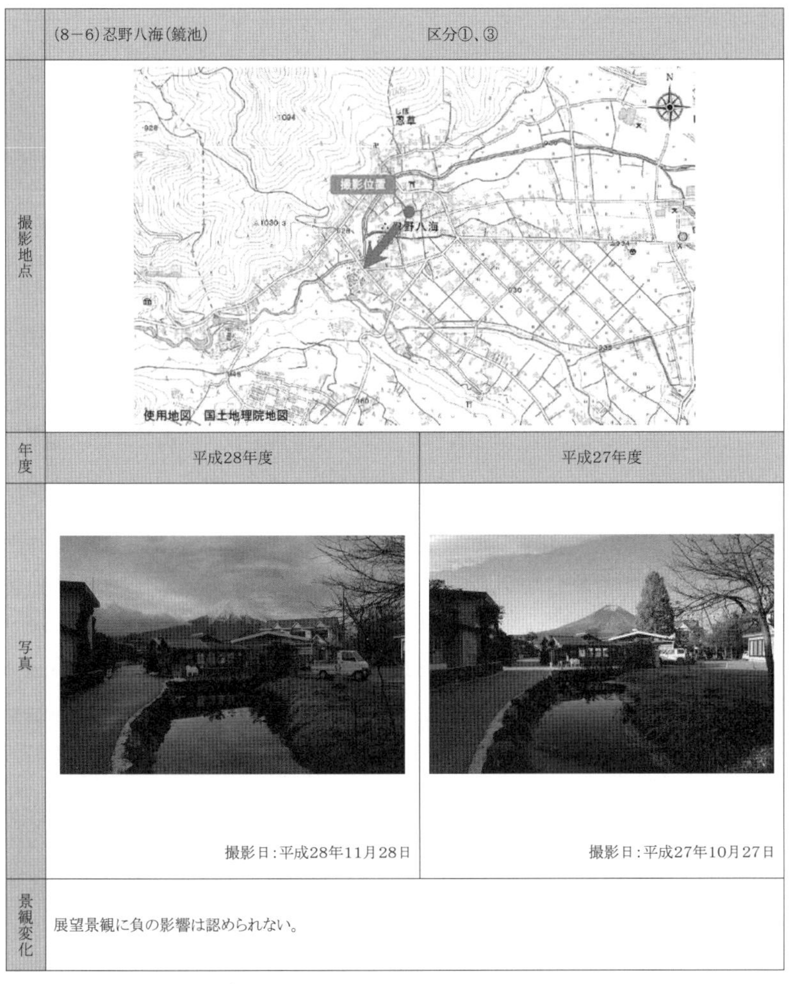

	(8－6)忍野八海(鏡池)	区分①、③
撮影地点		
年度	平成28年度	平成27年度
写真	撮影日：平成28年11月28日	撮影日：平成27年10月27日
景観変化	展望景観に負の影響は認められない。	

図 4-2　展望地点からの富士山への展望の調査票（モニタリング・カルテ）の事例（山梨県）

じく歌川広重の版画にも描かれた富士山の展望地点として著名な三保松原の２ヶ所に加え、富士山の近景や遠景のチェックポイントとして新たに 34 ヶ所を選び、合計 36 の展望地点をモニタリング・カルテによる観察ポイントとして定めたのである。このような調査票（モニタリング・カルテ）を用いた定期的な経過観察（モニタリング）は、展望景観のみならず、すべての構成資産において必要なことである。各構成資産の範囲内には、古くから富士登山に関係する営みの下に造られ、残されてきたさまざまな場所やモノが存在する。例えば浅間神社の境内には、富士登山に先立って潔斎を行った社殿のみならず、結界を表す鳥居、水辺に臨む禊の場、登山を記念して建立された石碑などが残されている。山頂の信仰関係遺跡、登山道沿い、そして山麓の霊場・巡礼地にも、同様の場所とモノが伝わる。湖沼の湖岸に迫る富士山の溶岩流の端部や清涼な池沼を形成する湧水、松原を構成するマツの樹叢や砂浜など、自然の要素も霊場・巡礼地を織りなす不可欠の要素である。それらは、すべて富士登山を軸とする富士山の「信仰の対象」の側面に緊密に関係し、世界文化遺産富士山の顕著な普遍的価値を表す場所やモノにほかならない。それらを安定した状態で未来へと伝えるためには、常に監視し、変化の発生に留意することが必要である。そのためには、場所やモノそれぞれに固有の性質を見極め、ひとつひとつについて調査票（モニタリング・カルテ）を作り、精緻な体系の下に定期的な経過観察（モニタリング）を行う必要があろう。１ヶ月、１年、３年などの一定のサイクルの下に、写真撮影などの手法により定常的に状態を把握することが求められる。一気呵成にシステマティックな調査票（モニタリング・カルテ）を作るのは容易なことではないが、一部を試験的に作成し、それらを段階的に拡充・発展させていく視点が求められるのではないか。実際のモニタリングの主体となる市町の担当者が、世界文化遺産をフォローすることに愛着と誇りを感じるとともに、彼ら・彼女たちの日常の職務に対して必要以上の負担にもならないモニタリングの手法を編み出すことが求められる。

遺産影響評価の取組

最近の世界遺産委員会では、新規の推薦資産の件数に上限を設けるなど登録資産数を抑制する傾向が強くなっているが、その一方で保全状況を確実にする観点から、リスクが差し迫っているか又はその可能性のある既登録資産の審議案件が増える傾向にある。遺産の内外において発生する顕著な普遍的価値に負の影響を及ぼす可能性のある開発等の事案に対して、事前に遺産に対する影響評価を行い、その影響を未然に回避しようとの取り組みが進みつつある。平成23年（2011）には、イコモスが遺産影響評価の考え方・主旨等をまとめたガイダンスレポートを公表した[10]のをはじめ、平成27年（2015）には、ドイツ・ボンで開かれた第39回世界遺産委員会では、各締約国に遺産影響評価の実施を推奨する旨の勧告（37COM 7）が採択された。日本の世界文化遺産のうち、平成23年（2011）に登録された「平泉―仏国土（浄土）を表す建築・庭園・考古学遺跡―」の場合には、登録の決議に付して資産内で行われる発掘調査、緩衝地帯内で発生する道路・橋梁等の建設事業の遺産影響評価を実施し、世界遺産委員会の審査のために保全状況報告書を所定の期限までに提出するよう勧告が行われた。このように、負の影響の回避・低減を目的として、事前に遺産影響評価を実施することが強く求められるようになってきたわけである。

富士山の場合にも、既に述べたようにイコモスの評価書において山麓の

---

10 イコモス「世界文化遺産の遺産影響評価ガイダンス」の英語版については https://www.icomos.org/world_heritage/HIA_20110201.pdf を、日本語版については東京文化財研究所編「世界文化遺産の世界遺産影響評価に関する調査研究書」（2019）https://www.tobunken.go.jp/japanese/publication/pdf/2019-research-HIA.pdf の該当箇所を、それぞれ参照されたい。

開発抑制を強化する必要性が指摘されたにもかかわらず、その後に大規模ホテル・工場の建設、巨大太陽光発電施設の設置、高圧送電線・鉄塔の改修、軌道の新設など、図 4-1 に記した展望地点からの展望に影響を及ぼす可能性のある事案が発生している。特に開発事案が多い山梨県側の緩衝地帯に対しては、従来の景観法に基づく景観規制の手法に加えて、平成 29 年（2017）に山梨県景観配慮条例が制定され、景観面における遺産影響評価が実質的に始まった。条例により届け出の対象とされた事案のうち、一定の基準に達する個別の事案について、知事が実施主体に遺産影響評価書の提出を求め、専門家の意見を聴取しつつ改善の方策を求めることができるようになったのである。この制度は、世界文化遺産では初めての試みとなった点で評価できる。展望景観がいわば遺産の生命線を成す富士山のようなケースには、必然的な手法の導入であったとはいえ、山梨県の積極的な取り組みの成果に敬意を表したいと思う。

情報共有と合意形成の場の充実・発展

世界文化遺産への推薦にむけて、平成 24 年（2012）1 月 25 日に富士山世界文化遺産協議会（以下、「協議会」という。）が設置された。協議会のメンバーは、山梨県・静岡県をはじめ、構成資産のみならず緩衝地帯が所在する 10 市町村、山梨県側の県有林の管理運営団体である富士吉田市外二ヶ村恩賜県有財産保護組合、鳴沢・富士河口湖恩賜県有財産保護組合、構成資産の所有者（神社を含む。）、山内（さんない）の運営に当たる団体、観光等の関係団体などから成る。当初、60 以上もあった構成資産の候補地を 25 に絞り込む過程をはじめ、推薦書に添付して提出した包括的保存管理計画の策定の過程、そして登録後の富士山ヴィジョンの策定の過程も、すべて協議会における議論と合意形成を踏まえて進められたものである。また、各構成資産の文化財の保存管理計画や整備計画の策定の過程では、地域住民の代表も議論に加わった。さらに推薦前に必ず達成しなければならなかった富士五湖の名勝指定を目指して、平成24年（2011）1月から5つの湖ごとに「明日の富士五湖創造会議」「(以下「創造会議」という。)が開催され、名勝指定の範囲、保存管理の在り方、より望ましい湖沼環境の創造に関して合意形成への努力が試みられるようになった。創造会議では、登録後においても富士山ヴィジョンと各種戦略・方法を定める過程で湖面の活用の在り方や周辺環境の改善に関し、さらに議論と改善への試みが行われている。未だ十分とは言えない部分も残してはいるが、ともあれ、今後とも、このような多様な議論と実践の場、合意形成の場を末永く充実・発展させていく努力が求められる。

「富士山世界遺産センター」の開設と情報発信の今後

山梨県と静岡県は、富士山の調査研究と顕著な普遍的価値の情報発信の拠点として、富士山の北麓と南麓にそれぞれ富士山世界遺産センターを開設した。山梨県は平成29年に富士河口湖町に既存の国立公園公開施設に増築して新施設を開設し、静岡県は平成30年に富士宮市に新築施設を開設した。ともに展示手法、情報発信の方法、施設の意匠・構造などに創意工夫を凝らした両県に固有の施設である。世界文化遺産を基軸としつつ、富士山の歴史・文化、その胚胎の基盤を成した自然の成り立ちなどについて広く網羅的に紹介しており、老若男女が楽しみながら学べる構成となっている。北麓と南麓に富士山をテーマとする中核施設が開設された意義は限りなく大きく、今後ともその機能が拡充されていくことが期待される。

その際に重要なことは、世界文化遺産の推薦・登録を契機として開設された「世界遺産センター」なのであるから、世界文化遺産としての顕著な普遍的価値の発信を基軸に据えているということが来館者に伝わるような展示・情報発信の手法でなくてはならないということである。富士山に関わる情報はかなり広範に及び、国民生活の様々な部分に息づいている。その全体を細大漏らさず情報提供するのは重要なことだが、その中軸にあるのはやはり世界文化遺産だということだ。世界文化遺産を最上のものとして祭り上げようなどという気はさらさらないが、「世界遺産センター」の名称を冠する限りは、世界文化遺産としての富士山のテーマが明瞭に浮かび上がってくるような構成でなくてはならない。例えば、図３（本節 250 ページ）に示した富士山の顕著な普遍的価値のフレームに基づき、25 の構成資産が富士山という大きな絵のどのパーツを占めているのかが来館者にわかりやすく伝わるような展示・情報発信が求められる。両センターの展示コンセプトは、世界文化遺産の推薦の過程で両県の創意工夫を尊重しつつかなり精査されたものとなってはいるが、登録時にはほぼ完成していたか固まった状態であった。したがって、正確に言うと、それは登録時に確定した「顕著な普遍的価値の言明」のフレームを踏まえたものとはなっていないわけである。パンフレット等の紙媒体の作成やウェブなどの更新を通じて、段階的に展示や情報提供の在り方に「顕著な普遍的価値の言明」のフレームを反映させていくことも求められるであろう。さらには、将来、展示内容を改修する際には、上記のような視点から再検証し、より世界文化遺産に照準を合わせた内容にブラッシュアップしていくことも求められるのではないかと思う。

イコモス報告
—第 13 小委員会「眺望遺産（vista-heritage）及び setting」の設置について—

日本イコモス国内委員会主査　**赤坂　信**

※「JAPAN ICOMOS INFORMATION」（日本イコモス インフォメーション誌）
8 期 11 号 2012 年 9 月 5 日発行より転載（カッコ内の西暦は編集委員会による）

昨年（2011）12 月に開催されたイコモスのパリ大会で、富士見坂からの富士山への眺望を守ろうという決議（resolution）が採択された。これを契機に今年（2012）の 6 月 16 日の日本イコモス国内委員会の拡大理事会で、第 13 小委員会「眺望遺産（vista-heritage）及び setting」の設置が提案され、承認された。この機会にこの小委員会の設置の経緯とその趣旨を述べておきたい。

今から 12 年前の 2000 年に東京都荒川区にある富士見坂から見える富士山への眺望が危機に瀕したことがあった。江戸時代はもちろん、戦後においてもなお、東京都内からの富士見はさまざまなところから可能だった。しかしバブル期を境に地上から望見できる富士見の場所が激減。そして都内に散見される「富士見坂」は名ばかりのものとなっていった。

2005 年の ICOMOS 西安大会（中国）における学術シンポジウムのテーマは「変わりゆくタウンスケープ及びランドスケープにおける setting の文化遺産を再考する」というものだったが、筆者は、そこで都市のランドマークとなる山、建物、丘陵への眺望の保全について報告する機会を得た。その一例として富士山の眺望が得られる日暮里富士見坂の眺望問題を紹介し、眺望線を眺望遺産（vista-heritage）として保全すべきことを提言した。富士山が大爆発でもして消滅しない限り、眺望の対象は存在するが、富士見という眺望行為を成立させるためには、先ずその視界の確保が必要となる。つまり、vista-heritage を考えるには眺望対象の保全だけではなく、眺望行為を成立させるための“状況”の確保が大前提となる。

先に述べた、2000 年の富士見の危機とは、富士山への眺望線上に、マンションが建設され、富士山の左半分が見えなくなったことである。これに加えて、昨 2011 年、新宿区に建設予定の超高層ビルが、日暮里富士見坂から見える富士の眺望をほぼ遮ってしまうことが判明した。これを採りあげたマスメディアは、見えるうちに富士見を楽しもうという論調で報道されるという状況があった。このままでは真に富士見ができる富士見坂がまた消滅してしまうと考え、同年パリで開催される ICOMOS の大会に参加予定だったので、この窮状を訴えようと、日本イコモス国内委員会の西村幸夫委員長はじめ他のメンバーに相談して大会の決議文委員会に、文案を作成して提出することにした。昨年（2011）12 月 1 日、大会の会議でこれが Resolution 17GA 2011/21 — Vista of Mount Fuji で受諾され、ICOMOS 委員長名で関係企業、都、関係の 5 区に決議文委員会の文書が今年（2012）5 月下旬に送付された。その文書は 4 つのパラグラフから成り立つ短いものだが、最後のパラグラフで富士見の vista に限らず、「heritage settings における heritage vistas と key views の保護」を世界に広く呼びかけている。これは眺望（vista）を文化遺産として今後考えようという ICOMOS の表明である。このイコモスの決議文に関しては昨年（2011）11、12 月、本年（2012）1 月、7 月に新聞で、すでに報道されている。富士見という眺望の保全について、近日中に関係の 5 区が企業と話し合いの機会をもつことになれば、小委員会も積極的にかかわっていこうと考えている。会員のみなさまのご鞭撻、ご協力を乞いたい。

中央に新宿区大久保 3 丁目に建設予定のビル高さ 160m
（日暮里富士見坂からの眺望シミュレーション写真：富士見坂眺望研究会提供）

2 富士山の世界遺産登録後の行政の動向
—富士山世界文化遺産協議会資料から—

田畑　貞壽

本節では、関係市町村、山梨、静岡、関係団体、関係省庁での調査資料を基にまとめられた内容を記述した。

目　的

地域社会の多様な主体による富士山のあるべき姿についての合意形成の過程を通じ、山麓における土地利用形態の歴史的経緯を踏まえつつ、将来における望ましい土地利用の在り方を展望する。さらに、富士山が持つ顕著な普遍的価値の継承を前提として、人間と富士山との持続可能で良好な関係を構築し、富士山の良好な展望景観を保全するため、適切な規制の下に保全と開発の調和を図る。

現　状

構成資産

構成資産が所在する土地は、公有地又は民有地に区分できる。公有地は、国、山梨県・静岡県及び関係市町村の意思により土地の利用を決定することができるため、開発が及ぶ可能性は極めて低い。民有地は、所有権が私人に属するものの、文化財保護法又は自然公園法（国立公園特別地域に指定された区域）の規定に基づく土地の形状変更及び建築物その他の工作物の新築等に関する厳格な土地利用の規制により所有権の行使が大幅に制限されているため、開発が及ぶ可能性は相当低い。このことから、構成資産は確実に保護されている。

緩衝地帯

緩衝地帯は、公有地又は民有地に区分できる。公有地は、国、山梨県・静岡県及び関係市町村の意思により土地利用の在り方を決定することができるため、公有地に開発が及ぶ可能性は極めて低い。一方、民有地には、文化財保護法、自然公園法（国立公園特別地域に指定された区域）又は都市計画法（市街化調整区域として指定された区域）により土地利用が厳格に規制された区域が存在するほか、自然公園法（国立公園普通地域に指定された区域）や景観条例及び景観計画の適用にとどまる区域等、建築物等の大きさ（規模）及び位置等の規制が比較的緩やかな区域が存在する。このような行為規制が比較的緩やかな区域においては、構成資産と富士山との相互のつながりの確保に影響を及ぼす開発の可能性があり、そのための対策が必要である。また、都市計画法（市街化調整区域として指定された区域）により土地利用が厳格に規制された区域においても、現行の法規制では行為規制が及ばない事案も発生していることから、同様に対策が求められる。

課　題

山麓における建築物等の開発の制御に関する主たる課題は、行為規制が比較的緩やかな区域内で建設される建築物及び都市計画法の行為規制が及ばない工作物等の大きさ（規模）並びに位置に対する制御である。なお、建築物の意匠・外壁の色彩等については、景観法及び同法に基づき関係市町村が定める条例により規制が行われているが、現時点においては当該条例を定めていない市町村もあるため対応が必要である。

方向性

以下のとおり「緩衝地帯内における開発圧力への対策」、個別事項への対策」の２つの方向性を明示する。１つは、緩衝地帯内における開発圧力への対策、開発圧力の大きさ（規模）及び位置に対する制御に効果のある行政手続について充実を図る。また、緩衝地帯内における開発圧力への対策の検討にあたっては、富士山の山麓地域は、長らく人々の暮らしや生業が継続し、日本の代表的な観光・レクリエーションの目的地として利用されてきた歴史的経緯を踏まえるとともに、地域社会との合意形成に十分留意することとする。２つは個別事項への対策課題の改善に向けて、長期的視点に基づく抜本的対策を計画的に進捗させるとともに、改善効果の期待できる即効的対策についても、着実かつ段階的に実施する。

緩衝地帯内における開発圧力への対策

国、山梨県・静岡県及び関係市町村が連携して、富士山の価値の保全の観点から、法令上の各種行政手続の見直しに向けて再点検を早期に図る。具体的には、行為の届出、事前協議、公聴、学識経験者等によって組織される審議会等における専門的見地からの審議等、各段階の行政手続を効果的・重層的に実施することにより、潜在的な開発圧力の早期把握、合意形成に向けた調整、経過観察などの側面から、開発の制御の効果を促進する。また、景観法に基づく景観計画及び景観条例を策定していない市町村は、早期に景観計画及び景観条例を策定し、良好な景観形成のための基準を設定する。これらの対策の実施にあたっては、地域社会の多様な主体との合意形成に十分留意するとともに、その過程を通じて富士山の顕著な普遍的価値の保全に対する世論の喚起及び社会全体の機運醸成を図り、各事業者における社会的責任への理解を促進することとする。

個別事項への対策

富士五湖

山梨県及び関係者等は、「明日の富士五湖創造会議」等において、湖面の使用方法及び湖岸の修景方法を検討している。また、山梨県は「山梨県富士五湖の静穏の保全に関する条例」を改正し、湖面に動力船を乗入れようとする者に対し、毎年度、山梨県知事への「航行届」の提出を義務付け、乗入れの実態を的確に把握できるようにした。

忍野八海

忍野村は、天然記念物忍野八海整備活用計画に基づき、湧水周辺の建築物その他の工作物の修景等を実施している。

白糸ノ滝

富士宮市は、名勝及び天然記念物白糸ノ滝整備基本計画に基づき、滝壺周辺の売店を撤去・移転し、老朽化した橋梁を撤去した。また、滝壺から離れた位置に風致景観に馴染んだ意匠の新橋梁を設置したほか、滝及び富士山の展望場を整備した。今後は、電柱・電線の撤去等をはじめ構成資産周辺の環境改善を行う。

富士宮五合目施設

静岡県の行政関係者間において、世界文化遺産富士山の玄関口として相応しい共通の方向性（理念・機能・役割等）について合意形成を図るとともに、それらを踏まえ、自然公園法及び文化財保護法などの法令等に定める外観（色彩等）の基準に適合した修景を行うため、静岡県、富士宮市及び所有者等による協議・検討を引き続き実施する。

山中湖と富士山（野村晋作氏撮影）

吉田口五合目諸施設

山梨県が中心となって、吉田口登山道の五合目が信仰拠点であるとともに、来訪者に様々なサービスを提供する場でもあることを踏まえた空間構成などについて検討するため、吉田口登山道五合目の諸施設所有者等の地元関係者から成る協議の場（四合目・五合目部会）及び文化財・景観・地域計画・色彩計画・観光などの専門家から成る検討委員会を設置した。

標識・案内板

山梨県は、屋外広告物の設置許可基準を強化する地域を「景観保全型広告規制地区」として指定し、平成 27 年（2015）4 月に施行した。屋外広告物ガイドラインを策定し、基準に適合しなくなった屋外広告物の改修、ガイドラインに沿った屋外広告物の修景などの景観改善を行う事業者に対して助成を行うこととした。また、静岡県は、富士山周辺地域公共サイン整備計画を推進するとともに、屋外広告物条例施行規則を改正し、案内板等の設置基準を強化した。

電　柱

山梨県は、富士北麓地域における電線類の地中化を進めている。静岡県は、富士山周辺地域における良好な景観形成のため、富士山周辺市町における無電柱化を進めている。また、静岡県は、関係者間による無電柱化推進に向けて検討・調整を図る場として「富士山周辺地域の無電柱化推進検討部会」を設置し、県道三保駒越線及び白糸ノ滝周辺地区の無電柱化に向けて方針を取りまとめた。

自家用車の乗り入れ

登山道へ向かう自家用車については、五合目の登山口へ通じる富士スバルライン（吉田口）、富士山スカイライン（富士宮口）、ふじあざみライン（須走口）において、自家用車の乗り入れを規制するマイカー規制期間を延長した。

山麓に沿っての開発制御

平成28年（2016）を目途として、構成資産及び緩衝地帯の全域にわたり、関係市町村は景観法に基づく景観計画及び景観条例を策定し、建築物等の意匠・外壁の色彩等を規制することとしている。また、昨今広がりつつある大規模太陽光発電設備（メガソーラー）の設置の動きに対して、環境省は自然公園法施行規則を改正し、国立公園普通地域内における一定規模を超える太陽光発電設備の設置について届出を義務付けることとした。山梨県は、資産及び緩衝地帯のうち、山梨県の区域において一定規模以上の事業を実施しようとする事業者に対し、事業の実施が景観に及ぼす影響について調査、予測及び評価を行うとともに、世界遺産に関する知識を有する専門家の意見を踏まえて事業に係る景観の保全のための措置を検討することを義務付ける条例を制定した。

また、市町村においては、景観計画の変更や策定にあたり、一定規模以上の太陽光発電設備を設置する場合に届出を義務付けることとした。静岡県においては、緩衝地帯のうち大部分が国有林野又は市街化調整区域となっており、大規模開発を規制している。また、市町の景観計画により、一定規模以上の太陽光発電設備を設置する場合の届出制を推進している。富士宮市では、独自条例を定め、一定規模を超える太陽光発電設備、風力発電に届出を義務化するとともに、緩衝地帯内に抑制区域を定め、その区域内において市長は原則設置に同意しないこととしている。なお、義務に従わないときは、事業者の名称を公表するなどの措置を講ずることとしている。富士市では抑制地域を設け、行政指導により設備の設置自粛を要請するなど独自の対策を講じている。

三保松原

静岡市は、三保松原の顕著な普遍的価値の保存・活用及び次世代への継承を目的として、三保松原保全活用計画を策定した。「松原の保全」、「砂嘴の保全」及び「風致景観の保全」の３点を指針として定め、静岡県及び関係機関と連携の下に保全施策を実行していくこととしている。

・海岸景観の改善について静岡県は、「三保松原白砂青松保全技術会議」を設置・開催し、砂浜の保全のために設置した消波ブロックの視覚的な影響をどのように緩和するのかなどについて議論し、海岸防護と景観保全が両立する新たな海岸整備の方針・対策を示した。「将来、構造物に頼らずに砂浜が維持される海岸を実現するため、常に土砂供給の連続性を確保するよう努める」、「砂浜が自然回復するまでの間、景観上配慮した最小限の施設により、砂浜を保全する」という方針を定め、４基の消波堤のＬ型突堤への置き換えと養浜により砂浜を保全する対策を決定した。このうち、景観形成上重要な視点場である羽衣の松付近から、富士山を望む場合に影響の大きい１号、２号消波堤を含む区間を「短期対策区間」と位置付け、海浜変形シミュレーションや模型等による将来予測に基づく防護・景観を中心とした多面的な検証を行い、具体的な対策を決定した。また、対策を実施するにあたっては、モニタリングを適切に行い、その結果を踏まえて順応的に見直すものとしている。

・松林の保全について静岡県は、「三保松原の松林保全技術会議」において、マツ材線虫病の蔓延防止やマツの生育に適した環境づくり等、総合的な松林保全対策を検討した。静岡市は、上記の検討結果に基づき、三保松原管理基本計画を策定し、松林の適正な保全と健全な育成に向けた具体的な対策を県、市、地域が相互に連携し、段階的に実施していくこととしている。
・周辺の道路の無電柱化については、「富士山周辺地域の無電柱化推進検討部会」において、静岡県、静岡市及び電線管理者等で検討を進め、県道三保駒越線における無電柱化の取組方針を取りまとめた。その方針に基づき、短期的対策として道路上空の横断架空線を撤去するとともに、中長期的には道路拡幅事業に併せた無電柱化を実施する。

北口本宮冨士浅間神社周辺地域

北口本宮冨士浅間神社境内の北側を通過する国道 138 号の拡幅が計画されている。この拡幅を契機として、国、山梨県、富士吉田市、地元関係者及び学識経験者による協議の場を設置し、沿道景観及び歩行空間の整備などを含めた周辺地域のまちづくりの在り方について協議を実施している。

3 富士山包括的保全管理計画の改定と景観計画

田畑 貞壽　村石 眞澄

富士山包括保存管理計画の改定の要点

世界遺産一覧表に記載された「富士山―信仰の対象と芸術の源泉」(以下「資産」という。) は、富士山信仰の対象となった富士山域をはじめ、山麓に所在する浅間神社の境内・社殿群、御師住宅、霊地・巡礼地である風穴・溶岩樹型・湖沼・湧水地・滝・海浜、顕著な普遍的意義を持つ芸術作品の源泉となった展望地点及びそこからの展望景観の範囲により構成される。これらの範囲を含む富士山の山麓の区域は長く人々の暮らしや生業(なりわい) の場となり、日本の代表的な観光・レクリエーションの目的地として利用されてきた歴史を持つ。

富士山世界遺産に関わる国・県・市町村[1]では、このような性質を持つ資産の顕著な普遍的価値を次世代へと継承するためには、複数の部分から成る資産を「ひとつの存在 (an entity)」として一体的に管理するとともに、観光・レクリエーションに対する社会的要請と顕著な普遍的価値の側面を成す「神聖さ」・「美しさ」の維持との融合を図る「ひとつの文化的景観 (a cultural landscape)」としての管理手法を反映した保存・活用の基本方針・方法等を定めることが必要である。そのため、資産のみならず、その周辺環境を対象として、世界文化遺産への推薦に向けて策定

1　文化庁・環境省・林野庁、山梨県・静岡県、富士吉田市・身延町・西桂町・忍野村・山中湖村・鳴沢村・富士河口湖町・静岡市・沼津市・三島市・富士宮市・富士市・御殿場市・裾野市・清水町・長泉町・小山町

した包括的保存管理計画を改定し、新たに本計画を策定した（2016年1月）[2]。

本計画では、三保松原を「信仰の対象」・「芸術の源泉」として記載し、三保松原を「霊地・巡礼地となった風穴・溶岩樹型・湖沼・湧水地・滝・海浜」に含めた。さらに、三保松原は、古来、神仙思想に基づき「蓬莱山」とも称された富士山と人間の世界とを結び付ける「架け橋」のような存在として重視され、16世紀以降には曼荼羅図及び数多の登山案内図において、富士登拝の過程を表し、富士山信仰の聖域の西端に位置する重要な霊地として描かれた白砂青松の海浜であることを追記し、また浅間神社の選択基準、胎内樹型の範囲設定の根拠を追加した。

保全手法の充実及び展望景観に配慮した人工構造物の設置・改修等に関する記載の追加については、浸食の影響等について調査・分析を行い、浸食及び地形の状況等に応じた効果的な保全手法の充実を図っていく必要があるとし、山梨県・静岡県は、登山道沿いの落石防護施設等の人工構造物の設置・改修に当たって、展望景観に配慮した形態・意匠となるよう努めている。

富士山における来訪者管理の仕組みとして、望ましい富士登山の在り方を定義し、その実現に向けて、平成27年（2015）から3年を目途に上方の登山道の収容力を研究・設定し、収容力に基づく施策を実施している。なお、この仕組みは主として五合目以上の登山道を対象とするが、上方の登山道と山中・山麓の構成資産・構成要素との関係性・つながりを強化し、望ましい富士登山の在り方を実現するため、適宜、山中・山麓の構成資産・構成要素の全体も視野に入れることとし、情報提供戦略との緊密

2　富士山世界文化遺産協議会のHPで、「世界文化遺産富士山包括的保存管理計画書」の本編と分冊が公開されている。

な連携の下、顕著な普遍的価値の伝達を図る[3]。

特に登山道、山小屋及びトラクター道の３者の調和的・補完的な関係を尊重するため、「来訪者管理戦略の確実な実施」、「展望景観に配慮した材料・工法による維持補修」を行うとされた。

このような調査成果を含め、富士山の自然、歴史文化等の調査研究の成果を情報発信する拠点として、山梨県・静岡県は、関係市町村の協力の下に、富士山世界遺産センターを設置し、調査研究をはじめ各種セミナーを開催している。また山梨県・静岡県・富士山世界遺産センターが中心となり、博物館や関係市町村等との連携の下に総合的・学際的な調査・研究の推進、報告書の作成・公刊、それらの成果を発表・公開・紹介できる場としてスタートしている。

平成 27 年（2015）３月、山梨県及び静岡県は、官民協働の下に将来にわたり富士山の保全に関する施策を推進することができるよう、富士山の保全に関し、県民の役割や県が行う施策の基本となる事項等を定めた「世界遺産富士山基本条例」を制定した。

資産への影響及び施策の評価

富士山の顕著な普遍的価値を表す資産の範囲を確実に保護していくためには、「基本方針」[4] に示したとおり、経過観察を実施し、負の影響が確認又は予見された場合には、速やかに原因を除去し又は影響を軽減させるための対策を立案・実施していくことが必要である。また、対策を実施した後も経過観察を実施することにより、対策の評価・見直しを図りながら、富士山の顕著な普遍的価値を後世へと確実に継承していく必要があるとされた。

3　富士山包括的保存管理計画書　第５章　顕著な普遍的価値の保存管理　2. 方法（1）資産全体エ. 来訪者及び観光 1）登山者・来訪者）（註　各種戦略（上方の登山道等の総合的な保全手法、危機管理戦略等）に定めた「4 方向性」、「5 対策」を反映。

4　富士山包括的管理計画書　第４章の「基本方針」の６

上記の方針を踏まえ、資産及び周辺環境の現状・課題に基づき、資産の経過観察を適切に行う上での方向性を明示するとともに、経過観察の指標、具体的方法、周期、実施する主体等について示すこととされた[5]。次のように方向性が示された。

方向性

影響要因・観察指標・周期、観察記録主体の特定

経過観察を適正に行うために、①資産及び周辺環境の保護、②各構成資産及び構成要素の保護、③顕著な普遍的価値の伝達の３つの観点から、資産に対する負の影響を及ぼす要因及びそれに基づく観察指標を特定し、観察・測定の指標・周期、観察記録の主体を定める。

負の影響を予防・除去するための対策の立案・実施

観察の結果、資産及び周辺環境に対する負の影響が認められ又は予見される場合には、速やかに関係機関と協議し、負の影響を未然に防止し、原因を除去又は負の影響を軽減させるための対策について立案・実施する。

具体的には、富士山信仰に関わる宗教行事の実施状況・顕著な普遍的価値に関する理解の状況を観察するとともに、今後調査研究を推進する。また、景観阻害要因調査に係る展望地点について充分な調査のもとに復元整備する。富士山信仰に関わる宗教行事の実施状況や顕著な普遍的価値に関する理解の状況を観察指標に追加することとした。[6]

改定前の包括的保存管理計画では、景観阻害要因調査に係る展望地点は本栖湖北西岸の中ノ倉峠、三保松原の２地点としていたが、構成資産及

5　富士山包括的保存管理計画書　第 10 章 資産への影響及び施策の評価～経過観察の実施

6　景観計画とは、良好な景観形成を図るため、景観法（平成 16 年法律第 110 号）第８条に基づき景観行政団体である地方公共団体が策定する法定計画

び緩衝地帯の範囲内に新たに複数の展望地点を設定し、定点観測によって展望景観の状態を把握することとした（第３章１参照）。

市町村の景観計画

周辺環境との一体的な保全

富士山の裾野を含む山麓の区域（資産とその周辺環境）は、人々の暮らしや生業の場であり、日本の代表的な観光・レクリエーションの目的地でもあることを考慮し、地域社会の積極的な関与の下に「ひとつの文化的景観(a cultural landscape)」の管理手法を反映した保全を実施する。そのため、資産の現状・立地及びその周辺の土地利用状況等に基づき、顕著な普遍的価値を表す資産の周辺に適切な範囲の緩衝地帯を設定し、資産と周辺環境の一体的な保全を行う。同時に、土地利用状況等を考慮し、自主的に保全を図る区域として、緩衝地帯の隣接地に保全管理区域が設定された[7]。

緩衝地帯及び保全管理区域の現状・課題を踏まえ、場所の性質に応じた適切な保全の方法が定められた。

緩衝地帯の保全の方法の実施に関連して、緩衝地帯内において現状を変更する行為を行う場合には、文化財保護法・自然公園法・国有林野の管理経営に関する法律及びこれらの法律との緊密な関係の下に定められた諸計画のほか、景観法・都市計画法等及び条例・要綱の法令・制度等の適切な運用・実施を図るとされた。

また、関係地方公共団体が景観条例の下に保全に努める区域及び自衛隊演習場等の区域から成る保全管理区域については、景観条例の適切な運用又は土地利用形態に応じた適切な保全を図るとされた。

7　富士山包括的保存管理計画　第９章　行動計画の策定・実施

○ 景観計画の適用状況

	景観法に基づく 景観計画の名称	景観行政団体への移行	景観計画施行
山梨県	富士吉田市景観計画	2013（H25）年 10 月	2016（H28）年 4 月
	身延町景観計画	2011（H23）年 4 月	2013（H25）年 9 月
	西桂町景観計画	2011（H23）年 11 月	2014（H26）年 4 月 （2015（H27）年 7 月改定）
	忍野村景観計画	2006（H18）年 12 月	2011（H23）年 10 月 （2015（H27）年 8 月改定）
	山中湖村景観計画	2007（H19）年 12 月	2010（H22）年 8 月
	鳴沢村景観計画	2013（H25）年 12 月	2015（H27）年 10 月
	富士河口湖町景観計画	2005（H17）年 9 月	2013（H25）年 4 月 （2015（H27）年 7 月改定）
静岡県	富士宮市景観計画	2007（H19）年 8 月	2010（H22）年 1 月
	富士市景観計画	2005（H17）年 6 月	2009（H21）年 10 月 （2015（H27）年 5 月改定）
	静岡市景観計画	—	2008（H20）年 10 月
	御殿場市景観計画	2012（H24）年 3 月	2014（H26）年 4 月
	裾野市景観計画	2010（H22）年 5 月	2013（H25）年 4 月
	小山町景観計画	2014（H26）年 7 月	2016（H28）年 4 月

緩衝地帯と保全管理区域

顕著な普遍的価値を表す資産の周辺環境のうち、その土地利用状況等の観点をも踏まえつつ、物理的又は景観上の負の影響が想起し得る範囲を対象として、適切な範囲の緩衝地帯が設定された。また、土地利用状況等を考慮し、緩衝地帯の隣接地に地方公共団体その他の関係機関が自主的に保全を図る区域として、緩衝地帯とは別に保全管理区域が設定された[8]。

8　富士山包括的保存管理計画　第６章　周辺環境との一体的保全

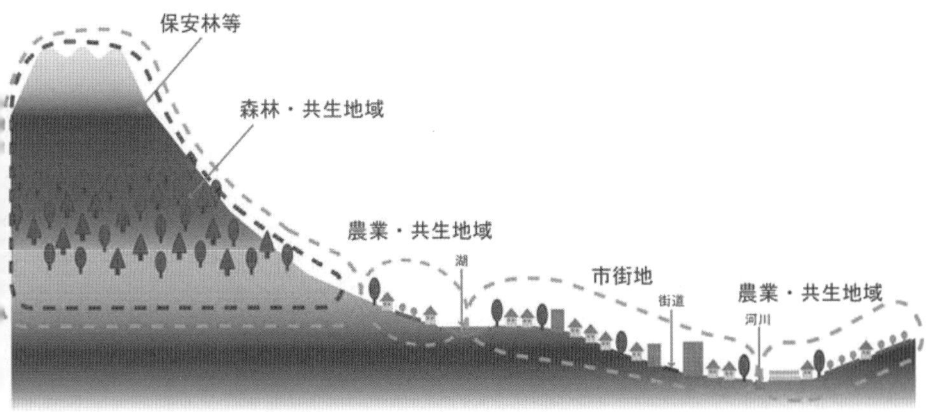

山梨県富士北麓の土地利用形態イメージ図

市町村の景観行政団体への移行・景観計画策定

表「景観計画の適用状況」に示すように、すべての関係市町村は、平成26年（2014）までに景観行政団体へ移行済みであり、平成28年（2016）には景観計画[9]が施行されている[10]。

山梨県・静岡県は、景観講習会の開催及びアドバイザーの派遣を実施するとともに、富士山地域景観協議会・三県（山梨県・静岡県・神奈川県）サミットにおける景観改善の取り組みや先行事例の紹介などを行うことにより、景観行政団体である市町村の景観計画の新たな策定及び既策定の計画の見直しを支援している。

各市町村の景観形成目標上の表に示した富士山を取り巻く両県の市町村が景観計画を策定している。各市町村では、それぞれの自然景観、歴史・文化的景観や産業を踏まえて、それぞれ特徴的な景観計画を策定し、ホームページで公開している。ここでは各自治体の特徴が視覚的に表されてい

---

9 景観計画とは、良好な景観形成を図るため、景観法（平成16年法律第110号）第8条に基づき策定される法定計画

10 富士山包括的保存管理計画　第9章　行動計画の策定・実施

る景観形成計画図を抽出して示した。

各市町村の景観計画の管轄部署[11]

富士吉田市役所　都市政策課
身延町役場　建設課
西桂町役場　建設水道課　建設係
忍野村役場　企画課
山中湖村役場　企画まちづくり課
鳴沢村役場　企画課　企画係
富士河口湖町役場　都市整備課
富士宮市役所　都市計画課　景観係
富士市役所　建築指導課　まちなみ整備担当
御殿場市役所　都市計画課
裾野市役所　まちづくり課　土地対策係
小山町役場　都市整備課

11 2018 年 3 月改定 各管轄部署で HP で景観計画が公開されている。

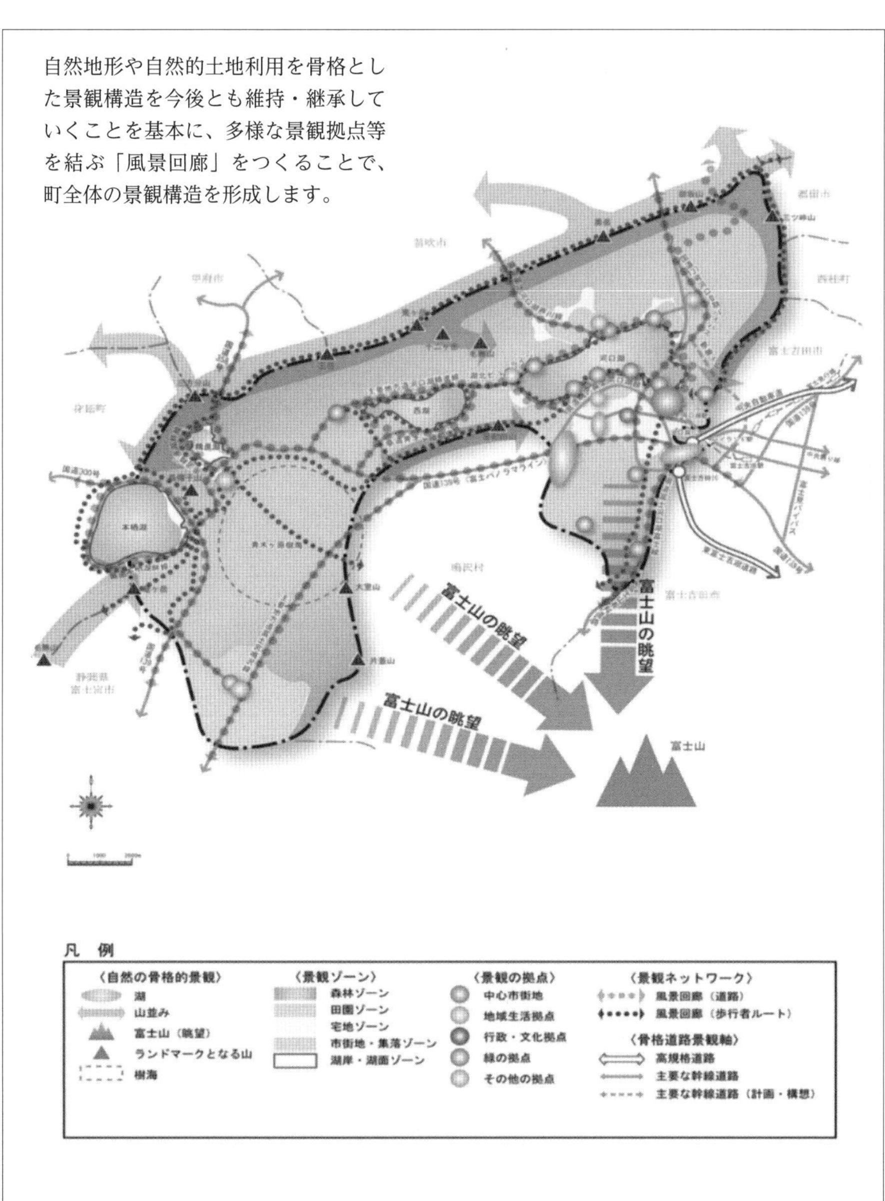

富士河口湖町がめざす景観構造のイメージ

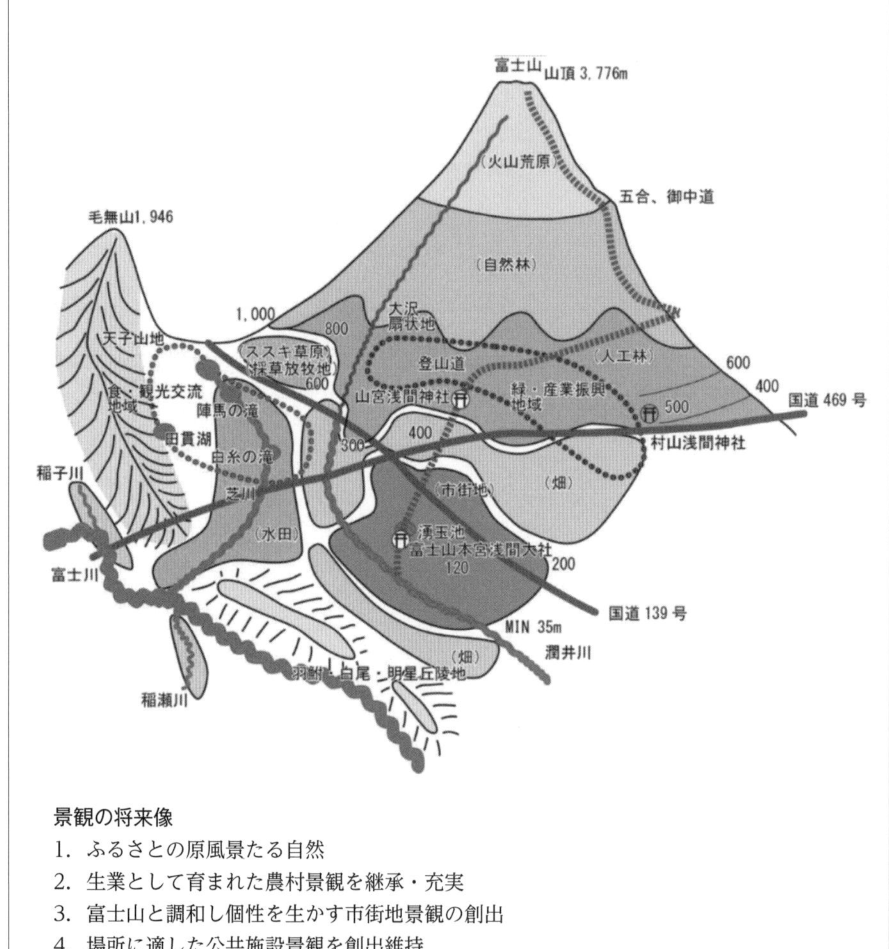

景観の将来像

1. ふるさとの原風景たる自然
2. 生業として育まれた農村景観を継承・充実
3. 富士山と調和し個性を生かす市街地景観の創出
4. 場所に適した公共施設景観を創出維持
5. 富士山などに因む深い歴史を感じる

富士宮市景観形成

富士市まちのシンボルづくり

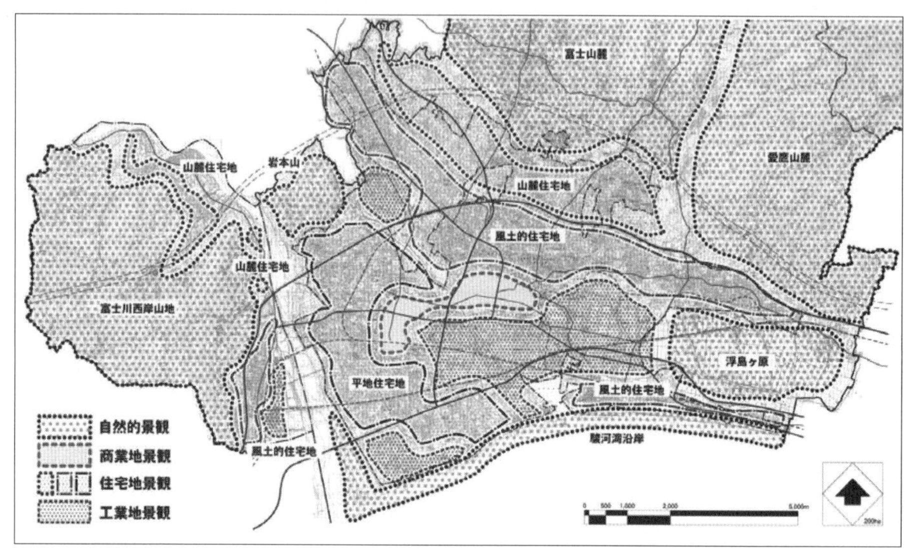

富士市景観特性同質ゾーン区分

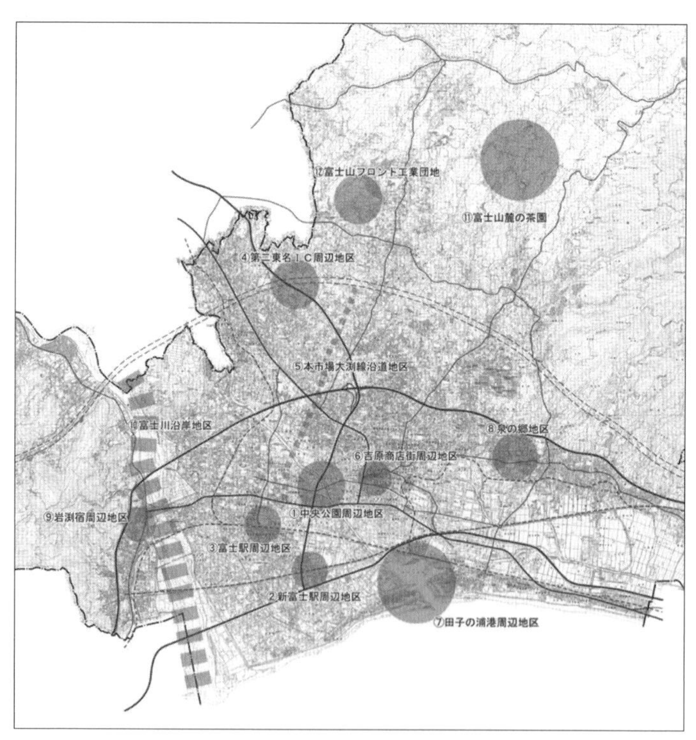

富士市景観特性同質ゾーン区分

ビューポイントについて

出月 洋文

葛飾北斎は、その代表作『富嶽三十六景』によって、信仰の山・富士山を世界に紹介した立役者である。実際には46のビューポイントを独創的な切り口でとらえ、それを芸術に昇華させている。それはそのまま富士山世界文化遺産のエキスである信仰の山と芸術の根源とを余すところなく具現化し、結果的に世界の人々に発信し共有を図るものとなっている。

しかしながら、彼の選択したビューポイントは、世界遺産登録された構成資産のほとんど外側においてなされたもので、構成資産の範囲の中でそれを得ようとすると新たな選択が必要になるのである。その要件は、信仰とその歴史性を端的に物語り、芸術的な展開に結び付いているものでなければならない。富士山が世界遺産のステージに上がる中で、光が当たったビューポイントは、静岡県側の三保松原と山梨県側の本栖湖畔（中ノ倉峠付近）となったのであるが、そこには曲折があった。

本栖湖畔の中ノ倉峠付近から見た富士山は、前景に本栖湖を一望し、神秘性を漂わせた景観が、岡田紅陽（1895～1972）が撮影した「湖畔の春」と題された写真でよく知られている（第2章2参照）。1935年の作品で、そこに写し取られた景観は、現在流通する紙幣のデザインの中にも取り込まれ、多くの日本人に親しまれている。ほぼ同じ構図が見られる湖畔には、多くの観光客が訪れているが、実際のビューポイントは、さらに峠道を上ったところとなる。いま、その場所は構成資産の一つ本栖湖と一体のものとして名勝指定地となっている。それは世界遺産登録に向けた構成資産の取りまとめ課程において、その価値が検証され、具体化したものだ。

名勝指定となった後、そこを管理する文化財担当部署には、来訪者を十分に受け入れる状況にないとの危惧が認識され、登坂路と展望台の整備が急務とされた。

富士山をめぐるビューポイントの１つの中ノ倉峠からの展望

展望地の整備とはいえ、それは土木的な工事であり、教育委員会に位置づけられた文化財担当部署は直接に工事を担う機構になっていなかったので、施工に当たっては、予算の確保以外にいくつもの困難がともなった。

まずそこは、名勝指定地である前に国立公園の指定地でもあって、国立公園管理事務所との調整が必要となり、整備行為の必要性と国立公園の保全との整合がポイントになった。

これには後日譚がある。あまりにも貧弱な施設との故か、いま現地には、国立公園の管理サイドによる立派な展望台が整えられている。

4　モニタリングの経緯と今後の展開

田畑 貞壽　村石 眞澄

モニタリングについて

日本では現在（2019）、世界文化遺産は以下の19件が登録されており、登録後もそれぞれ登録基準の内容に応じてモニタリングが実施されている。

法隆寺地域の仏教建造物、姫路城、古都京都の文化財、白川郷・五箇山の合掌造り集落、原爆ドーム、厳島神社、古都奈良の文化財、日光の社寺、琉球王国グスク及び関連遺産群、紀伊山地の霊場と参詣道、石見銀山遺跡とその文化的景観、平泉─仏国土（浄土）を表す建築・庭園及び考古学的遺跡群、富士山─信仰の対象と芸術の源泉、富岡製糸場と絹産業遺産群、明治日本の産業革命遺産─製鉄・製鋼，造船，石炭産業、ル・コルビュジェの建築作品─近代建築運動への顕著な貢献、「神宿る島」宗像・沖ノ島と関連遺産群、長崎と天草地方の潜伏キリシタン関連遺産、百舌鳥・古市古墳群─古代日本の墳墓群─

また世界自然遺産については、以下の4件が登録され、文化遺産選考基準の中で自然文化的景観を前提に登録されている地域と同様に自然遺産のモニタリングや保全管理が進められている。

屋久島、白神山地、知床、小笠原諸島

富士山のモニタリングの経緯

富士山については、文化遺産とはいえ地質・地形・水系・生物相などとの関わりあった文化的景観の生態系保全が重要視され、「ヴィジョン・各種戦略」を前提に次のような内容について調査やその対処方法が実施されている。本節では、富士山世界文化遺産協議会による一連の保存管理のモニタリング[1]について紹介したい。

経過観察指標に係る年次報告書

1 基本情報
2 保護（指定等）状況
3 資産及び周辺環境の保護
4 富士山世界文化遺産協議会
5 顕著な普遍的価値の伝達
6 各年度の総括
7 資産及び周辺環境に関する現状の変更

以上について、来訪者の利用実態を知ることと富士山五合目から上方、下方の登山道をはじめとする参詣道保護管理の調査、具体的には富士吉田口浅間神社から五合目までの登山道の文化的景観価値や巡礼地の復元整備、活用方法について検証する件や、御中道（御中道関連地図）須走口登山道、大宮・村山口登山道をはじめとする巡礼路などに関する調査が進められ、今後の巡礼路15路線の調査が計画されている。また五合目から頂上までの登山道（巡礼路）については、特に周囲の自然環境や景観に配慮

---

1 『平成27年度　経過観察指標に係る年次報告書』富士山世界文化遺産協議会　平成29年3月
『平成28年度　経過観察指標に係る年次報告書』富士山世界文化遺産協議会　平成30年3月
富士山世界文化遺産協議会のHP参照

した素材による補修が行われているが、人為的なものづくりの手法には限界があるので、手法については十分検討する。

富士山の顕著な普遍的価値を確実に保護していくためには、経過観察を実施し、負の影響が確認または予見された場合には、速やかに原因を除去しまたは影響を軽減させるための対策を立案・実施していくことが必要である。そのために、①資産及び周辺環境の保護、②各構成資産及び構成要素の保護、③顕著な普遍的価値の伝達の３つの観点から観察指標を設定し、継続的に観察（モニタリング）していくことなどが挙げられている[2]。

具体的な作業としては、「富士山」においては、「ヴィジョン・各種戦略」に定め経過と観察を実施している。

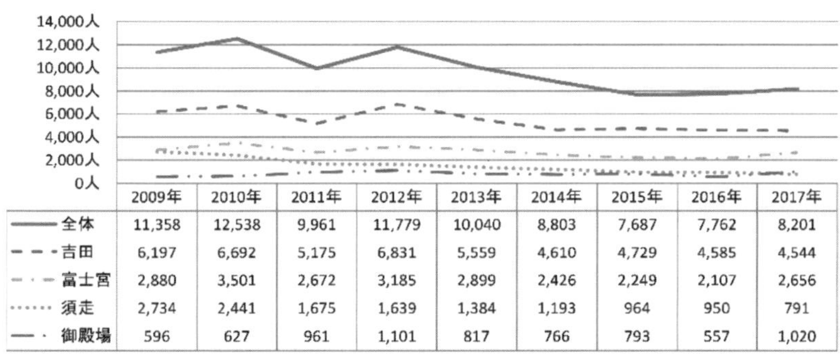

	2009年	2010年	2011年	2012年	2013年	2014年	2015年	2016年	2017年
全体	11,358	12,538	9,961	11,779	10,040	8,803	7,687	7,762	8,201
吉田	6,197	6,692	5,175	6,831	5,559	4,610	4,729	4,585	4,544
富士宮	2,880	3,501	2,672	3,185	2,899	2,426	2,249	2,107	2,656
須走	2,734	2,441	1,675	1,639	1,384	1,193	964	950	791
御殿場	596	627	961	1,101	817	766	793	557	1,020

１日当たり最大登山者数の推移

1．基本情報

指標の拡充・強化及び「富士山包括的保存管理計画」を前提に構成資産、緩衝地帯及び保全区域の範囲図や構成資産・要素の位置づけを明

2　富士山包括的保存管理計画平成 27、28 年報告書より（富士山世界文化遺産協議会 HP 参照）

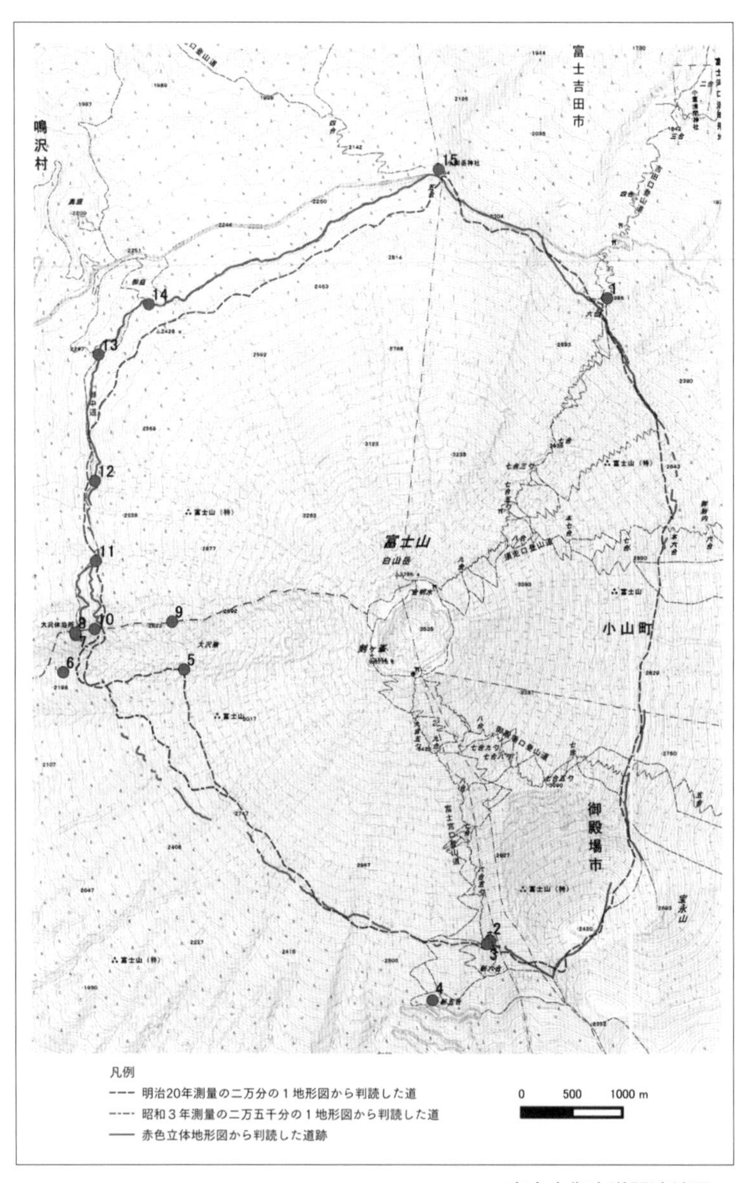

富士山御中道関連地図
（『山梨県富士山総合学術調査報告書 2』
挿入図「富士山地形図と御中道」に一部加筆）

確にし、対象となる構成資産の面積 30,702.1 ha、緩衝地帯の面積 49,627.7 ha、保全管理区域 20,291.5 ha についてモニタリング調査を計画的に進めてきた。

2. 保護（指定等）状況

関係の法規制を前提に、山梨県世界遺産富士山の保全に関する景観配慮の手続が平成 27 年度に進められた。

3. 資産及び周辺環境の保護

資産に関する観察指標の作成

4. 富士山世界文化遺産協議会

年 1 回、モニタリング結果の報告書を作成し、富士山世界文化遺産協議会の下に設置された富士山世界文化遺産学術委員会の助言や同協議会の作業部会の意見を踏まえ、協議会総会で意見集約の後承認を得る。この報告書には、「富士山包括的保存管理計画」に定めた「各構成資産及び構成要素の保護」に関する観察指標の結果を記載し、富士山世界文化遺産協議会としての全体の総括をしている。

5. 顕著な普遍的価値の伝達

6. 各年度の総括

7. 資産及び周辺環境に関する現状の変更

構成資産の管理等に携わる市町村、資産所有者等が、他の構成資産の情報を共有する。

など以上の項目について平成 26、27 年の 2 回にわたってモニタリングの状況報告が紹介されている。

３「資産及び周辺環境の保護」に関する観察指標
　資産及び周辺環境に対する負の影響
　・開発・都市基盤施設の整備による影響
　　１都市基盤施設の整備による影響
　・自然環境の変化
　　２酸性雨／３気候温暖化／４野生動物及び病虫による影響
　・自然災害
　　５噴火／６土砂災害／７地震／８自然災害による建造物等や景観への影響
　　９火災による景観への影響
　・来訪者及び観光による影響
　　10来訪者増加による建造物等や景観への影響

４「各構成資産及び構成要素の保護」に関する観察指標
　資産及び周辺環境に対する負の影響
　・各構成資産
　　１建造物における火災／２建造物をはじめとする構成・資産及び構成要素の劣化／３湖沼・湧水の水質
　・展望景観
　　４景観変化

５「顕著な普遍的価値の伝達」に関する観察指標
　観察指標
　a）富士山に関する研修会等実施状況
　b）環境保全活動の実施状況
　c）富士山信仰に関わる宗教行事の実施状況
　d）パンフレット・ホームページによる情報提供数
　e）顕著な普遍的価値に関する理解の状況

（1、2、6、7省略）

モニタリングの総括

1)『3「資産及び周辺環境の保護」に関する観察指標』について

・自然災害や環境変化に対して、砂防施設、防護柵設置など事前の対策や、伐倒処理など事後の対策を実施しているため、大きな被害には至っていない。
・資産及び周辺環境に対する負の影響が確認又は予見されていない。
2)『4「各構成資産及び構成要素の保護」に関する観察指標』について
・構成資産のパトロールや点検を定期的に行い、き損や施設に不備があった場合は、修理等速やかに対応する体制づくりがなされている。
・定点観測地点からの展望景観について、毎年同じ条件で撮影できるよう撮影マニュアルを作成し、撮影を開始している。
・各構成資産及び構成要素に対する負の影響が確認又は予見されていない。
3)『5「顕著な普遍的価値の伝達」に関する観察指標』について
・富士山に関する研修会や環境保全活動など、地域コミュニティーによって積極的に行われている。

今後の展開―生態系保全とモニタリング―

生態系サービスと富士山との関係については、第３章５で解説を試みた。ここでは、今後の調査で重要視しなければならない内容について触れておきたい。すでに詳細にモニタリングを実施しているが、これからも続けていかなければならない。対象となった富士山の関係地域は公共空間や共用空間であり、自然と生き物の生活資産であり、文化でもある。そこに存在するすべての公物を保護保全することが必要となる。特に水循環・生き物・土壌汚染・プラスチックごみなどに注意すべきである。

生態系を支える淡水湖、河川などの水質と水草と生き物調査などの過去のデータ整理し、今後の保護保全の具体的な進め方を市民・行政・法人・専門家の協働作業により持続させることが必要となる。

北面に通ずる「巡礼路」

堀内　眞

富士山を空から見てみよう。屹立する山体。外側に目を転ずると、東方から北方にかけて、道志山地と御坂山地が外輪山のように取り囲む。後者に接続して、富士川流域と静岡県域を画する天守山地が南方に延び、一連の稜線が富士山を取り巻いている。間に横たわるカルデラ状の窪みには、東から、山中湖、明見湖（蓮池)、河口湖、西ノ海（西湖)、四尾連湖、精進湖、本栖湖、須戸海の内海が点在する。厳密にいえば、四尾連湖のみは外輪山の外側だが、富士山を須弥山に見立てたとき、これらが仏教の説く世界観「九山八海」そのものであることに驚く。同心円的に展開する九山八海の南方外周に所在する駿河湾は、環海である。こうした認識は、近世富士講の外八海へとつながっていく。道者たちは、このような信仰領域へと足を踏み入れ、「(兜率の）内院」(富士山頂）を目指して登拝した。なお、富士山を取り巻く実景を「九山八海」に見立てる世界観は、江原浅間神社（南アルプス市）に伝わる浅間神像を納める宮殿の墨書銘が古い（文亀４年〔1504〕)。

かつて甲斐（山梨県）の中心国中（甲府盆地）から、郡内と呼ばれた東南部に至るには、御坂山地はどうしても越さねばならない障壁であった。同じように道志山地もまた、東方からその北面へ到着するためには、そのどこかで山越えをする必要があった。駿河（静岡県）東部からの鎌倉道、御坂峠越えの鎌倉海道、鳥居・大石坂の両峠を越える若彦路、迦葉・阿難の両坂を越える中道往還など、富士山の北麓に通じる各所の峠には、山麓と外界とを画す鳥居が設けられ、そこでは何かしらの祭祀が行われていた。

駿河東部から道志山地を越えた鎌倉道は、忍草（忍野村）でさらに小さな尾根を跨いだ。この小さな峠を忍草・内野（忍野村）側では鳥居地峠、明見（富士吉田市）側では鳥打峠と、それぞれ呼んだ。明治 17 年（1884）にまとめられた「山梨県地誌稿」は、逆に忍野村の項で「鳥打峠」、明見村では「鳥居地峠」と呼んだと記述している[1]。ともに「鳥居内峠」の転訛とみられ、ここには信仰領域「鳥居内」と外界とを画するように鳥居が建っていた。鳥居には「富士大権現」の額が掲げられていたが、現在この額は忍草浅間神社に伝来している（忍野村指定文化財）。峠には、大明見の柏木家が住んでいたとする伝承がある[2]。同家は富士の御師であり、川窪や水野田（旧大和村、甲州市大和町）などにダンカ（旦家、得意先）を所有していた[3]。

国中と郡内を結んだ鎌倉海道の御坂峠は、『甲斐国志』が「御坂富士トテ所称誉ナリ」と記す風光明媚な地で（巻40）、眼下には河口湖が広がる。北斎が「冨嶽三十六景」の一葉に「甲州三坂水面」を加えたのも、その証左であろう。ここにも、鳥居地峠（鳥打峠）と同様に、鳥居が建っていた。『甲斐国志』の編纂にともない作成された「川口村絵図」（文化3年〔1806〕）を見てみよう。村落中央の浅間社に鳥居を朱書するほか、御坂峠にも鳥居を朱色している。峠の鳥居には、「富士山一ノ鳥居」と注記され、これが文字通り富士の信仰領域への入口と認識されていたことを伝えている。現在、集落内の浅間神社の鳥居には「三国第一山」の額が掲げられている。言うまでもなく、富士山のことであり、この地に祀られる神社に対する鳥居というよりも、富士山とそれへの登拝を意識した鳥居といってよいだろう。

若彦路経由で、甲府盆地から富士山麓に到達するには、鳥坂（鳥坂峠）と大石坂（大石峠）の二つの峠を越さなければならない。鳥坂峠は、鳥居坂峠の転訛とみられるが、こうした推定を裏づけるように、近時の調査で、旧峠の鞍部で朽ちた鳥居の残骸が見つかっている[4]。この峠を上芦川（笛吹市）に降り、再度大石峠を越えて河口湖北岸の大石（富士河口湖町）に至った。

中道経由で山もとに到着するには、古関（甲府市）から芦川の谷を遡上し十二ヶ岳を巻いて根場・西湖（富士河口湖町）に至り、さらに鳥居峠（「鳥坂」

1 『山梨県市郡村誌』、千秋社、1985年

2 『大明見の民俗』、富士吉田市史編さん室、1988年

3 『富士吉田市史』史料編五〔近世III〕、1997年

4 『富士山―山梨県富士山総合学術調査研究報告書2―』〔資料編〕、山梨県富士山世界文化遺産保存活用推進協議会、2016年

「鳥居阪」）を越えて河口湖西岸の長浜（同町）へ降った。峠名からすると、ここにも鳥居が建っていたことになる。

兜率の内院にあるとされる四十九院の入口に結節するように、各方面からの参詣路は、北面の登拝拠点・吉田に結節する。囲繞する山稜の鞍部には鳥居が建ち、信仰的な内部世界と外界とを隔てる装置として存在した。参詣者は、これらの鳥居をくぐる必要があった。彼らは、再度金鳥居をくぐり、登拝拠点「吉田町」に到着した。さらに、登頂にあたって、基点となる諏訪森で大鳥居を拝してこれをくぐり、山内に踏み出していったのである。『甲斐国志』は、「三国第一山」の額を掲げる５丈８尺（約 17.4 m）の大鳥居は富士山の鳥居で、浅間社（北口本宮冨士浅間神社）の社殿建立以前より建っていたであろうと推測している（巻 71）。同社の最も中心をなす施設であったようで、慶応４年（1868）提出の由緒書では、神社の名称を「富士大鳥居浅間社」と記している。江戸時代の村絵図でも、常に大鳥居は大書されている。北面について見る限り、鳥居は富士への結界の場に重層的に建つもので、神社の施設ではなく、むしろ富士山の山体そのものを対象にしたものであった。

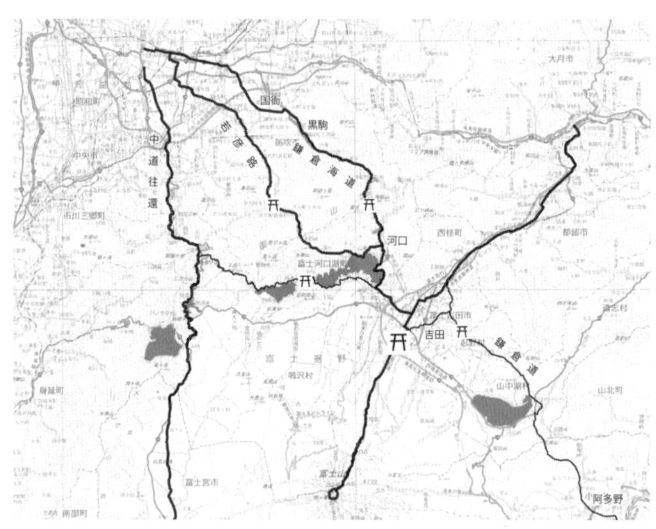

北面の「巡礼路」（村石眞澄作図）

御中道

村石　眞澄

御中道は富士講の修業を完成するために不可欠な巡礼路

御中道は富士講の先達となるためには、欠くことのできない巡拝の道であり、講によって差はあったものの富士山の登頂上を少なくとも三度を果たさねば、巡拝が許されなかったともされる。大沢崩の難所を越えて、無事に巡拝を果たすと修業を完遂した先達として認められたのである。

史跡富士山の指定準備の段階で、御中道は調査対象の候補に挙げられた。しかし、昭和52年に大沢崩れの通行が禁止され全周することができなくなり、整備されているのは吉田口五合目から大沢の北岸までと限られていた。また調査成果の蓄積も少なく、道を特定し、測量を行う必要があったが、吉田口登山道を始めとする登山道の調査を優先したため、御中道の調査に手を付けられなかった。

大沢室の調査

大沢室神社と修験者

世界遺産登録推薦書をユネスコに提出した後の平成24年(2012) 8月から、御中道の御庭から大沢崩までの巡拝路と大沢室と大沢室神殿(三柱神社)を手始めとして調査が始められ、周辺の石造物や大沢室神殿内の約

1280点の奉納物（マネキ）が確認された[1]。現地で保存するのか、相応しい場所で保存活用するのか。また文化財指定についても検討が必要である。

大沢室神殿の内部

御中道の旧道の調査

平成28年（2016）からは静岡県側の巡拝路についても、静岡県教育委員会と富士宮市教育委員会と協力し調査を進めている[2]。

巡拝路は、吉田口など尾根を進む登山道と異なり、いくつも尾根を横断し沢を渡っている。沢は「流し」と地元で呼ばれるように、毎年の雪崩などで土砂が流出し、道として安定せずに旧道が残っていることがあまり期待できない。旧道の痕跡が残る可能性があるのは樹林帯の中と考えられる。途切れ途切れとなっている道の痕跡を繋ぎあわせて旧巡拝路を探す調査となっている。

現在の御中道の整備が計画されているようであるが、整備の際に、古い御中道が損なわれないように保護する必要がある。古い御中道が、現在の御中道とは別ルートとして存在する部分があれば、整備するのは現在の道のみとして、古道は保護することが可能となろう。

1　篠原武・堀内眞・堀内亨（2016）「御中道（大沢室）」『富士山 山梨県富士山総合学術調査報告書』2

2　村石眞澄・大高康正・赤池栄人・堀内眞（2017）特集「御中道調査報告」『山梨県　富士山総合学術調査研究世界遺産富士山』第1集 山梨県立富士山世界遺産センター　伊藤正光（2018）「静岡県側の御中道 追加調査」同第2集

マイカー規制

小野　聡

富士山では、夏季登山シーズンに富士宮口五合目へ向かう車による渋滞が常態化していた。

渋滞の先、五合目駐車場は満車のため停められず、そこから下りながら路肩に車を停め、再び五合目まで徒歩で向かっていた。

富士山スカイライン（富士宮口）**五合目へ向かう車内から**
（平成 24 年（2012）8 月 24 日）筆者撮影

路肩駐車により道路の幅が狭められ、上りの車と下りの車（特に大型バス同士）がすれ違えず、2 次的渋滞を引き起こすこともあった。また、緊急車両の通行にも支障をきたしていた。

そこで、登山者が集中するお盆や週末を中心に、山麓駐車場にマイカーを停め、シャトルバスを運行するようになった。徐々に期間が拡大され、平成 29 年（2017）には 3 登山道とも連続 63 日間行われるようになった[1]。

富士山スカイライン五合目駐車場へ向かう車の状況（富士宮口）
平成 22（2010）年 7 月 31 日（土）（筆者撮影）

五合目まで 9.2 km　ポスト付近
午前 6 時、五合目を目指す車の渋滞（筆者撮影）

下り車線の路肩に駐車された車の列
（筆者撮影）

1　登山者の少ない御殿場口では、マイカー規制は行われていない。

マイカー規制（上段：規制日数、下段：開山期間中のマイカー規制期間）

	平成22年	平成23年	平成24年	平成25年	平成26年	平成27年	平成28年	平成29年	平成30年
吉田ルート	12日間	15日間	15日間	31日間	53日間	53日間	53日間	63日間	63日間
	8月6日(金) ～17日(火) ※0時～24時	7月16日(土) ～18日(月) 8月5日(金) ～16日(火) ※0時～24時	7月14日(土) ～16日(月) 8月4日(土) ～15日(水) ※0時～24時	7月12日(金) ～15日(月) 7月26日(金) ～28日(日) 8月2日(金) ～25日(日) ※17時～17時	7月10日(木) ～8月31日(日) ※17時～17時	7月10日(金) ～8月31日(月) ※17時～17時	7月10日(日) ～8月31日(水) ※17時～17時	7月10日(月) ～9月10日(日) ※17時～17時	7月10日(火) ～9月10日(月) ※17時～17時
須走ルート	6日間	26日間	34日間	37日間	40日間	47日間	63日間	63日間	63日間
	8月6日(金) ～8日(日) 8月13日(金) ～15日(日) ※0時～12時	7月15日(金) ～18日(月) 7月22日(金) ～24日(日) 7月29日(金) ～31日(日) 8月5日(金) ～7日(日) 8月12日(金) ～21日(日) 8月26日(金) ～28日(日) ※17時～17時	7月13日(金) ～16日(月) 7月20日(金) ～22日(日) 7月27日(金) ～8月19日(日) 8月24日(金) ～26日(日) ※17時～17時	7月12日(金) ～15日(月) 7月19日(金) ～21日(日) 7月26日(金) ～28日(日) 8月2日(金) ～25日(日) 8月30日(金) ～9月1日(日) ※17時～17時	7月11日(金) ～13日(日) 7月18日(金) ～21日(月) 7月25日(金) ～27日(日) 8月1日(金) ～21日(日) 8月29日(金) ～31日(日) 9月5日(金) ～7日(日) ※正午～正午	7月10日(金) ～12日(日) 7月17日(金) ～8月23日(日) 8月28日(金) ～30日(日) 9月4日(金) ～6日(日) ※正午～正午	7月10日(日) 深夜0時 ～9月10日(土) 21時	7月10日(月) 正午 ～9月10日(日) 正午	7月10日(火) 正午 ～9月10日(月) 正午
富士宮ルート	17日間			52日間	63日間	63日間	65日間	63日間	63日間
	7月16日(金) ～19日(月) 8月6日(金) ～15日(日) 8月20日(金) ～22日(日) ※17時～17時			7月12日(金) 17時 ～9月1日(日) 17時	7月10日(木) 17時 ～9月10日(水) 17時	7月10日(金) 9時 ～9月10日(木) 12時	7月9日(土) 9時 ～9月11日(日) 正午	7月10日(月) 9時 ～9月10日(日) 18時	7月10日(火) 9時 ～9月10日(月) 18時

※1　御殿場ルートは、マイカー規制なし
※2　0時から24時までの間で1時間でも規制時間があれば1日としてカウント
出典：「平成30年夏期の富士登山者数について」（環境省）http://kanto.env.go.jp/files/fujisan_table30_8.pdf

5 富士山の生態系サービスと里地里山の「裾野文化」の保全

田畑 貞壽

世界遺産登録地域の旧村・集落の環境保全

世界遺産富士山の登録地域を支えているのは、裾野の古くからの村であり集落である。中山正典氏[1]によれば、生業空間として富士山麓を三層に分けて解説し、富士山と裾野の自然と人々の暮らしの関係を、焼山・木山・草山[2]の成り立ちについて詳細にふれている。筆者も今回、世界遺産登録にあたり、繰り返し富士山の裾野の集落や村の成立と文化こそ、自然と文化景観を保全してきていることを強調してきた。古くは股下から見る逆さ富士や車窓から見える富士山など様々な見方があり、どこから眺望してもすばらしい富士山の裾野のもつ価値、里山の資源資産は保全されなければならない。また富士山は里地、また里山に暮らす人々によって今日まで維持されてきている。さらに生態系サービスの観点から「裾野文化地域」を設定し富士山保全地帯（バッファゾーン）に組み込み、富士山の世界遺産としての環境保全管理を行うことが必要である。

生態系サービスと裾野文化

裾野文化の成立を見ると、地域の人びとの知恵の結集であり、その中身は生態系サービスの保全活用による活動であることがわかる。

---

1 中山正典『富士山は里山である―農がつくる山麓の風土と景観』2013年　農山漁村文化協会

2 焼山・木山・草山は富士北麓で伝えられてきた区分という。

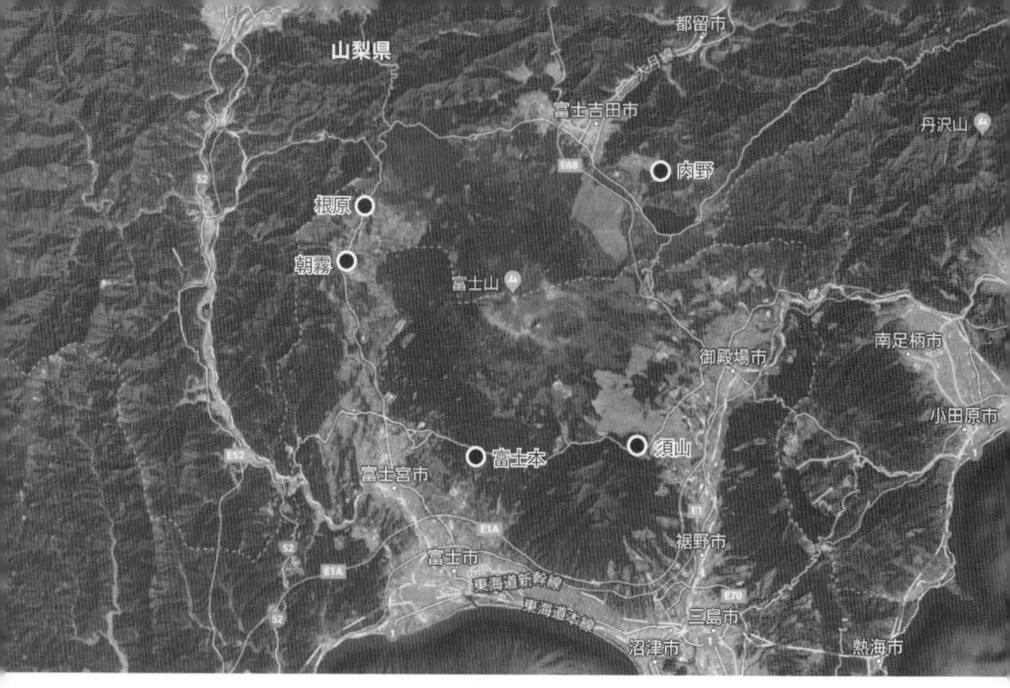

図 1　富士山の裾野の自然文化を築いてきた集落と村、町

このことは、今日の富士山裾野の姿を垣間見ることができ、ひいては富士山の将来も守り育てる頂上（3776 m）から海岸線までの景観と環境づくりの一手法でもあるといえよう。(図 1)

富士山地域で自然の恵み受ける水と食べ物が基本になっているヒトを含む生態環境が成立してきた富士山の裾野で、人々が生息できる裾野文化のしくみを 300 年にわたって構築してきた。その基礎となる集落・村による独自の文化を継承してきたことが、すでに紹介した中山正典氏の聞き取り調査の内容でよく理解できる。表に示す「自然の恵み — 生態系サービス」で文化的サービスを支える基盤的環境保全管理のしくみが、長いこと地域の人々によって持続されてきたが、ともすると近年の人為的土地利用の攪乱によってバランスが取れなくなっているのが目立つ。このことが今後の世界遺産富士山の価値を損なうことになる可能性が高い。

またここでは、富士山の火山活動の影響を受けた地形と土壌と農林業などの暮らしの文化を読み取ることができる。

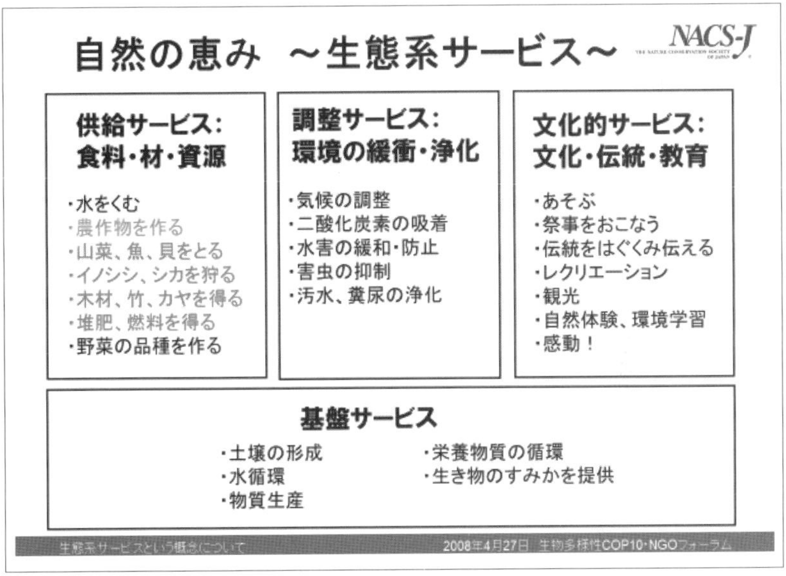

自然の恵み　～生態系サービス～　NACS-J

供給サービス：食料・材・資源
・水をくむ
・農作物を作る
・山菜、魚、貝をとる
・イノシシ、シカを狩る
・木材、竹、カヤを得る
・堆肥、燃料を得る
・野菜の品種を作る

調整サービス：環境の緩衝・浄化
・気候の調整
・二酸化炭素の吸着
・水害の緩和・防止
・害虫の抑制
・汚水、糞尿の浄化

文化的サービス：文化・伝統・教育
・あそぶ
・祭事をおこなう
・伝統をはぐくみ伝える
・レクリエーション
・観光
・自然体験、環境学習
・感動！

基盤サービス
・土壌の形成
・水循環
・物質生産
・栄養物質の循環
・生き物のすみかを提供

生態系サービスという概念について　2008年4月27日　生物多様性COP10・NGOフォーラム

公益財団法人 日本自然保護協会　道家哲平氏 提供

地域名でいうと根原、朝霧、井之頭、北山、富士本、須山、印野、阿多野、忍野、新屋、鳴沢などを中山氏は取り上げている。ここに挙げられた集落周辺には多くの新しい産業施設も見られるが、富士山山麓の農文化の保全と合わせて、地区内では当然、関係市町村や新たな旅行者との幅広い交流が行われてはいるけれど、古くからの催事による文化的サービスも行われている。今後も100年後を見据えて持続継承できる生態系サービスの保全の努力が必要とされよう。

裾野文化の持続継承は富士山裾野の文化的景観保全にもつながる活動である

地域の気象条件と自然の力を活用しながら、その地域に育んだ森づくり、穀物類、根菜類、水系関連や稲作、野菜類、茶畑等々の農文化が生まれた。

またそれぞれの農作業を支える集落や村の様々な協働作業や行事も開催されている。例えば、野焼き、草刈、水路清掃、ごみ対策等々であるが、それぞれの地域の状態で異なり、最近の野生動物との対応の仕方なども同様である。鳴沢地区に江戸時代から始まったシシガリが見られるが、野生動物と人のすみわけはこれからも続くであろう。

社寺の祭りと集落や村の催事

催事についても、地区や村で伝統的な祭りや集まりを持っている。富士山との関わりのある神社の開山祭など、集落の神社寺院に関係するものなど多くを列挙することができる。

また関連自治体の観光地の紹介で挙げられている比較的新しい催事についても、富士山の自然文化的価値の向上のためや、歴史文化的価値の要素が内容に組み込まれている。

例えば

・西湖竜宮祭
・ふじざくら祭り（中ノ茶屋）
・吉田の火祭り（富士吉田市）［国指定民俗文化財］
・河口の稚児舞［国指定民俗文化財］
・北口本宮冨士浅間神社太々神楽
・下吉田の流鏑馬祭り［山梨県指定民俗文化財］
・夕焼けの渚・紅葉祭り（山中湖）
・あさぎり高原まつり
・田貫湖祭り
・陣馬の滝まつり
・富士川下流のかりがね堤まつり
・富士市祭り―毘沙門天大祭

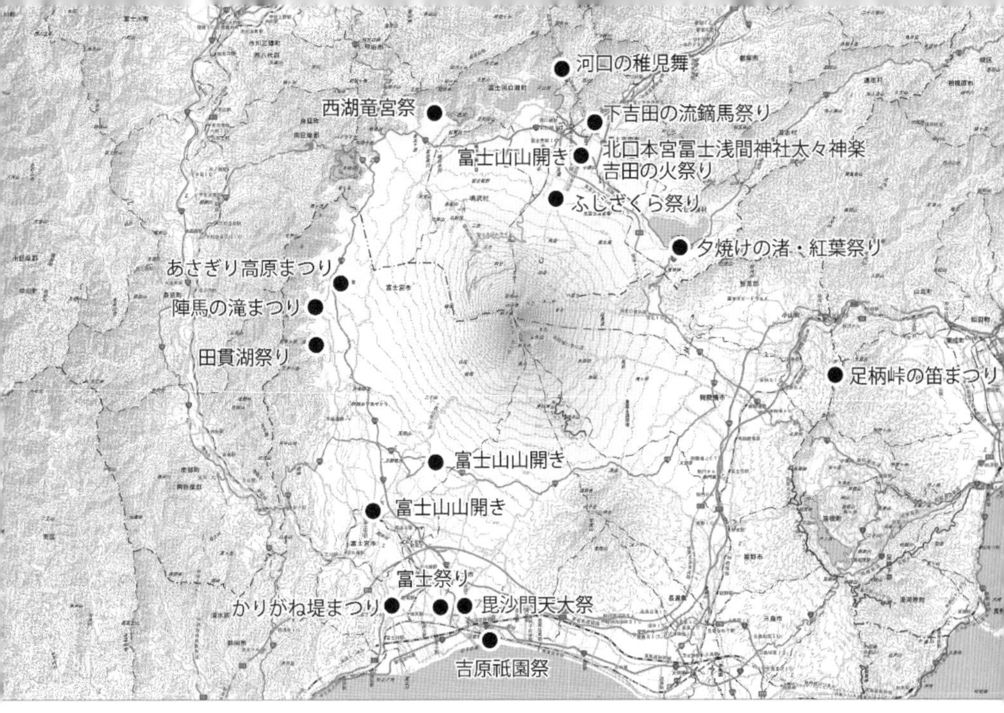

富士山裾野文化　社寺の祭りごと、集落や村の催事の分布

・あっぱれ富士
・吉原祇園祭
・足柄峠笛まつり
・富士山山開き
などが挙げられる。

今後も地域によって、新たな祭り行事も生まれるだろうが、自然と歴史文化や創生文化などの、人々の、香り、聴く、味わい、美しい、触れあうなどの「五相の基本文化」が根底にあるからであろう。

美しい富士山を次世代まで持続させるために

富士山地域の自然や歴史文化について具体的な地域を取り上げた調査研究がなされ、多くの研究報告書や一般的な図書が出版されている。しか

例大祭（御室浅間神社）

吉田の火祭り

身曽岐流（河口浅間神社）

開山祭（北口本宮浅間神社）

河口の稚児の舞（河口浅間神社）

例祭（富士山本宮浅間大社）

護摩焚き神事（村山浅間神社）

開山祭（富士山本宮浅間大社）

し、世界遺産登録前後から今日に至る間に大きな忘れ物をしていることが各方面から指摘されてきた。そのことについて触れたのが裾野自然文化の成り立ちと里地・里山の生態系保全の、過去・現在・未来である。

自然の恵みと生態系サービスの観点から村や町がいかにして富士山の裾野を守り活用し、現在の富士山の風景の構造を維持していけるかが問われるといえよう。そこで不可欠なのが、富士山の裾野に対する伝統的手法の活用であろう。集落の人々が考えた自然との付き合い、人々の交流など、土地の利用空間などについて、ものづくり手法に傾いた今日の課題を克服し、新たな富士山での環境学習が始まった成果を持続させ、未来に向けて富士山のもつ環境資産の価値を次世代に継承することが必要となっている。

6 富士山の生態系保全を次世代につなぐ
―エコツアーガイド養成

村杉 幸子

具体的な事例として、NPO 法人富士山クラブが 2005 年から約 5 年間にわたって行った、同クラブのエコツアーガイド養成について報告しよう。

環境教育ワーキンググループ誕生の経緯

「私たちは、富士山が育んできた、水と緑と命をまもり、心の故郷としての美しい富士山を、子どもたちに残していくために、活動を続けます。」

これは 2005 年につくられた富士山クラブの富士山クラブ宣言である。この宣言誕生の裏には、当クラブとして苦い経験があった。

今から約 20 年前の 1998 年に誕生した「富士山クラブ」が初期に取り組んだ活動は、素晴らしい富士山の価値を多くの人に知ってほしい、との思いから「富士山クラブエコツアー」と名付けた、青木ヶ原樹海を舞台にしたガイドツアーだった。

活動はそれなりに評価され、2000 年 4 月からは修学旅行生の受け入れも開始した。何しろ舞台が富士山の裾野。標高の低いところに原生的自然があるのも魅力だし、近くには富士五湖が存在していることもあって、全国からの修学旅行も多い。結果として、この修学旅行生相手のガイドツアーの需要が増え、2003 年以降のピーク時には年間 2 万人以上を受け入れ、1 回のツアーの参加者が 300 人を越えるまでになっていた。これは一 NPO にとって大きな収入源にはなったが、その分自然への負荷も大きかった。

青木ヶ原樹海は、約 1100 年前に富士山の中腹から流れ出た溶岩流の上に成り立つ、実に脆弱な生態系だ。樹齢350～360年のツガやヒノキは、根に共生させた菌根菌の助けをかりるなどして、薄い表土から少ない養分を吸収しつつ、やっと生きている。こんなところに、毎年5～7月の短期間に集中して大勢の観光客が入るのだからたまらない。2003年ごろからは遊歩道の拡張やコケ植物の剥離など、踏圧の影響が顕著になっていった。エコツアーが自然を壊していたのでは本末転倒。それに気づいた当クラブは、2005年に修学旅行のような大勢の団体を扱う大型のマスツアーの廃止を決断し、自然の負荷を最小限にする本来のエコツアーへとシフトすることになった。そんな折、当クラブの新たな活動の指針としてつくられたのが前述の宣言だったのである。

富士山クラブ　もりの学校

2005年6月に同クラブの理事に就任した筆者に託された仕事が、新たなエコツアーのための基盤作りであった。早速、当クラブの環境教育担当の職員とそれを支えていたベテランガイドの方々とともに「環境教育ワーキンググループ」を立ち上げ、新たなエコツアーのためのガイド養成の検討を開始した。以下は、同グループが2010年3月の解散までに検討・実施した主な内容である。

環境教育リーダー養成講座

まず、ワーキンググループ内の討議によって、今までのエコツアーの問題点や課題を洗い出したうえで、改めて新しい活動の理念や方向性を「富士山クラブ環境教育の理念」（資料1）と名付けた文書に明示し、当クラブ内で共通理解を図るとともに、従来の「ガイド」という呼称を「富士山クラブ環境教育リーダー」に変更した。

次いで、富士山クラブの新たなエコツアーを担うリーダー養成のための講座を、まずは従来のガイドの方々のフォローアップを主な目的として、2006年度と2007年度の２回にわたり、それぞれ10名ずつの受講者を得て、月１回のペースで計５回ずつ試行し、全講座の受講者には環境教育リーダーとしての資格を与えることとした。

講座の内容は、環境教育リーダーのための自然保護講座、各分野の専門家による富士山の山麓地域の動植物や地質などの講義、土壌動物の採集と観察・同定を通じて観察機器（ルーペや顕微鏡）の扱い方の習得、森林管理のためのチェーンソーの実習、さらに、受講者全員が野外に出て、各自が決めたポイントで、他の受講者をエコツアーの参加者に見立ててプレゼンテーションを行いながら、相互に学び合う「フィールドワークショップ」などである。

各講座の最後に提出された受講者の感想を総合すると、この講習会は次のようなことに寄与できたと思われる。

・富士山クラブの指導理念や指導法が受講者に共有された。
・講師および、受講者同士の相互作用で、指導法などに関していろいろなアイディアが生まれ、各自の指導の幅が広がった。
・各講師の熱意あふれる指導を通じて、それぞれが新鮮な驚きや学ぶことの楽しさを実感し、富士山地域の自然に対する興味・関心がより高まった。
・上に記したようないろいろなことが総合されて、環境教育活動への意欲が向上した。

森の管理技術を学ぶ

この時資格を得られた方々は、自然体験やトレッキングなどのリーダーとして、個人や企業、学校単位の参加者を対象に、現在も活躍されている。（2018年の4月～6月には、計12回のプログラムが総計606人の参加者を得て実施された）。

なお、その後の養成講座では、その時々の状況に応じて講座内容は変化している。

資料 1）富士山クラブ　環境教育の理念

46億年もの時間と想像を絶する偶然のつみ重ねによってつくられてきたこの地球の自然が、人間というたった1種の生きもののせいで悪化の一途を辿っています。私たちの便利で快適な生活のために、多くの自然が犠牲になったからです。

それは、ここ富士山とその周辺地域も例外ではありません。

今ある自然をこれ以上悪化させないことは、私たち世代の最低限度の責務であり、同時にこの自然を現代の技術や知恵でよりよい状態に保ち、すでに悪化させてしまったところは、可能な限り元の状態に戻して、次の世代に引き渡すことも私たちの責務なのです。

富士山は自然、景観、歴史、文化のどれ一つをとっても、人間社会を写し出す鏡であり、富士山と人との共生は、私たちの最も重要な課題です。

富士山クラブでは、2005年6月に、次のような富士山クラブ宣言を発表して、私たちの活動の指針とすることを誓いました。

『私たちは、富士山が育んできた、水と緑と命をまもり、心の故郷（ふるさと）としての美しい富士山を、こどもたちに残していくために、活動をつづけます』

この志を多くの人々と分かち合い、活動の輪を広げ、より強固な環境保全活動を促すためには、環境教育が大切な一翼を担うものと考えます。

一般に環境教育とは「持続可能な生活様式や経済社会システムを実現するために、各主体が環境に関心を持ち、環境に対する人間の責任と役割を理解し、環境保全活動に参加する態度及び環境問題解決に資する能力を育成すること」と位置づけられています。私たちはこの意義を踏まえて、以下の点に留意しつつ、富士山とその周辺地域を中心に、それぞれの地域・対象に根ざした環境教育活動を展開し、その結果を環境保全行動につなげることができるよう努力します。

1. 自然とのふれあいを通して、生命尊重の意識や環境を大切に思う心につながる豊かな感性を育てること。
2. 自然の仕組み、人間と環境の関わり方、その歴史・文化、人間の活動が環境に及ぼす影響等について、幅広い理解が深められるようにすること。
3. 可能な限り主体的な体験を通して、自ら考え、学び、行動するプロセスを重視した活動を推進すること。
4. 将来を担う児童・生徒への環境教育は生涯教育の基礎部分として、特に自然体験や生活体験の積み重ねが重要であることから、行政や地域の学校との連携をはかりつつ、児童・生徒への環境教育を積極的に受け入れること。
5. 自然をフィールドにした活動では、「富士山クラブ野外活動ガイドライン」（資料２参照）を遵守し、自然環境への負荷を最小限に抑えるよう努めること。　（2007 年改訂）

富士山クラブ環境教育リーダー審査項目チェック表

ワーキンググループが前述の養成講座の合間に作成したものに「富士山クラブ環境教育リーダー審査項目評価表」（表 1）がある。これは、新たなリーダー養成の折に、受講者の適性度を項目ごとに数量化する試みとして、具体的には、指導態度、安全管理、指導技術、指導内容、環境配慮の５つのカテゴリーついて、３～９の細かい評価項目を設け、それぞれを５段階で評価するというものである。この表は事前に受講者にも知らされ、事後に受講者の自己評価も記入することになっている。これは、受講者自身が環境教育リーダーとしての全体像や、自身の特性や適性度を知る上でも有効であると同時に、今後は、当クラブの

大室山での環境教育リーダー研修
（NPO 富士山クラブ提供）

表１　富士山クラブ環境教育スタッフ審査項目評価表

審査対象者氏名＿＿＿＿＿＿＿＿

審査員氏名＿＿＿＿＿＿＿＿

5＝大変よくできた　4＝よくできた　3＝普通　2＝あまりできなかった　1＝まったくできなかった

カテゴリー			評価項目	自己評価	審査員評価
①	心構え・指導態度	A	環境教育スタッフとしての服装や態度は適当か		
		B	環境教育スタッフとして自己管理ができているか（酒気帯び、体調管理等）		
		C	参加者や周囲の環境（人、自然、歴史、文化）に学ぶ姿勢はあるか		
		D	活動を参加者と共に自ら楽しんでいるか		
		E	活動終了時の自己評価は適切か		
			小計		
②	安全管理	A	安全に注意して参加者を誘導しているか		
		B	危険防止に気を配っているか		
		C	突発事項（パニックなど）への対処は適切か		
		D	緊急時及び救急の対応は適切か		
		E	突然の天候の急変などの対応は適切か		
		F	プログラムの開始時に参加者に対して適切な安全指導を行なっているか		
			小計		
③	技術指導	A	参加者の目を見て話しているか		
		B	声の大きさは適切か		
		C	参加者の年齢層に合わせた話し方ができているか		
		D	標本などの提示の仕方は適切か		
		E	時間配分は適切か		
		F	突発的な質問などがあったときの適応力があるか		
		G	参加者と適切なコミュニケーションが取れているか		
		H	参加者を楽しませているか		
		I	参加者により多くの気付きを与えているか		
			小計		
④	指導内容	A	指導事項に誤りがないか		
		B	大事な事項に見落としがないか		
		C	体験を重視した活動になっているか		
		D	プログラム全体のまとまりは良いか（導入、展開、まとめ、反省、気付きなど）		
		E	富士山クラブの趣旨を盛り込んでいるか		
			小計		
⑤	環境配慮	A	正しいフィールドマナーで行なったか		
		B	参加者に環境配慮を具体的に説明したか		
		C	ガイドラインを遵守したか		
			小計		
			合計		

〈環境配慮の原則〉　人間中心でないこと

1. 少人数であること
2. 動植物をむやみにとらない
3. 林床を踏み荒らさない
4. トレイルからはずれない
5. 使ったフィールドは元に戻す
6. 大きな音を出さない
7. 夜間はむやみに明るくしない
8. すすんでごみを拾う

自己分析覧	
審査員からのコメント	

養成講座を受講する必要がないような経験豊かな方々を、環境教育リーダーとして受け入れる際にも活用が期待される。

この表では、自然を大切にしたいという想いを、あえて「環境配慮の原則」に「人間中心でないこと」と明記して、豊かな自然のなかでの望ましい人間の行動のあり方を示している点などが特徴的といえよう。

なお、この表は、後に、当クラブのもう一つの活動の柱である清掃活動のリーダーにも適用することとなったため、現在では、表１の名称が「富士山クラブ環境教育スタッフ審査項目評価表」となっている。

富士山クラブ野外活動ガイドライン

青木ヶ原樹海で行われるエコツアーに関しては、2004年には山梨県版の「富士山青木ヶ原樹海等エコツアーガイドライン」が策定されていたが、ワーキンググループでは、それだけでは不十分として、独自の「富士山クラブ野外活動ガイドライン」(資料２) を策定し、野外活動の具体的な指針とした。ここでは、質の高いガイダンスを行うことの他に、環境への配慮事項としてリーダー１人当たりの参加者の人数を最大で12名としているほか、動物の繁殖期や越冬期等、生物種によって人の影響を受けやすい時期が考えられる場合の配慮や、夜間のプログラムでの配慮などにも触れている。

資料２）富士山クラブ　野外活動ガイドライン

1. 質の高いガイガンス

1-1　環境教育スタッフ[1]の同行

○富士山クラブが野外活動プログラムを実施する際には、富士山クラブ環

1　表１および資料２に記されている、「環境教育スタッフ」とは、環境教育リーダーに、清掃活動のリーダーを加えた場合の呼称

境教育スタッフ（以下環境教育スタッフ）が必ず同行します。

○環境教育スタッフとは、活動エリアの自然環境や歴史・文化、環境問題等についての豊かな知識と自然保護への深い理解を有し、環境教育プログラムができる者とします。

青木ヶ原樹海での研修会
（NPO 富士山クラブ提供）

1-2　ガイドラインの周知

○私たちは、このガイドラインを熟知します。

○富士山クラブ事務局は、このガイドラインを環境教育スタッフに周知し、且つ遵守させるために、環境教育スタッフ研修会を行います。

1-3　事前オリエンテーションの実施

○私たちはプログラム開始前に、参加者に対して環境への負荷軽減や安全面の心構えなどについて、説明を行います。

1-4　環境教育スタッフの資質向上

○私たちは、プログラム参加者に対して質の高いアクティビティを提供するため、新しい知識や参加者を楽しませる技術の習得など、自己啓発につとめます。

2. 環境への配慮

2-1　活動エリア

○私たちは、活動エリアについて、地域ごとに定められているガイドライン等を遵守します。

2-2　利用者数上限の設定

○私たちは、プログラム一日あたりの利用者数の上限を予め設定し、その範囲以内で適切なプログラムを実施します。

2-3　繁殖期等のプログラムの自粛

○私たちは、繁殖期、越冬期等、生物によって特に人の影響を受けやすい時期等が考えられる場合には、プログラムを自粛するなど各段の配慮につとめることとします。

2-4　プログラム実施の際に配慮する環境教育スタッフの人数

○野外活動プログラムを実施する際は、環境教育スタッフを、参加者概ね12名につき原則として１名を目安に配置します。

○ただし清掃活動プログラムを実施する際には、環境教育スタッフを、参加者概ね20名につき原則として１名を目安に配置します。

2-5　プログラム提供時のトレイルの拡張防止

○私たちは、登山道、整備された遊歩道、林道などを使用する際、参加者に対して道を外れさせることのないプログラムを提供します。また、私たちも、道を外れる行為を行いません。ただし、清掃活動において止むを得ない場合は、この限りではありません。

○私たちは、他の団体とすれ違う時においても、参加者がルートからはみ出さないよう十分な注意を払います。

2-6　夜間プログラム実施の際の配慮

○私たちは、夜行性動物の影響を最低限度に留めるために大声をだしたり、明るい照明を使うようなプログラムは実施しません。

2-7　動植物の採取、樹木等の伐採

○私たちは、不必要な動植物の採取、樹木の伐採、溶岩・岩石・土壌の採取などを行いません。また、プログラム参加者にも行わないよう指導します。

3. 環境教育スタッフの禁止行為

3-1　マーキング

○私たちは、ルートの目印として、樹木等へのマーキング行為を行いません。

3-2　ゴミの持ち込み等

○私たちは、プログラム参加者が「ゴミを残さず、持ち込まない」よう指導します。

3-3　喫煙、飲酒

○私たちは、プログラム実施中に喫煙、飲酒を行わないとともに、参加者にも行わないよう指導します。

3-4　野営、たき火、花火

○私たちは、定められた場所以外で、野営、たき火、花火を行いません。また、参加者にも行わないよう指導します。

3-5　野外排泄

○私たちは、トイレ以外の場所で、野外排泄を極力行わず、携帯用トイレを装備します。また、参加者にも極力行わないよう指導します。

4. 安全対策

4-1　安全管理

○私たちは、プログラム実施において安全に十分留意した内容を参加者に提供します。

○野外でのプログラムは、防災気象情報等を常に確認します。なお、気象警報もしくは富士山の噴火を含めた災害情報が出た際には、直ちにプログラムを中止します。

4-2　保険加入

○富士山クラブ事務局は、プログラム中の事故等に備え、保険加入を行います。参加者に対し、その旨を明示します。

4-3　救急体制

○私たちは、応急手当等の技術を身につけ、プログラム実施中は、救急セット及び救急連絡体制表を携行します。

5. 遵守体制の担保

5-1　環境教育スタッフの身分明示

○私たちは、腕章および名札をつけてプログラムを行います。

6. 適正手続きの履行

6-1　許認可申請手続き

○富士山クラブ事務局は、林道および登山道、地町村有地等においてプログラムを実施する際、各担当部署に事前に申請書を提出し、許可を得ます。

○私たちは、プログラム実施の際、上記許可書（若しくは写し）を携行します。

7. その他

7-1　地域住民との協調

○私たちは、日頃から自らの活動に対し、地域住民からの理解と協力が得られるよう、十分な配慮を行います。

野鳥観察会
（NPO 富士山クラブ提供）

自然観察会
（NPO 富士山クラブ提供）

富士塚
—地域コミュニティーの象徴—

村石　眞澄

競って造られた富士山

富士塚は古くは鎌倉時代のものが存在するが、富士講の信者による富士塚は、安永9年（1780）に江戸の高田水稲荷の境内（新宿区西早稲田一丁目）に建てられた高田富士[1]に始まる。富士講の信者にとっては、富士山に登山することが修業であったが、実際に富士山は遠く、江戸時代には誰もが簡単に登ることができなかった。そこで地元に富士山のミニチュアを作り、そこに登ることで富士登山を疑似的に体験する小山を築いたのが富士塚である。

江戸時代から明治・大正時代に、関東地方一円を中心に数多く作られている[2]。

意外なところに

東京の多摩地区で最大のものは清瀬市の中里富士塚（清瀬市中里3-991）、高さ約10 mに達する（東京都指定有形民俗文化財）。毎年9月1日には「火の花祭り」が行われている。この行事は、講中が富士塚で経文を唱えたあと、円錐形の麦わらの山に火がつけられ、その火にあたり、灰を家に持ち帰って門口にまくと火災除けや魔除けになり、畑にまくと豊作になると伝えられている。また登山道に向かって右側山麓には富士山麓の溶岩洞穴を模した横穴がある。この洞穴を潜ることによって安産のご利益があるという。

東京多摩地区で二番目の大きさを誇るのが、JR中央線武蔵境駅近くの杵築

1　早稲田大学の校舎建設を契機に、近隣の水稲荷神社（新宿区西早稲田3-5-43）に移築され、海の日とその前日にのみ登拝ができる。

2　HP「富士塚・浅間巡り」（http://fujisan60679.web.fc2.com/fujiduka.html）では、全国の富士塚や浅間神社を集成している。

杵築大社富士塚

大社の富士塚（武蔵野市史跡指定　武蔵野市境南町 2-10-11）。境内の池にかかった「富士橋」を渡ると、富士山口がある。石の立派な鳥居を潜り、溶岩が置かれた登山道を登り山頂に至ると大きな溶岩の上には、「三国第一山」と彫られた重厚な石の祠を木造の覆い屋に収めた富士浅間神社がある。いまでもパワースポットとしても多くの人が訪れている。

ご近所の富士塚を祀っているのは誰？

新宿の繁華街、歌舞伎町には登ることが難しいほど小さな「西大久保富士」と呼ばれる富士塚がひっそりとある（鬼王神社　新宿区歌舞伎町 2-17-5）。また、芸能関係で有名な花園神社（新宿区新宿 5-17-3）にも「新宿富士」がある。鬼王神社での聞き取りでは、富士講は戦争のときの疎開や空襲で住民が郊外へ転出し、さらに近年は歌舞伎町という地域の特殊性のためにマンションは多くあれど、住人は住民票を置かない一時的な居住者ばかりとなってしまい地域社会がすっかり消えてしまったという。江戸時代から続く地域コミュニティーが決定的な打撃を受けたのが戦争の影響であったことは驚きであった。

境内に富士塚がある神社が祭祀のひとつとして神事を行っている例は多い。しかし清瀬市の中里富士塚のように地域の人々が中心となって神事を行っている富士塚は少なくなってきている。戦争や高度経済成長など大きな時代の波を乗り越えて、江戸時代から続く地域コミュニティーがなお活きている証であろう。

終 章

世界遺産登録後に残された問題と解決すべき課題

本書の企画は2017年秋から東京、山梨、静岡と場所を変えて、十数回の編集会議とその後自由な意見交換の場を持って進めてきた。そして最終的に清雲、八巻、村石、田畑が出席し座談会を開いた。そこでの話題の中心は、やはり世界遺産登録後に残された問題であった。その中身は多岐に渡り、文字に起こすと原稿用紙50枚にも及んだ。その内容を凝縮し、問題と解決すべき課題6項目を取り上げまとめることとした。

1 保護保存に取り組んできた富士山の歴史

自然保護の観点からいえば、国立公園の動向であるし、文化財保存の観点からいえば史跡名勝天然記念物の指定の動向である。しかし富士山の「自然文化的価値の保全運営管理」は、多くの相互に関連した制度によって保全の仕組みが成り立っている。世界遺産登録にあたって中心になった国立公園や史跡名勝など、保護保存の120年余の蓄積が世界遺産登録の基礎となったことは紛れもない事実であり、多くの問題を露呈しているのもまた事実である。

例えば、この地域は昭和11年（1936）に富士箱根国立公園に指定されているが、関係する県や市町村の足並みが揃っていたわけではない。その後、昭和30年（1955）に伊豆半島を追加し、昭和39年（1964）に伊豆七島を追加している。このときの富士山エリアは、現在の富士箱根伊豆国立公園の富士山地域とほぼ一致している。

国立公園の区域内は、指定当時から観光レクリエーション利用客の増加による問題と自然破壊の問題が顕在化していた。

文化財では、明治 30 年（1907）の古社寺保存法により吉田口登山道の起点あたる北口本宮冨士浅間神社が指定され、史蹟名勝天然紀念物保存法により大正 15 年（1926）に富士山原始林、昭和 3 年（1928）に植物群落、1929 年に溶岩洞穴などが指定されている。

その後、今日まで史跡名勝などに指定され保存の対象となった物件は、世界遺産登録の準備段階で登録候補とされたのは、静岡県で 63 件、山梨県では 51 件であった。

これらの中で世界遺産の構成資産の選定にされたのは 25 件であるが、漏れた物件の中には重要である物件もあり、また保存手法に問題があることも知られている。

2　自然文化的歴史遺産の価値を高めるのは馬返からはじまる登山道保全

スバルラインの開通により、一気に五合目まで車で登ることが可能となり、これまで主要な登拝路であった吉田口馬返から五合目へ歩いて登る登山者は激減した。とりわけ二合目では、管理が難しいことから拝殿を残し、冨士御室浅間神社の本殿が河口湖南畔へ移設されることなり、大きく景観は変貌した。残された拝殿も倒壊の危機に瀕している。

またこれ以外にも倒壊し撤去された小屋もあるが、現在もかろうじて建っている歴史ある小屋も点在している。また現在の登山道の大部分は明治 40 年（1907）に改修されたものであり、これに平行する江戸時代に遡る古い登山道が残されている。

今後は登山道とこれに関連する信仰拠点や山小屋などを史跡富士山として調査研究を継続し、保全することが必要である。

3　富士山と水系と河川—水循環と水とみどりの文化をどう育てるか

富士山地域の降雨はすべてが地中に浸み込んで地下水となって流れているという説明を何度か受けてきた。確かに、地中に浸み込んで湧き出る水の恩恵は、関係地域の人を含めて生き物の世界にとっては重要なことである。しかし静岡県側では柿田川は世界遺産の候補から外された。また南麓で唯一の低層湿原を含む田貫湖周辺も構成資産とされていない。あるいは山梨県側では忍野八海を構成資産としたが、関係する文化財である社寺などが史跡に組み込まれていないことは問題となっている。

内八海巡りの修行がおこなわれていた泉瑞、山中湖、明見湖、河口湖、西湖、精進湖、四尾連湖などについては調査の蓄積が少なく完全なものとはできなかった。これには文化遺産登録の過程で、水とみどりと景観について軽視してきたことが背景にあることが指摘されている。

富士山の水系と河川と文化財の関係を中心にした保全管理の実態と、今後の保全管理について追加調査が必要である。

4 富士山を糧に生きてきた民衆の信仰

今回の世界遺産登録では、噴火する富士山を鎮めた浅間神社への信仰と江戸時代に多くの人々の信仰を集めた富士講を中心にその価値を説明したが、「美しく高い山―富士山」は太古から人々の心のよりどころとなり信仰対象となってきており、今もなお、富士山周辺には寺院や神社や修行施設が次々と建てられ後を絶たない。富士山を巡る日本人と各宗派の活動を俯瞰的に捉えた調査研究はまだ途上であり、国内はもちろん世界の人々にも理解できる資料作成をする必要がある。

また富士山麓には様々な人々による巡礼路があり、その信仰を物語る道標が路傍に残されている。また巡礼路は伝統的な富士山麓の村々を結ぶ道であり、これらを巡ることは、古の人々の信仰へ思いを馳せつつ、現代に活きる里地里山を探訪する道となる。史跡名勝としての価値と、生態系保全の対象として調査研究を関係団体で連携して実施することを提案したい。

5　問題となっている登山電車や車の交通計画と観光政策

100年越しの大構想として富士山鉄道計画が提案されてきた。山梨県知事を中心に計画の推進委員会により、具体的な計画案づくりが始まっている。

これに対しては、賛否両論、様々な意見が提示されている。例えば各空港からバス利用の観光客が多いという議論や、電車に乗り換えで登山電車利用が良いとか、観光客呼び込みの客寄せ、つまり多くの物見遊山客を迎えようということであろう。世界遺産登録後からの富士山世界文化遺産協議会や富士山世界文化遺産学術委員会での協議の結果、今日の富士山文化遺産の保全管理が進められており、これらに反する観光や開発については、十分な議論が進められるべきである。

かつて大正時代から昭和にかけて、山梨県側では「岳麓開発」として鉄道建設やトンネルを掘って山頂に達するモグラケーブル計画も打ち出され、様々な社会現象と連動してきた。こうした問題は古くて新しいもので、地域社会の存続は欠かせないが、一部の者の目先の利益ために景観が失われてよいのかという命題である。単なる報告だけでは済まない問題であり、地域の住民、行政関係者、専門家、各関係団体の協働プロジェクトとして環境アセスメントを実施することが必要である。

6　「富士山の未来」美しい富士山を次世代まで持続させるために保全管理者の養成と未来をつなぐ副読本の作成

富士山地域の自然や歴史文化について具体な地域を取り上げ、調査研究がされ、多くの研究報告資料や図書が出版されている。しかし、世界遺産登録前後から今日に至る間に大きな忘れ物をしていることが各方面から指摘されてきた。そのことについて触れたのが裾野自然文化の成り立ちと、里地・里山の生態系保全に関する過去・現在・未来についてである。富士山を遠望したときに大きな割合を占める広大な裾野の景観である。この景観の中で多くの人々が生活しており、いまの景観と異なっても自然を活かした環境を維持できるのか、あるいは人工的な景観となるのかは大きな問題である。自然の恵みと生態系サービスの観点から、村や町が富士山の裾野を守り活用することで現在の富士山の風景の構造を維持することができるのか。富士山の裾野に対する伝統的手法の活用であり、集落の人々が培ってきた自然との付き合い、人々の交流など、土地の利用空間の限界などについて、ものづくり手法に傾いた今日の課題を克服し、富士山独自の「富士山ヴィジョン」の方向にむかって、文化を含む「自然文化と生態系の保全」を、未来の子供たちや地域住民が自然文化についての野外観察を実践することが急務となっている。そのための「未来をつなぐ副読本」を作成して配布することが必要となっている。

これ以外にも多くの問題や課題が、各章各節でも取り上げられているので、富士山世界遺産の今後の保全活用の管理運営事業の参考にされたい。

以上、本書についは、行政関係者、専門的な実務経験者など多くの皆さんによって、富士山世界遺産の登録以前、登録後、現在にわたって、編集出版にこぎつけることができた。執筆に参加していただいた皆さん、また本書の出版に労を取っていただいた株式会社文伸／ぶんしん出版の宮川和久氏をはじめ関係された皆さんには、具体的な編集作業を進めていただいた。あわせてここに皆さんにお礼を申し上げたい。

令和２年（2020）２月23日 富士山の日にあたり　田 畑　貞 壽

索　引

アルファベット

か　な

き

く

け

こ

さ

し

す

せ

そ

た

ち

つ

て

と

な

に

執筆者一覧

田畑　貞壽　たばた・さだとし

千葉大学名誉教授（1996 年～現在）

日本自然保護協会理事長（1998 年～ 2010 年）

世界不動自然文化遺産研究会会長（2000 ～現在）

富士山世界文化遺産山梨県学術委員会副委員長（2006 年～ 2014 年）

富士山世界文化遺産二県学術委員会委員（2006 年～ 2014 年）

富士山世界文化遺産学術委員会委員（2014 年～現在）

清雲　俊元　きよくも・しゅんげん

山梨県文化財保護審議会会長 (2002 年～ 2014 年)

富士山世界文化遺産山梨県学術委員会委員長（2006 年～ 2014 年）

富士山世界文化遺産二県学術委員会委員（2006 年～ 2014 年）

富士山世界文化遺産学術委員会委員（2014 年～現在）

山梨県富士山総合学術調査研究委員会委員（2008 年～現在）

本中　　眞　もとなか・まこと

文化庁主任文化財調査官（1998 年～ 2015 年）

内閣官房内閣参事官（2015 年～ 2018 年）

富士山世界文化遺産協議会アドバイザー（2015 年～現在）

八巻　與志夫　やまき・よしお

山梨県教育庁学術文化財課文化財指導監（2008 年～ 2011 年）

釈迦堂遺跡博物館副館長（2015 年～現在）

山梨県富士山総合学術調査研究委員会歴史考古民俗部会調査員（2015 年～現在）

村石　眞澄　むらいし・ますみ

山梨県教育庁学術文化財課文化財保護担当（2008 年～ 2010 年）

山梨県県民生活部世界遺産推進課学術調査担当（2010 年～ 2012 年）

山梨県富士山総合学術調査研究委員会歴史考古民俗部会調査員（2012 年～現在）

富士河口湖町教育委員会生涯学習課文化財係町史編纂室長（2019 年～現在）

森原　明廣　もりはら・あきひろ

山梨県教育庁学術文化財課文化財保護担当（2005年～2010年）

山梨県県民生活部世界遺産推進課学術調査担当（2010～2012年）

山梨県富士山総合学術調査研究委員会歴史考古民俗部会調査員（2014年～現在）

山梨県立博物館学芸課長（2014年～現在）

石原　盛次　いしはら・せいじ

山梨県企画県民部世界遺産推進課学術調査担当（2007年～2013年）

山梨県観光部国際観光交流課（2018年～現在）

杉本　悠樹　すぎもと・ゆうき

富士河口湖町教育委員会生涯学習課文化財係（2007年～現在）

山梨県富士山総合学術調査研究委員会歴史考古民俗部会調査員（2008年～現在）

小野　　聡　おの・さとし

静岡県生活・文化部文化振興総室世界遺産推進室学術スタッフ（2006年～2013年）

静岡県文化・観光部文化学術局世界遺産推進課学術調査班長（2013年～登録時）

静岡県文化・観光部交流企画局富士山世界遺産課保存管理班長（登録後～2014年）

静岡県立科学技術高等学校副校長（2019年～現在）

佐藤　和幸　さとう・かずゆき

富士宮市都市整備部都市計画課（2011年～2013年）

富士宮市企画部富士山世界遺産課計画推進係（2014年～現在）

赤坂　　信　あかさか・まこと

千葉大学名誉教授（2018年～現在）

元日本イコモス国内委員会主査、現在第13小委員会主査

井 澤　英理子　いざわ・えりこ

山梨県富士山総合学術調査研究委員会文学部会調査員（2008 年～現在）
山梨県立美術館学芸課長（2014 年～ 2015 年）
山梨県立美術館学芸幹（2016 年～現在）

高 室　有 子　たかむろ・ゆうこ

山梨県富士山総合学術調査研究委員会文学部会調査員（2008 年～現在）
山梨県立文学館学芸課長（2014 年～ 2015 年）
山梨県立文学館学芸幹（2016 年～現在）

出 月　洋 文　いでづき・ひろふみ

山梨県教育庁学術文化財課文化財指導監（2011 年～ 2014 年）
山梨県富士山総合学術調査研究委員会文学部会調査員（2008 年～現在）
甲斐黄金村・湯之奥金山博物館館長（2016 年～現在）

村 杉　幸 子　むらすぎ・さちこ

公益財団法人 日本自然保護協会理事（1996 年～ 2011 年）
NPO 法人 富士山クラブ理事（2004 年～ 2017 年）

堀 内　　眞　ほりうち・まこと

富士吉田市歴史民俗博物館（現ふじさんミュージアム）課長（2004 年～ 2009 年）
山梨県富士山総合学術調査研究委員会委員（2008 年～ 2012 年）
山梨県富士山総合学術調査研究委員会事務局（2012 年～ 2016 年）
山梨県立富士山世界遺産センター（2016 年～現在）

「富士山世界遺産登録へのみちのり」編集委員会

企画・編集
田畑　貞壽　　清雲　俊元　　出月　洋文
村石　眞澄　　本中　　眞　　八巻與志夫

企 画
石原　盛次　　小野　　聡　　酒井　輝男
森原　明廣

富士山世界遺産登録へのみちのり
明日の保全管理を考える

発 行 日：2020 年 2 月 23 日　初版第 1 刷
監修・編著：田畑　貞壽
監 修 著：清雲　俊元
発行・企画編集：「富士山世界遺産登録へのみちのり」編集委員会
発　　売：ぶんしん出版
〒 181-0012　東京都三鷹市上連雀 1-12-17
Tel 0422-60-2211　Fax 0422-60-2200
印刷・製本：株式会社　文伸

ISBN 978-4-89390-165-1